国家科学技术学术著作出版基金资助出版

废气生物净化过程强化技术

陈建孟　著

科学出版社

北 京

内 容 简 介

　　本书立足于废气生物净化及其过程强化的理论基础,从高效降解菌剂(反应强化)、优质生物载体(传质和反应强化)和新型工艺及设备(传质强化)这三个方面出发,系统阐述废气生物净化及其过程强化的研究现状、思路及趋势;着重介绍废气生物净化过程强化技术对含氮化合物、含硫化合物、脂肪烃及其含氧衍生物、苯系物及氯代烃废气类等典型气态污染物的去除特性,并探讨废气生物净化过程机理及模型;同时,介绍一些工程案例,力求使读者能对废气生物净化过程强化技术有更为全面和立体的认识。

　　本书既注重新理论与新技术的总结提炼,又注重研究成果的工程应用,可供从事环境生物技术、大气污染控制工程等研究和学习的科研人员、工程技术人员以及高年级本科生、研究生参考。

图书在版编目(CIP)数据

废气生物净化过程强化技术/陈建孟著 . —北京:科学出版社,2016.11
ISBN 978-7-03-050657-3

Ⅰ. ①废…　Ⅱ. ①陈…　Ⅲ. ①废气净化-生物净化-研究　Ⅳ. ①X701

中国版本图书馆 CIP 数据核字(2016)第 274281 号

责任编辑:张艳芬　陈　婕　纪四稳 / 责任校对:郭瑞芝
责任印制:吴兆东 / 封面设计:陈　敬

科 学 出 版 社 出版
北京东黄城根北街 16 号
邮政编码:100717
http://www.sciencep.com

北京凌奇印刷有限责任公司 印刷
科学出版社发行　各地新华书店经销

*

2016 年 12 月第　一　版　开本:720×1000 1/16
2022 年 6 月第五次印刷　印张:16　插页:4
字数:300 000
定价:120.00元
(如有印装质量问题,我社负责调换)

序

　　进入 21 世纪，当我们享受经济高速发展带来的红利时，也面临着环境污染带来的苦恼。大气污染是我国乃至全球当前最突出的环境问题之一，严重危害着人体健康和生态安全，制约着经济发展。如何防治大气污染是当前我国环境保护工作的重要课题。

　　工业过程是大气污染物的重要来源。多年来，人们开发了诸多控制技术用于能源、石油、化工、医药等典型行业的废气净化，如冷凝、吸附、燃烧等。生物净化技术是近年发展起来的气态污染物控制新技术，因其具有高效低耗的特点而得到快速发展。在荷兰、西班牙、美国、日本等发达国家，针对一些恶臭气体及低浓度工业有机废气的净化，已有许多成功的实践案例。我国在该领域的研究起步较晚，无法满足当前恶臭气体和 VOCs 的污染控制需求，因此亟待开发废气生物净化相关的新材料、新工艺和新设备。相关研究可丰富大气污染控制理论，有助于推动大气环保产业的技术进步。

　　作为国内较早从事废气生物净化技术研究的团队，20 年来，陈建孟教授课题组持续致力于该领域的研究，已在国内外权威期刊上发表一系列论文，获得数十项国内外发明专利，不少成果被国内外学者广泛引用。该书是陈建孟教授及其课题组在这一领域研究成果的归纳和总结，是一部系统阐述工业废气生物净化过程强化技术的基础研究与工程应用的专著。该书以气态污染物的传质-生物降解过程强化为主线，围绕降解菌（剂）、生物载体和工艺设备等方面，对 VOCs、恶臭废气的净化进行了全面论述，并介绍了一些工程案例。

　　该书反映了目前该领域的最新研究进展，对于正在从事废气生物净化及其相关研究的科研人员有较好的参考价值。该书的出版必将对大气污染控制领域的研究产生积极影响，并推动我国废气生物净化技术和工业废气污染治理产业的快速发展。

清华大学环境学院

2016 年 6 月

前　言

　　工业生产过程中排放的挥发性有机化合物（volatile organic compounds，VOCs）是引起城市灰霾、光化学烟雾等区域大气复合污染的主要诱因。2010年，国务院转发的《关于推进大气污染联防联控工作改善区域空气质量的指导意见》将VOCs列为重点控制的大气污染物；2015年，财政部、国家发改委、环保部联合印发《挥发性有机物排污收费试点办法》，对典型行业实行试点收费；《中华人民共和国国民经济和社会发展第十三个五年规划纲要》提出"在重点区域、重点行业推进挥发性有机物排放总量控制，全国排放总量下降10％以上"。

　　生物技术在废水处理领域的应用已有百余年的历史，而在废气净化领域的应用时间则很短。该技术具有设备简单、操作方便、运行费用低、二次污染少等优点，多用于污水处理过程中产生的易水溶、易降解恶臭气体的净化。工业废气通常具备以下特征：①VOCs多具疏水性，气液传质速率低；②部分VOCs对生物毒害大，难被微生物降解；③成分复杂，组分间存在相互抑制效应。这些特征导致传统生物技术的净化效率低下。因此，如何提高生物技术对这类工业废气的处理效果，是亟待解决的重要问题。

　　作者研究组自1998年以来一直致力于废气生物净化理论与应用研究。20年来，基于废气生物净化过程中的传质-降解强化理论，开发新材料、新工艺和新设备，在国内外权威期刊上发表研究论文270余篇，授权发明专利近50项，在医药化工、石油炼制等多个行业开展了工程应用，获浙江省科学技术奖等省部级一等奖4项。

　　本书系统总结作者研究组在工业废气生物净化技术领域的主要研究成果，通过过程强化拓宽传统生物净化技术的应用领域，较好地实现了工业废气的高效低耗净化，满足了典型行业废气净化的技术需求。书中的内容力求做到理论与实践并重，真实反映了该领域当前的研究成果和发展趋势。

　　全书共11章。第1章主要介绍废气生物净化技术的原理及其过程强化的发展概况；第2～4章分别围绕菌剂、生物载体和工艺设备展开，介绍研究思路及内容；第5～9章介绍对含氮、含硫及典型VOCs的去除性能，剖析降解产物和生物膜特征；第10章综述理论模型的最新进展，并以生物转鼓和填料床为例，介绍作者在模型修正和完善方面所做的一些探索性工作；第11章介绍该技术在典型行业的工程实践情况。本书内容源于研究组7位核心成员和30余位研究生的研究工作，研究成员包括王家德、陈东之、姜理英、成卓韦、陈浚、於建明和叶杰旭，研究生包括周玉央、孙一鸣、吴石金、朱润晔、马建锋、张海杰、沙昊雷、倪建国、陶佳、叶峰等（由于篇幅有限，名字未一一列出），在此对所有作出贡献的人表示衷心感谢。

　　本书的主要研究成果是在科技部 863 计划、国家国际科技合作项目、国家及浙江省自然科学基金、浙江省科技重大专项等研究项目和教育部创新团队发展计划的资助下完成的，在此表示感谢。在研究过程中，作者研究组先后与美国加州大学戴维斯分校、美国杜克大学、西班牙拉克鲁尼亚大学等开展了交流与合作，特向 Daniel Chang 教授、Marc Deshusses 教授、Christian Kennes 教授等表示感谢。感谢国家科学技术学术著作出版基金和浙江工业大学专著与研究生教材出版基金对本书的出版资助，也感谢对本书的出版工作提供帮助以及关注本书的每一个人。

　　限于作者水平和经验，书中难免存在疏漏和不当之处，敬请读者和业内同仁批评指正。

2016 年 5 月于浙江工业大学

目　　录

第1章 基于过程强化的废气生物净化技术基础

近年来,大气污染呈现出"全球化"和"复合污染"的趋势。大气氧化性增强、能见度显著下降以及污染物之间的强耦合作用,对人体健康和生态系统构成了威胁。世界卫生组织(WHO)统计数据表明,2012年全世界因大气污染致死的人数经推测达到了700万人以上,占到了全球死亡人数的1/8[1],大气污染控制迫在眉睫。

根据净化原理,传统的大气污染控制技术分为沉降、过滤、冷凝、吸附、吸收以及氧化还原等类型,每类技术均有其特定的适用对象和使用场所,如表1-1所示[2]。生物净化技术主要通过生物的代谢活动将污染物分解,从而净化废气,它适合处理潮湿的、低浓度的、多组分混合的废气,被广泛应用于生产过程中及公用污水处理场所排放的有机废气或恶臭气体的处理,具有反应条件温和、设备简单、二次污染小等特点[3,4]。

表1-1 大气污染控制技术比较

技术名称	特点	适用对象	使用场所
沉降技术	利用自身重力作用将颗粒物从污染气流中分离	机械除尘:粒径≥$5\mu m$的颗粒物 电除尘:$1\mu m \leqslant$粒径$\leqslant 5\mu m$的颗粒物	燃煤烟气、水泥炉窑等含尘浓度较大的烟气净化
过滤技术	利用过滤材料(如纤维、滤纸等)将颗粒物从污染气流中分离	粒径$\leqslant 1\mu m$的颗粒物	通风、空气调节等含尘浓度较低的气流净化
冷凝技术	利用物质在不同温度下具有不同的饱和蒸气压将处于蒸气态的污染物转化为液态并与废气分离	挥发性有机化合物(VOCs)	有回收利用价值有机污染物且废气中该组分的体积分数$\geqslant 10^{-2}$
吸收技术	利用污染气体组分在溶剂中溶解度的差异性使其与废气分离	各类气态污染物(如SO_2、NO_x、VOCs等)	吸收剂对污染组分吸收容量大且吸收饱和后易实现两者分离
吸附技术	利用吸附剂表面存在的未平衡分子吸引力或化学键作用力将污染组分吸附分离	各类气态污染物(如SO_2、VOCs等)	吸附剂对污染组分具有选择性且吸附饱和后易实现吸附剂再生

技术名称	特点	适用对象	使用场所
氧化还原技术	利用氧化还原反应将废气中的污染组分彻底分解而去除	燃烧法：VOCs 光解/等离子：VOCs 生物法：各类气态污染物（如 SO_2、NO_x、VOCs 等）	无回收利用价值的污染组分或不适用其他技术处理的污染物

1.1　废气生物净化技术发展历史

　　生物净化技术在废水处理领域的应用已有 100 多年的历史，而在废气净化领域的应用时间较短。最早的雏形出现在 20 世纪 20 年代的德国，那时的废气生物净化是将废水处理厂产生的恶臭气体通过装有泥土的过滤器，使臭味得到明显降低。在当时认为是泥土吸附了气体中的臭味，并未意识到是微生物的作用[5]。直到 1957 年，美国的 Pomeroy 申请了利用土壤过滤装置处理硫化氢（hydroge sulfide，H_2S）的专利，并在美国加州污水处理厂成功建立起第一套土壤生物过滤装置[6,7]，这成为生物技术在废气净化领域应用的标志。早期的生物净化技术运用在控制污水处理过程中产生的臭气（主要成分为 H_2S 等）排放，以土壤床作为净化主体，废气经收集后由下而上通过土壤床，利用土壤中微生物的降解作用而得到净化。土壤床在运行初期效果较好，但后期会出现净化效果恶化现象，主要是由土壤酸化、土壤空隙被过量生长的微生物堵塞等造成的。

　　进入 20 世纪 70 年代后，随着一些国家对环境空气质量和废气排放的要求越来越严格，废气生物处理技术在欧洲有了较快的发展，其应用领域也由 H_2S 等恶臭废气扩展到挥发性有机化合物（volatile organic compounds，VOCs）和其他有毒气态污染物的净化。改良的生物净化装置首先出现在 80 年代的德国和荷兰[8]。为了克服土壤过滤床的缺点，支撑性的填料（如木屑、堆肥物等）被填充到生物净化装置中，使得床层压实、气流分布不均的缺点得到了有效克服。但填料酸化、因干燥而开裂等现象仍然存在。到了 80 年代末期和 90 年代初期，生物净化技术在欧洲得到了快速发展，出现了以无机滤料（如颗粒活性炭、陶瓷等）作为填料的生物净化装置，这些填料也可以与有机填料混合，能够延长床层填料的使用寿命。同时，在这一时期，荷兰学者 Ottengraf 推导了描述废气生物净化过程的动力学模型[9]，使得之前盲目的研究转变成较为系统的研究。据统计，当时约有近千座装置投入实际运行[10]。

　　进入 21 世纪，由于该技术本身具有的经济优势和技术优势，关于其基础和应用的研究变得异常活跃，研究内容也拓宽到气态污染物微生物代谢机理、混合污染物处理、微生物生长及营养限制、过程模型推导等方面。生物法在含硫废气(硫醇、硫醚等)以及含 VOCs 废气(如苯系物、卤代烃等)的净化方面都有了不少的应用实例,并取得了较好的效果。据 2008 年统计,在欧洲已有约 8000 座废气生物净化工程装置正在运行,处理气量为 1000～150000m³/h,大部分 VOCs 处理效率≥90%,恶臭组分净化效率≥99%[11]。

1.2　废气生物净化原理及系统组成

1.2.1　净化原理

20 世纪 70 年代初,Jennings 等在 Monod 方程的基础上提出了表征废气生物净化中单组分、非吸附性、可生化的气态有机物去除率数学模型[12]。随后,荷兰科学家 Ottengraf 等[9]依据吸收操作的传统双膜理论,在 Jennings 的数学模型基础上进一步提出了目前世界上影响较大的吸收-生物膜理论(图 1-1)。依据该理论,废气生物净化一般要经历以下几个步骤:

(1) 废气中的污染物首先同水接触并溶解于水中(即由气膜扩散进入液膜);

(2) 溶解于液膜中的污染物在浓度差的推动下进一步扩散到生物膜,进而被其中的微生物捕获并吸附;

(3) 微生物将污染物转化为生物量、新陈代谢副产物以及其他一些无害的物质(如 CO_2、H_2O、N_2、S 和 SO_4^{2-} 等);

(4) 反应产物 CO_2、N_2 等从生物膜表面脱附并反扩散进入气相中,而其他物质(S 和 SO_4^{2-} 等)随营养液排出或保留在生物体内。

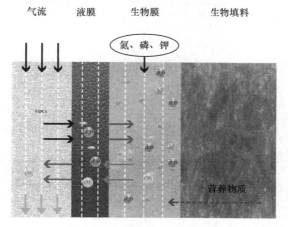

图 1-1　Ottengraf 提出的"吸收-生物膜理论"(后附彩图)

随着研究的深入,传统的吸收-生物膜理论不能很好地描述 VOCs 传质和生物降解这一复杂的过程,因此一些研究者对该理论进行了优化修正。2002年,孙佩石等针对不溶或难溶于水的VOCs生物净化过程,提出了"吸附-生物膜理论",即废气中的污染物直接扩散至生物载体或生物膜表面,被载体或生物膜吸附,微生物进而将污染物降解[13,14]。与"吸收-生物膜理论"最大的区别在于,"吸附-生物膜理论"中的污染物可以不经历气液传质过程,解释了增大液体喷淋量并没有强化水溶性差的污染物的净化效果、生物膜表面液体滞留量即液膜厚度造成非水溶性污染物净化效率下降等实验现象。

　　实际上,废气生物净化是"吸收-生物膜"和"吸附-生物膜"两个理论的综合。在一个真实的废气生物净化系统中,由于受各种因素限制,生物载体表面的液膜分布是不均匀的,生物膜厚度也不一致,局部载体表面甚至无生物膜覆盖,如图1-2所示。废气在生物载体床层空隙间流动,气流中污染物质通过溶解(有液膜的地方)或吸附(无液膜的地方)过程,转移至载体或生物体表面,被生物体降解。微生物分解各类污染物的反应式为

$$\text{含硫有机或无机化合物} + O_2 \xrightarrow{\text{微生物}} CO_2 + H_2O + S + SO_4^{2-} + \text{细胞物质}$$

$$\text{含氮有机化合物或} NH_3 + O_2 \xrightarrow{\text{微生物}} CO_2 + H_2O + NO_3^- + \text{细胞物质}$$

$$\text{其他挥发性有机物} + O_2 \xrightarrow{\text{微生物}} CO_2 + H_2O + \text{细胞物质}$$

通过以上反应可以看出,污染物成分会分解成二氧化碳和水,以及硫酸根、硝酸根、氯离子等无机酸根类物质,因此需要通过适当喷淋从生物载体床层移除这些酸性物质,以维持适宜的微生物生长环境。

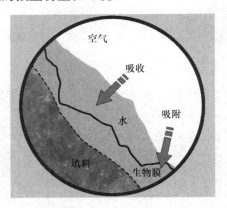

图1-2　生物载体床层结构示意图(后附彩图)

1.2.2　生物净化系统的组成

　　一个完整的废气生物净化系统包括主体反应器、填充在反应器内的载体、附着

在载体上的微生物以及其他辅助构件(如气体分布器、液体分布器、营养液槽等)。根据微生物在有机废气处理过程中的存在形式以及液体喷淋量的大小,废气生物净化系统工艺可以分为生物过滤、生物滴滤和生物洗涤。相对而言,生物过滤与生物滴滤是目前研究和应用较多的两类废气生物净化技术,两者的最大区别在于填料类型(天然填料、人工合成填料)和循环液喷淋方式(间歇喷淋和连续喷淋)的不同。喷淋液的作用主要是提供微生物所需的除碳源以外的其他营养物质,调节微生物生长环境的 pH,保证微生物生存的环境湿度,及时移走代谢产物。虽然连续喷淋在一定程度上提高了滴滤工艺的复杂性、操作要求和运行费用,但却具有处理负荷高、适用范围广、运行工况实时调节等优点,因此生物滴滤工艺比生物过滤工艺具有更广的适用范围[15]。

1. 反应器及净化工艺

1) 生物过滤

生物过滤是研究最早、最为成熟的废气生物净化工艺,早期主要用于减少恶臭气味[16,17]。20 世纪 80 年代以后,生物过滤工艺的应用范围已扩展到去除易被微生物降解的 VOCs 方面,如短链烃类、单环烃类、氯代烃、醇、醛、酮、羧酸以及含氮有机物等[18-21],此外还被用于温室气体的降解研究[22]。传统生物过滤反应器(图 1-3)内部填充或含有一定营养的填料,微生物附着在载体表面,配置增湿反应器。废气经增湿反应器增湿后,进入生物过滤反应器,与载体上附着的微生物接触,其中污染物被生物降解为水、二氧化碳和其他简单化合物,处理后的气体从生物过滤反应器排出。填料主要有土壤、泥炭、碎木块、陶粒、火山岩等,具有一定孔隙和养分。

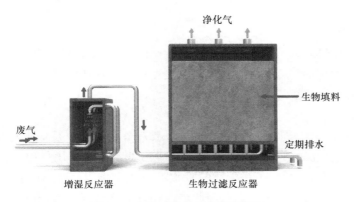

图 1-3　生物过滤工艺(后附彩图)

早期传统的生物过滤工艺无液体喷淋系统,无法原位调节生物载体床层的 pH 以及补充营养等。这种生物过滤系统工艺简单、造价低,但表面负荷小、占地多,适合处理低浓度的恶臭或有机类废气[23,24]。经多年研究与实践,现在的生物过滤工艺安装了液体喷淋系统,可以对生物载体床层进行实时补充营养、调节 pH 以及移走代谢产物,应用领域也有一定程度的拓展。

2)生物滴滤

生物滴滤工艺是在传统生物过滤基础上发展起来的,工艺流程如图 1-4 所示。与传统生物过滤最大的区别是,生物滴滤工艺配置了液体喷淋系统,微生物吸收喷淋液中的养分后而快速繁殖,在载体表面附着,形成一定厚度的膜,废气中污染物与生物膜接触,作为微生物生长所需的能源和营养物质而被分解利用,净化后的气体从反应器排出。生物滴滤反应器使用的填料有粗碎石、各类化工吸收填料、发泡海绵等。这些填料材料呈生物惰性,具有孔隙大、一定的比表面积等特点[25-27],一方面为污染物与生物膜接触提供了足够的界面,另一方面为气体通过和微生物附着生长提供了空间,减少了因生物生长引起的床层堵塞风险[28-30]。

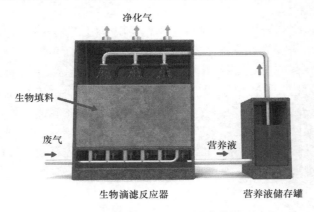

图 1-4　生物滴滤工艺(后附彩图)

由于喷淋液提供养分充足,单位床层生物量大,生物滴滤工艺处理负荷得到大幅提高,适合处理的污染物种类及废气浓度范围也相应扩大,实现了有机硫和卤代烃类废气的高效净化[31-33]。

3)生物洗涤

生物洗涤净化工艺由一个吸收洗涤塔和一个生物悬浮反应器构成(图 1-5)。废气首先在吸收洗涤塔中与吸收液接触完成污染物吸收净化过程,处理后的气体从吸收洗涤塔排出。吸收了污染物的吸收液进入生物再生池,通过生物的代谢作用将污染物分解或转化,再生后的吸收液由循环泵送至吸收塔,开始新一轮的吸收过程。

目前,常用的吸收洗涤设备主要有填料喷淋塔、多孔板式塔和鼓泡塔,吸收液依据污染物性质进行选择、配置。吸收液通过生物降解再生,成分以水为主,因此,

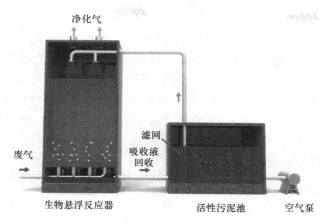

图 1-5　生物洗涤工艺（后附彩图）

该方法适用于亨利系数较小的气态污染物,吸收液再生池的设计和操作与废水生物处理过程相似,生物营养液、反应温度、pH 以及溶解氧等需要严格控制[34]。在欧美,生物洗涤塔已被成功地用于一些产业,如搪瓷厂烘炉释放出的含有甲酮、乙醇等废气,效果十分理想[35]。

2. 生物载体

生物载体是废气生物处理装置的核心组件,其性能直接影响微生物附着、系统运行效果等。生物载体又称生物填料,它应具有以下特性[36-38]:比表面积大、有一定的孔隙率、不易分解腐烂、填充密度低、机械强度高和价格低廉等。除了上述共同特性,生物过滤填料需要有能为微生物提供一定的养分、较好的保水性能和一定的 pH 缓冲功能;生物滴滤填料既要有利于活性微生物的附着生长,又要有利于老化微生物的及时剥落。

根据材质特点及其加工方式,过滤填料主要包括泥质类和木质类。泥质类填料是土壤或类土壤(如堆肥、泥炭)经过一定工序制成的天然有机填料,木质类填料包括谷壳、秸秆、玉米芯、木屑、树皮、碎木块等农林业副产品,它们都具有较好的保湿性能和通透性能,有机质含量高,是较好的生物过滤填料。滴滤填料主要为无机惰性类,如鲍尔环、拉西环等,采用塑料、不锈钢等材质制成,具有多孔、结构疏松、性质稳定等特点,质轻且孔隙率高。

目前,生物载体的开发已从单一天然或人工材料逐渐转向天然与人工的复合材料,载体的功能不仅要满足比表面积、孔隙率、密度和强度等物理性能参数,而且要具有一定的养分缓释、持水性、pH 缓冲等功能,实现两大类载体的功能融合。

3. 微生物

微生物作为污染物的降解者,在废气生物处理系统中起着决定性作用。除以堆肥、土壤为填料的生物过滤工艺可不接种微生物,所有废气生物处理装置在启动期都需要对载体床层接种微生物。用于接种的微生物应具备降解目标污染物的能力,可以是活性污泥[39,40],也可以是专门驯化培养的纯种微生物或人为构建的复合微生物菌群[41,42]。针对较难生物降解的物质,选育优异菌种并优化其生存条件是目前该技术的主要研究方向之一[43,44]。

研究表明,在反应器中占主体的微生物多为异养型,以细菌为主,真菌次之,还有少量的放线菌、酵母菌及原生动物。微生物群落结构和优势种群与运行条件密切相关,一般细菌适宜在湿润、pH 中性条件下生长,而在干燥和酸性环境条件下真菌会成为优势种群。真菌作为典型的气生型微生物,具有较大的比表面积,对干燥环境或强酸环境具有较强的耐受能力,因而对疏水性气态污染物表现出更好的去除性能,有可能成为废气生物处理过程中更具有广阔前景的菌类[45-47]。表 1-2 列举了一些降解典型 VOCs 的细菌和真菌。

表 1-2　一些降解典型 VOCs 的细菌和真菌[3,47]

类型	菌属	可降解 VOCs	已分离到的部分菌株
细菌	假单胞菌属 (*Pseudomonas*)	苯、甲苯、二氯甲烷、甲醇、丁醇、异丙醇	*Pseudomonas putida* *Pseudomonas fluorescens*
	显革菌属 (*Phanerochaete*)	苯、甲苯、苯乙烯	*Phanerochaete* *chrysosporium*
	足放线病菌属 (*Scedosporium*)	甲苯	*Scedosporium apiospermum*
	棒状杆菌属 (*Corynebacterium*)	丙酮 丁醇	*Corynebacterium* sp. *Corynebacterium rubrum*
	甲基单胞菌属 (*Methylomonas*)	甲烷	*Methylomonas fodinarum*
	甲基弯曲菌属 (*Methylosinus*)	三氯乙烷	*Methylosinus trichsporium*
	生丝微菌属 (*Hyphomicrobium*)	二甲基硫醚	*Hyphomicrobium* sp.

类型	菌属	可降解 VOCs	已分离到的部分菌株
真菌	原毛平革菌属 (*Phanerochaete*)	氯苯、苯系物、甲乙酮、 异丁基甲酮、甲丙酮、丁酸	*Phanerochaete chrysosporium*
	孢瓶霉属真菌 (*Cladosporium*)	苯系物	*Cladosporium sphaerospermum*
	毛霉属 (*Mucor*)	丁酸、3-乙氧基丙酸乙酯	*Mucor rouxii*
	枝饱霉属 (*Cladosporium*)	苯系物、苯乙烯、甲乙酮、 异丁基甲酮、甲丙酮、丁酸	*Cladosporium sphaerospermum*、 *Cladosporium resinae*
	外瓶霉属 (*Exophiala*)	苯系物、苯乙烯、甲乙酮、 异丁基甲酮、甲丙酮、丁酸、	*Exophiala lecaniicorni*
	曲霉菌属 (*Aspergillus*)	苯系物	*Aspergillus versicolor*

1.3　基于过程强化的废气生物净化技术研究背景

1.3.1　过程强化的概念

过程强化是针对化学工程提出的,它的历史最早可追溯到 20 世纪 70 年代末,那时的目的仅仅是为了减少投资。到了 90 年代中期,国际上出现了以节能、降耗、环保、集约化为目标的化工过程强化技术,是当前化学工程优先发展的三大领域之一[48]。如今,过程强化也成为最热门的研究方向之一。

"过程强化"的确切概念是:在实现既定生产目标的前提下,通过大幅度减小生产设备的尺寸、减少装置的数目等方法来使工厂布局更加紧凑合理,单位能耗更低,废料、副产品更少,并最终达到提高生产效率、降低生产成本、提高安全性和减少环境污染的目的。过程强化可以通过生产设备和生产过程两个方面来实现,其核心是技术革新。

废气生物净化过程涉及气、液、固三相,既有相间传质又有相内反应,影响污染物去除效率的因素诸多。传统的废气生物净化技术只能去除一些水溶性较好、易生物降解的气态污染物,而对于那些疏水性污染物,尤其是多组分污染物共存时,去除效果不佳甚至无法去除。随着工业生产过程排放的气态污染物种类越来越多、污染排放标准越来越严格,传统的生物净化技术已无法满足环保需求。作者带领的研究团队从 1996 年开始对废气生物净化技术开展了持续系统的研究。研究结果表明:针对成分复杂、浓度多变的工业废气,若要实现生物高效净化,必须从过程强化入手,开展涉及功能材料和单元设备的研发,通过高效降解菌剂、优良生物载体和新型净化设备之间的优化匹配,突破多组分污染物间相互抑制、难降解/低水溶性组分去除率低等瓶颈,实现理化性质迥异的气态污染物同时高效去除,从而构筑起具有完整自主知识产权的适用于中低浓度多组分工业废气的新型高效生物净化技术体系。

1.3.2　过程强化的分类

如前所述,废气生物净化过程涉及的功能材料是微生物和生物载体,单元设备是反应器。因此,基于过程强化的废气生物净化体系包括高效降解菌剂(反应强化)、优良生物载体(传质和反应强化)和新型工艺及设备(传质强化)等三部分。

1.　高效降解菌剂

针对一些难以生物降解的污染物,以特定地区的活性污泥或土壤作为功能菌群来源,通过定向筛选技术可以选育到有降解活性的菌株;同时结合环境因素优化及底物抑制消除等技术,提高降解菌株的生长活力及降解活性。目前,作者的研究团队已拥有30余株针对特定污染物的高效降解菌株,其中16株保藏在中国典型培养物保藏中心,12株申请了国家发明专利。

基于菌种的代谢特性,采用"专属菌+综合菌"模式,人为构建生态结构合理、具有协同代谢功能的复合微生物菌群,并通过遴选载体,成功制备了固态和液态功能微生物菌剂,攻克了活性菌剂难以长效保存的技术难题。复合功能菌剂对缩短反应器的启动周期、提高接种微生物的竞争性和保持反应器持续高效性具有重要意义。

2.　优良生物载体

生物载体不仅是微生物附着、代谢活动的场所,同时也是污染物传质、反应的场所。优良的生物载体应该具备以下特点:①易于生物附着、更新;②比表面积大;③孔隙率大。生物过滤和生物滴滤两个工艺有所不同,在选择载体的同时,除了上述基本原则,还需要根据工艺特点选择合适的生物载体,从而提高净化效果。

基于上述原则,作者的研究团队开发了具有营养缓释功能的复合生物过滤填料和具有亲水性表面的生物滴滤填料;通过参数优化和填料混合配比,研发了组合生物填料,弥补了单一生物载体的缺点。优良生物填料实现了有效生物(膜)的生长,强化了气态污染物的传质过程,为实现污染物高效净化奠定了基础。

3.　新型工艺及设备

废气生物净化过程主要涉及气相扩散、液相溶解以及生化反应三个关键步骤。

强化气态污染物的传质扩散过程能从本质上提高净化性能,可从反应器结构优化方面入手,实现气液传质的过程强化。气态污染物的代谢产物如能及时从循环液中移出而使液相浓度降低,不仅可以增强目标污染物的液相吸收,还能消除某些代谢产物对微生物活性的抑制,强化生化反应过程。此外,通过一些预处理技术,改变污染物的性质和组成,可以减轻后续生物净化过程的污染负荷,同时强化污染物的传质和反应过程,显著提升处理系统的稳定性。

传统反应器一般呈单层结构,存在污染负荷及生物量分布不均、填料层易堵塞等弊端。工业废气均为多组分,污染物各组分间可能存在降解互为抑制的现象;反应器内湿度过大会使填料表面液膜较厚,相应的传质阻力大,尤其是对于水溶性较差的气态污染物,严重影响了传质过程。针对上述问题,作者的研究团队对反应器关键部件进行了设计优化,成功研制了填料呈板式结构的生物滤塔、转动生物床反应器和两相分配反应器,消除了多种污染物间的传质和反应抑制效应,避免了低水溶性组分的传质限制,提高了生物膜的更新频率,单位体积反应器的净化能力显著提升。

传统的生物净化技术适于高效处理低浓度、易降解 VOCs,对难生物降解 VOCs 的适用性差。针对这一问题,作者研究组研发了一系列高级氧化技术(如紫外光解、紫外光催化、低温等离子体等),可快速分解难生物降解的 VOCs,形成的产物有利于后续生物净化的高效去除。耦合了化学氧化的生物净化工艺能有效应对性质迥异的 VOCs,工艺的运行稳定性和普适性有了极大程度的提高。

1.4　基于过程强化的废气生物净化技术发展趋势

近年来,废气生物净化技术的研究快速发展,工程应用也从先前单一的 H_2S 等恶臭废气拓展到多组分气态污染物。面对废气组分的多样化及性质差异化的特点,近年来,出现的以生物净化为核心的组合工艺则是从工业废气自身特性上进行的过程强化。反应过程定向调控显著提高了气态污染物的水溶性和可生物降解性,把它们作为生物净化的预处理或深度处理的工艺,实现了难生物降解、低水溶性气态污染物的彻底净化,应用前景巨大。

对前期研究成果进行系统总结后发现,基于过程强化的废气生物净化技术还有许多工作可以开展,具体如下:

(1) 在功能微生物选育与复合菌剂构建方面,针对难生物降解的污染物,通过长期驯化得到具有一定降解能力的微生物菌群或从特定环境中分离纯化得到具有高降解活性的专属菌种(细菌和真菌),应用分子生物学手段设计组装高效生物降解途径,并通过基因工程手段改造得到具有特定降解性能的微生物;基于底物代谢途径,优化调控菌群结构,构建种群丰富、结构合理、协同代谢的功能菌群,制备复合微生物菌剂,实现菌剂的大规模商业化生产。

（2）在生物填料和单元设备研发方面，深入剖析物质传质和生物降解规律，探寻影响传质和生物降解的关键因素，研制高效生物填料和净化设备，强化气态物质传质过程；开展膜反应器、两相分配反应器等新型生物净化工艺研究，并结合已开发的生物填料，建立污染物性质、反应器类型与填料种类三者之间的对应关系，为工艺比选提供技术支撑。

（3）在组合工艺研发方面，以生物净化为核心技术，开发合适的预处理技术和后处理技术，形成高效组合处理工艺是多组分废气净化的重要趋势之一。目前，关于组合工艺的研究有很多，如紫外-生物耦合、低温等离子-生物氧化等，但均停留在工艺研究层面，有关协同机理的研究相对较少，对于高级氧化的过程调控还比较盲目，这些都是后续需要开展的研究内容。此外，如果能在同一反应器内实现高级氧化和生物净化过程，不仅可以缩小反应器体积，而且还能降低操作的复杂程度，大幅度降低实际运营成本，有利于废气生物净化技术的推广应用。

（4）在净化理论研究方面，从传质过程和生化反应过程等角度深入研究，分析探讨不同类型污染物在反应器内的净化原理，找出其中规律，发展和完善传统废气生物净化理论，在此基础上形成基于过程强化的废气生物净化理论体系，为相关研究的开展及工业应用提供理论依据。

参 考 文 献

[1] 中国工程院,环境保护部. 中国环境宏观战略研究:环境要素保护战略卷. 北京:中国环境科学出版社,2011.
[2] 郝吉明,马广大,王书肖. 大气污染控制工程. 3 版. 北京:高等教育出版社,2010.
[3] Kennes C, Veiga M C. Air Pollution Prevention and Control: Bioreactors and Bioenergy. Weinheim:Wiley-Blackwell,2013.
[4] Devinny J S,Deshusses M A,Webster T S. Biofiltration for Air Pollution Control. 2nd ed. Boca Raton:CRC Press,2008.
[5] 伍开宝. 建设项目恶臭污染和治理的现状. 海峡科学,2008,8:17-22.
[6] 孙佩石,杨显万,黄若华. 生物法净化低浓度有机废气技术基础与应用研究. 昆明:云南科技出版社,2004.
[7] Leson G,Winer A M. Biofiltration:An innovation air pollution control technology for VOC emissions. Journal of the Air & Waste Management Association,1991,41(8):1045-1054.
[8] 王丽燕,王爱杰,任南琪,等. 有机废气(VOC)生物处理研究现状与发展趋势. 哈尔滨工业大学学报,2004,36(6):732-735.
[9] Ottengraf S P P. Biological systems for waste gas elimination. Trends in Biotechnology,1987,5(5):132-136.
[10] 羌宁. 气态污染物的生物净化技术及应用. 环境科学,1996,17(3):87-90.
[11] 国家发展和改革委员会高技术产业司,中国生物工程学会. 中国生物产业发展报告 2009, 北京:化学工业出版社,2010.

[12] Ottengraf S P P, van den Oever A H C. Kinetics of organic compound removal from waste gases with a biological filter. Biotechnology and Bioengineering, 1983, 25(12): 3089-3102.

[13] 杨萍. 生物法净化挥发性有机废气动力学及过程模拟研究. 昆明: 昆明理工大学硕士学位论文, 2001.

[14] 孙佩石, 黄兵, 黄岩华, 等. 生物法净化挥发性有机废气的吸附-生物膜理论模型与模拟研究. 环境科学, 2002, 23(3): 14-17.

[15] Kennes C, Thalasso F. Waste gas biotreatment technology. Journal of Chemical Technology and Biotechnology, 1998, 72(4): 303-319.

[16] Zilli M, Converti A, Lodi A, et al. Phenol removal from waste gases with a biological filter by *pseudomonas putid*. Biotechnology and Bioengineering, 1993, 41(7): 693-699.

[17] Chou M S, Cheng W H. Screening of biofiltering material for VOC treatment. Journal of the Air & Waste Management Association, 1997, 47(6): 674-681.

[18] Li C, Moe W M. Activated carbon load equalization of discontinuously generated acetone and toluene mixture treated by biofiltration. Environmental Science & Technology, 2005, 39(7): 2349-2356.

[19] Miller M J, Allen D G. Biodegradation of α-pinene in model biofilms in biofiters. Environmental Science & Technology, 2005, 39(15): 5856-5863.

[20] Chan W C, Su M Q. Biofiltration of ethyl acetate and amyl acetate using a composite bead biofilter. Bioresource Technology, 2008, 99(17): 8016-8021.

[21] Garcia-Pena I, Ortiz I, Hernandez S, et al. Biofiltration of BTEX by the fungus *Paecilomyces variotii*. International Biodeterioration & Biodegradation, 2008, 62(4): 442-447.

[22] Gibson M J, Trevors J T, Otten L. Population estimates of *Thiobacillus thioparus* in composting biofilters by PCR analysis. The Journal of Microbiological Methods, 2006, 65(2): 346-349.

[23] Quinlan C, Strevett K, Ketcham M, et al. VOCs eliminationin a compost biofilter using a previously acclimated bacterial inoculum. Journal of the Air & Waste Management Association, 1999, 49(5): 544-553.

[24] Reij M W, Keurentjes J T F, Hartman S. Membrane bioreactors for waste gas treatment. Journal of Biotechnology, 1998, 59(3): 155-167.

[25] Burgess J E, Parsons S A, Stuetz R M. Developments in odor control and waste gas treatment biotechnology: A review. Biotechnology Advances, 2001, 19(1): 35-63.

[26] 姜安玺, 刘波, 程养学. 生物脱臭填料的研究进展. 农业环境保护, 2002, 21(6): 564-566.

[27] Smet E, Chasaya C, van Langenhove H, et al. The effect of inoculation and the type of carrier material used on the biofiltration of methyl sulphides. Applied Microbiology and Biotechnology, 1996, 45(1-2): 293-298.

[28] 王丽萍, 周敏, 何士龙, 等. 高性能生物滴滤器净化甲苯气体的实验研究. 环境工程, 2004, 22(3): 73-75.

[29] 王丽萍, 吴光前, 何士龙, 等. 高效生物滴滤系统净化甲苯废气快速启动研究. 哈尔滨工业

大学学报,2004,36(4):446-449.

[30] 郑曼曼.生物滴滤法净化挥发性有机废气的实验研究.南京:南京理工大学硕士学位论文,2004.

[31] Kim D,Cai Z,Sorial G A. Impact of interchanging VOCs on the performance of trickle bed air biofilter. Chemical Engineering Journal,2005,113(2):153-160.

[32] Lapertot M,Seignez C,Ebrahimi S,et al. Enhancing production of adapted bacteria to degrade chlorinated aromatics. Industrial & Engineering Chemistry Research,2006,45(20):6778-6784.

[33] Sempere F,Gabaldon C,Martlnez-Soria V,et al. Performance evaluation of a biotrickling filter treating a mixture of oxygenated VOCs during intermittent loading. Chemosphere,2008,73(9):1533-1539.

[34] Nielsen D R,Daugulis A J,McLellan P J. Transient performance of a two-phase partitioning bioscrubber:Treating a benzene-contaminated gas stream. Environmental Science & Technology,2005,39(22):8971-8977.

[35] van Groenestijin J W,Hesselink P G M. Biotechniques for air pollution control. Biodegradation,1993,4(4):283-301.

[36] Devinny J S,Deshusses M A,Webster T S. Biofiltration for Air Pollution Control. New York:Lewis Publishers,1998.

[37] Kim S,Deshusses M A. Determination of mass transfer coefficients for packing materials used in biofilters and biotrichking filters for air pollution control. 1. Experimental results. Chemical Engineering Science,2008,63(4):841-855.

[38] Saravanan V,Rajamoban N. Treatment of xylene polluted air using press mud-based biofilter. Journal of Hazardous Materials,2009,162(2):981-988.

[39] Chen W H,Yang W B,Yuan C S,et al. Influences of aeration and biological treatment on the fates of aromatic VOCs in wastewater treatment processe. Aerosol and Air Quality Research,2013,13(1):225-236.

[40] Sempere F,Gabaldón C,Martínez-Soria V,et al. Performance evaluation of a biotrickling filter treating a mixture of oxygenated VOCs during intermittent loading. Chemosphere,2008,73(9):1533-1539.

[41] Jang J H, Hirai M, Shoda M. Enhancement of styrene removal efficiency in biofilter by mixed cultures of *Pseudomonas* sp. SR-5. Journal of Bioscience and Bioengineering,2006,102(1):53-59.

[42] 叶峰,张丽丽,吴石金,等.降解三苯类复合微生物菌剂的制备及性能.环境科学,2009,29(3):300-305.

[43] Bailón L,Nikolausz M,Kästner M,et al. Removal of dichloromethane from waste gases in one-and two-liquid-phase stirred tank bioreactors and biotrickling filters. Water Research,2009,43(1):11-20.

[44] Lee E H,Ryu H W,Cho K S. Removal of benzene and toluene in polyurethane biofilter im-

mobilized with *Rhodococcus* sp. EH831 under transient loading. Bioresource Technology, 2009,100(23):5656-5663.

[45] Estrada J M, Hernandez S, Munoz R, et al. A comparative study of fungal and bacterial bio-filtration treating a VOC mixture. Journal of Hazardous Materials,2013,250:190-197.

[46] Vergara-Fernandez A, Hernandez S, Revah S. Phenomenological model of fungal biofilters for the abatement of hydrophobic VOCs. Biotechnology and Bioengineering,2008,101(6): 1182-1192.

[47] 陆李超,贾青,成卓韦,等. 真菌降解挥发性有机化合物的研究进展. 环境污染与防治, 2014,36(8):78-83.

[48] 孙宏伟,陈建峰. 我国化工过程强化技术理论与应用研究进展. 化工进展,2011,30(1): 1-15.

第 2 章　高活性降解菌选育及复合菌剂构建

微生物作为污染物的降解者,是废气生物净化的关键因素,因此高活性降解菌的选用可以提高污染物的降解效率。很多微生物的生物降解活性是可以诱导的,一种特定底物的存在能诱导降解该底物的酶基因表达[1]。因此,一些曾经被认为是难生物降解的有机物,都可以通过长期驯化诱导获得特定的降解菌,并利用基因工程技术提高其降解性能[2]。复合微生物菌剂是以高活性降解菌株为材料构建的一种混合菌培养体系,它可以利用微生物单独作用或种间协同作用来高效降解成分复杂的污染物[3]。按污染物种类及特点,选择特定降解菌组成适应于不同污染环境的微生物菌群,经发酵扩大培养,制成微生物菌剂,有目的地投加到生物净化设备中,达到高效净化目标污染物的目的。因此,高活性降解菌的获得及种间优化复配,可以强化污染物降解过程,缩短反应器启动时间,提高污染物的净化效率。

2.1　降解菌的选育及鉴定

2.1.1　菌种来源

自然界微生物种类繁多,各种类型的环境中均存在微生物。因此,筛选高活性降解菌必须要有针对性。

若想快速筛选到特定污染物的降解菌,首先要有合适的菌种来源。针对某一特定污染物,如果能在该物质的生产场所取到样品,如车间周围的土壤、废水处理设施中的污泥等,则筛选到高降解活性菌株的概率较高[4]。如果无法获得理想菌种来源,则可从与特定污染物相类似物质的存在环境中采集样品,提高获得降解菌的概率。例如,二甲苯的降解菌,其筛选来源可以是甲苯生产废水处理设施产生的活性污泥,因为能降解甲苯的微生物也可能降解甲苯的同系物——二甲苯。

2.1.2　源样诱导

获得菌源后,一般需要预处理:空曝和诱导。对源样进行简单淘洗和沉降后,采用清水空曝72h,主要目的是彻底去除源样中含有的有机物,即使微生物彻底消耗完原有的碳源。空曝结束后沉降,弃去上清液,加入无机盐营养液,并添加少量污染物作为碳源(或硫源、氮源),进行曝气诱导,激发具有降解能力的特定基因表达。值得注意的是,添加的底物具有挥发性,特别是在曝气驯化的情况下,其挥发程度可能加快,因此,为保证培养体系中有足够的营养成分,除定期补加污染物,还需要在曝气装置出口处安装冷凝器,回流气态污染物。

对于降解过程中产酸的微生物,营养液的更换可参照诱导体系 pH 的变化情况。初期培养体系的 pH 不会发生明显变化,可每 3～4d 更换营养液的 3/4,保证培养体系中的微生物对无机营养元素的需要量。若发现 pH 发生变化,则需要改变营养液的更换频率,可 1～2d 更换一次营养液。对于降解过程中不产酸的微生物,营养液的更换频率可依据经验而定,一般也是每 3～4d 更换营养液的 3/4。值得注意的是,在整个诱导过程中需要逐步提升污染物的浓度,这样既可以提高选择压力,又可以提供更多的底物,从而淘汰不具备特定降解基因的微生物,减少后续筛选工作量。

对于一般污染物的降解菌,可采用上述方法定向诱导获得;但对于初始不易被微生物利用的有机污染物,可以采用共代谢的方法进行源样驯化[5]。具体做法和上述过程类似,不同的是碳源投加方式。通常是选用一种极易被微生物利用的物质(如葡萄糖或酵母粉),混合一定比例的污染物作为碳源进行投加。随着驯化时间的推移,可以逐步调整共代谢基质和污染物的比例,即用污染物逐步替代共代谢基质,提高筛选目标菌的效率。

2.1.3　筛选

筛选包括初筛和复筛。

源样诱导时间一般持续 1～2 个月,然后进入初筛阶段。取诱导后的污泥至玻璃瓶中,加入灭过菌的无机盐营养液和碳源(即污染物),密封后振荡培养。每隔一定时间对培养液中的污染物浓度和气相 CO_2 浓度进行分析,若污染物浓度明显下降并伴随 CO_2 浓度增大,表明存在污染物降解能力的微生物。此时可取少量富集液转至新鲜的培养液中,加入碳源(即污染物),密封后继续振荡培养。反复 5～6次后,便可对富集液中的微生物进行分离纯化。

取富集液进行梯度稀释,涂布于无机盐营养液和琼脂混合而成的平板上。为保证筛选的有效性和成功率,采用 3～4 个浓度进行涂布。污染物的添加方式根据筛选底物的特性大致分为两种情形:①对于筛选气态无机污染物的降解菌(如 H_2S、NO 等),通常在制备平板培养基时直接加入固态或液态碳源和含目标基团的无机盐(如硫化钠或硝酸盐等);②对于筛选气态有机污染物的降解菌,由于该类物质具有挥发性的特点,无法直接添加至固体平板培养基中,只能采用“液相滴蘸,气相挥发”的方法[6],即在灭过菌的棉团上加入一定体积的污染物纯液体,然后倒置于平板内(图 2-1),四周用封口膜封口,依靠污染物自身的挥发性使平板内微小空间富含污染物气态分子,作为微生物生长的碳源。制成的平板放入培养箱恒温培养,每天观测平板上微生物的生长情况。对于挥发性较大的物质,需要定期在平板内的棉团上滴加污染物纯液体,保证碳源的持续供给。

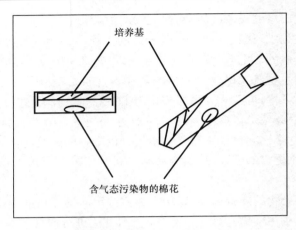

培养基

含气态污染物的棉花

图 2-1　气态碳源纯化培养示意图

当稀释涂布的平板上长出菌落后便可进行复筛。挑选平板上的单菌落划线纯化 3 次后,选取纯培养物接种至摇瓶,验证其降解目标污染物的能力。将降解活性较大的菌株标记后保藏在 LB 斜面培养基或 R_2A 斜面培养基中,用于后续鉴定和降解特性的研究。

2.1.4　菌种鉴定

对筛选到的特征降解菌进行鉴定,包括形态观察、生理生化实验、16S rRNA(细菌)或 18S rRNA/ITS 鉴定(真菌)和 Biolog 鉴定(自动微生物鉴定仪),同时结合《伯杰氏系统细菌学手册》,确定降解菌的种属[7]。这些信息的获得不仅能为构建降解菌种库奠定基础,同时也能为后期研究生物滤塔净化性能提供技术支撑。

2.2　典型气态污染物的高活性降解菌

针对工业中常见的气态污染物,通过长期驯化与筛选,已选育到针对氮氧化物、含硫化合物(包括无机硫和有机硫)、含氯化合物、烃类化合物等四大类气态污染物的高活性降解菌。部分已授权发明专利的高效降解菌如表 2-1 所示。

表 2-1　已获得的部分典型气态污染物降解菌

菌株	降解底物	保藏号	专利号
Alcaligenes denitrificans YS	NO_3^-	M2011368	ZL201110432751.7
Rhizobium radiobacter T3	硫化氢	M2011105	ZL201110218104.6
Bacillus circulans WZ-12	二氯甲烷	M 207006	ZL200710067510.0

续表

菌株	降解底物	保藏号	专利号
Methylobacterium rhodesianum H13	二氯甲烷	M2010121	ZL201010234986.0
Pandoraea pnomenusa LX-1	二氯甲烷	M2011242	ZL201110370070.2
Starkeya sp. T-2	1,2-二氯乙烷	M2011263	ZL201110426121.9
Ralstonia pickettii L2	1-氯苯	M209250	ZL201010181332.6
Pseudomonas veronii ZW	α-蒎烯	M209313	ZL201010108779.0
Pseudomonas oleovorans DT4	四氢呋喃	M209151	ZL200910154838.5
Zoogloea resiniphila HJ1	邻二甲苯	M2012235	ZL201310281412.2
Mycobacterium cosmeticum byf-4	苯、甲苯、乙苯、邻二甲苯	M208180	ZL200910096028.9
Bacillus amyloliquefaciens byf-5	苯、甲苯、乙苯、邻二甲苯	M208181	ZL200810163160.2

2.2.1 氮氧化物

传统理论认为,细菌反硝化是一个严格的厌氧过程,只有在无分子氧的条件下,细菌才能利用硝酸盐或亚硝酸盐进行呼吸。然而,20 世纪 80 年代,Robertson 等[8]报道了自然界存在好氧反硝化细菌和好氧反硝化酶系,并证实了脱氮副球菌 *Paracoccus denitrifications* 在有氧的条件下,能够将 NO_3^- 还原[9]。目前,越来越多的研究证明好氧反硝化菌的存在。陈浚和于佳佳等在处理 NO 的生物转鼓中筛选到了两株好氧反硝化菌 DN3[10] 和 YS[11]。

菌株 DN3 在有氧条件下可以葡萄糖为唯一碳源进行硝酸盐呼吸,培养 12h 后进入对数生长期。DN3 为短杆菌,带有鞭毛,大小为 $(0.4\sim0.8)\mu m \times (2.0\sim2.5)\mu m$。经生理生化和 16S rRNA 测试分析,菌株 DN3 鉴定为 *Pseudomonas putida*。菌株 YS 为革兰氏阴性菌,以单极生鞭毛运动,长杆状,大小为 $(0.5\sim1.1)\mu m \times (1.5\sim2.3)\mu m$。在分离培养基平板上培养 24h 后形成特征性干燥、皱缩样菌落,黏附于琼脂表面,可产生黄色色素。经生理生化和 16S rRNA 测试分析,菌株 YS 鉴定为 *Alcaligenes denitrificans*。这两株菌的透射电镜照片如图 2-2 所示。

由于菌株 *Alcaligenes denitrificans* YS 的反硝化性能优于 *Pseudomonas putida* DN3,所以对菌株 YS 进行了较为深入的研究。图 2-3 是菌株 YS 去除 NO_3^- 的变化曲线。在以硝酸钠为唯一氮源的培养基中,按 1% 接种量加入 OD_{600}(波长 600nm 处的吸光度,下同)为 0.4 的菌液,菌株 YS 的生长量在 48h 达到最大值,此时硝酸根的去除率为 76%。在实验过程中,培养基中亚硝酸根浓度很低,说明降解过程中没有亚硝酸根的积累。菌株 YS 对碳源较敏感,不同碳源对菌株的反硝化能力影响较大。菌株 YS 能很好地利用葡萄糖和琥珀酸钠,而对甲醇和乙醇的利用率相对较低。

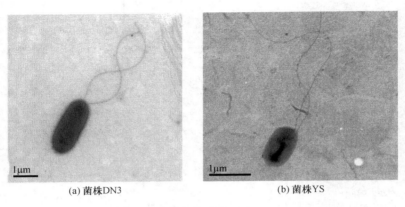

(a) 菌株DN3　　　　　　　　　(b) 菌株YS

图 2-2　菌株的透射电镜照片(×20000)

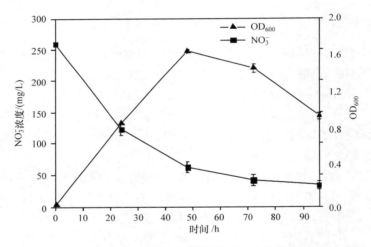

图 2-3　以 NO_3^- 为唯一氮源的菌株反硝化能力比较

2.2.2　含硫化合物

脱硫微生物在需氧条件下能够氧化硫单质、无机硫化物和有机硫化物,并将还原态硫最终氧化为 SO_4^{2-},同时释放出能量[12]。至今人们已发现的具有脱硫能力的微生物约有十几种,如氧化亚铁硫杆菌、氧化硫杆菌、光合硫细菌以及真菌等[13,14]。通常,含硫恶臭气体,其嗅阈值很低,毒性强,稍有泄漏便会引起较大区域的污染,影响正常的生产和生活[15,16]。因此,针对臭气中常见的含硫组分,作者研究组分别筛选了 H_2S 还原菌和有机硫降解菌。

1. H₂S

从浙江某制药企业污水处理系统的活性污泥中选育到一株能去除 H₂S 的菌株 T3[17]，经 16S rRNA 和 Biolog 鉴定，T3 属于放射根瘤菌（*Rhizobium radiobacter*），革兰氏阴性，短杆状，大小为（0.4～0.6）μm×（1.0～1.5）μm，有侧生鞭毛。图 2-4 是其革兰氏染色图和透射电镜照片。

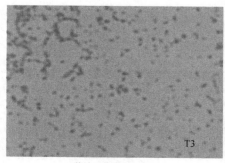

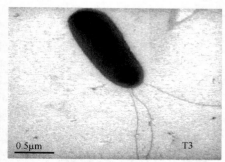

(a) 革兰氏染色图(×1000)　　　　　　(b) 透射电镜图(×80000)

图 2-4　菌株 T3 的个体形态特征

以 H₂S 为降解底物，考察了菌株 T3 对 H₂S 的氧化特性和反应动力学。菌株 T3 的最佳生长和还原温度均为 30℃，适合在中性偏碱的条件下生长。T3 在 H₂S 初始浓度不超过 400mg/m³ 时，去除率可达 95％以上，而当 H₂S 初始浓度达 600mg/m³ 时，60h 内的去除率约为 80％(图 2-5)。采用 Haldane 动力学模型对菌株还原 H₂S 的过程进行动力学拟合[18]，最大比降解速率为 0.345h⁻¹。

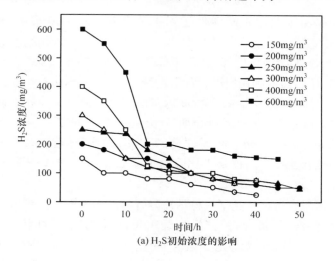

(a) H₂S初始浓度的影响

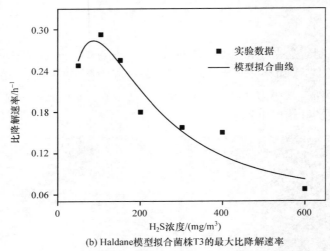

(b) Haldane模型拟合菌株T3的最大比降解速率

图 2-5　菌株 T3 降解 H_2S 的性能

目前已知的微生物氧化硫化物的方式主要有两种:一种为多硫酸盐途径,存在于化能无机自养型硫杆菌中,其特征是积累硫代硫酸根和单质硫并最终氧化成硫酸[19,20];另一种为副球菌硫氧化途径,其特点是将硫代硫酸盐直接氧化成硫酸,无中间代谢物积累[21]。通过检测 H_2S 产物,发现有硫代硫酸根和单质硫的积累,推断菌株 T3 去除 H_2S 的途径为

$$H_2S(g) \rightarrow H_2S(l) \rightarrow S^{2-} \rightarrow S_2O_3^{2-}/S^0 \rightarrow SO_3^{2-} \rightarrow SO_4^{2-}$$

可见,菌株 T3 是通过类似多硫酸盐途径进行 H_2S 氧化代谢的。

2. 甲硫醚和丙硫醇

从浙江某制药企业污水站活性污泥中选育到一株能降解甲硫醚(dimethyl sulfide,DMS)的菌株 SY1[22]。该菌为革兰氏阴性好氧菌,结合生理生化特性、Biolog 和 16S rRNA 序列分析,确定菌株 SY1 为 *Alcaligenes* sp.。菌株 SY1 除了能降解甲硫醚,还可高效利用甲醇、甲醛、乙醛、二甲基亚砜进行生长。

菌株 SY1 能在 30h 内将浓度为 50mg/L 的 DMS 降解完全。在底物浓度较高的情况下,菌株 SY1 会有较长的延滞期,180mg/L 延滞期 12～14h。图 2-6 是基于 Haldane 模型,对 *Alcaligenes* sp. SY1 降解 DMS 的比降解速率、比生长速率与初始浓度之间的拟合曲线。菌株最大比降解速率 $q_{max} = 0.145h^{-1}$,最大比生长速率 $\mu_{max} = 0.125h^{-1}$。

从该活性污泥中也筛选到了一株丙硫醇降解菌 S-1[23]。菌落呈小圆状、白色、形态饱满、光滑湿润、易挑起,菌苔沿划线生长;菌体细胞呈杆状,大小为$(0.4～0.7)\mu m \times (1.4～1.7)\mu m$,无芽孢。结合生理生化特性和 16S rRNA 序列分析,该菌为 *Pseudomonas putida*,能在 12h 内将浓度为 50mg/L 的丙硫醇降解完全。

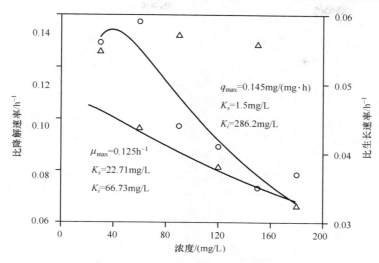

图 2-6　Haldane 模型拟合菌株 SY1 降解甲硫醚最大比降解(生长)速率
数据点:实测值;实线:拟合值

2.2.3　烃类化合物

烃类化合物是指只含有碳、氢两种元素的化合物,包括脂肪烃和芳香烃。大气中的烃类化合物主要来源于化工原料的加工使用过程、燃料的燃烧及汽车尾气等。针对工业废气中常见的苯、甲苯、二甲苯等,作者所在的研究组选育到了一些高降解活性的菌株,为烃类污染物的高效去除提供了种质资源和理论基础。

1. 甲苯

以甲苯为唯一碳源,从浙江省某炼油企业污水处理站的活性污泥中筛选到一株能高效降解甲苯的细菌 byf-4[24]。基于形态特征、生理生化、16S rRNA 序列分析和 Biolog 鉴定,确定该菌株为染料分枝杆菌(*Mycobacterium cosmeticum*),能在90h 内将 300mg/L 的甲苯降解完全,并能不同程度地降解苯、乙苯和邻二甲苯,这是迄今为止首次发现该菌属具有降解苯系化合物的能力。

图 2-7 是菌株 byf-4 对不同初始浓度苯系物(BTEX)的降解曲线。byf-4 可对较高初始浓度的苯(500mg/L)和甲苯(300mg/L)实现高效降解,而对乙苯、邻二甲苯的降解能力稍弱,但也能将 150mg/L 的乙苯和 100mg/L 的邻二甲苯降解完全。通过考察菌株 byf-4 对二元、三元和四元混合物的降解情况,探讨了菌株对不同 BTEX 混合底物的降解顺序及其相互作用模式。无论哪种混合体系,菌株对苯系物的降解优先顺序为苯、甲苯、乙苯、邻二甲苯;同时,由于体系中底物间相互影响,菌株在混合体系中的降解速率较单一体系中慢,特别是邻二甲苯的降解受到明显抑制。

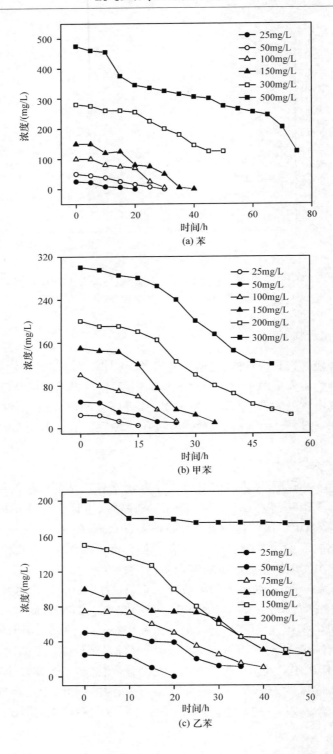

(a) 苯

(b) 甲苯

(c) 乙苯

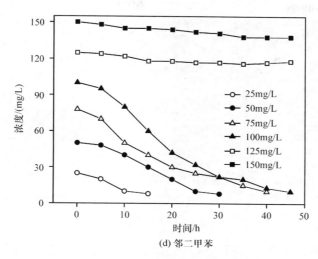

(d) 邻二甲苯

图 2-7　菌株 byf-4 对不同浓度苯系物的降解曲线

为了进一步说明菌株 byf-4 对苯系物的降解能力,利用 Haldane 模型对菌株降解苯系物的过程进行了动力学拟合(表 2-2)。byf-4 对苯和甲苯的最大比降解速率明显大于乙苯和邻二甲苯,但该菌对苯系物的降解速率均大于文献[25]和[26]的报道值。

表 2-2　菌株 byf-4 的比降解动力学拟合结果

项目	苯	甲苯	乙苯	邻二甲苯
R^2	0.9519	0.90727	0.8553	0.95988
μ_{max}/h^{-1}	0.51791	0.49127	0.4425	0.4223
K_s/(mg/L)	16.68623	25.16838	53.4894	10.847
K_i/(mg/L)	281.4252	184.9505	51.5529	45.12245

2. 邻二甲苯

上述研究发现,邻二甲苯是一种较难生物降解的物质,因此有必要对能高效降解邻二甲苯的菌株进行选育。从浙江省某制药企业 SBR 曝气池的活性污泥中筛选到一株以邻二甲苯作为唯一碳源的高效降解菌 HJ1[27]。该菌为革兰氏染色阴性,氧化酶实验阳性,菌落形态为圆形,边缘整齐,光滑湿润,单个菌体呈短杆状,其大小为 $(0.8\sim1.0)\mu m \times (1.2\sim15)\mu m$,有鞭毛,无芽孢。图 2-8 是其革兰氏染色图和透射电镜照片。基于生理生化特征和 16S rRNA 序列分析,可以确定菌株 HJ1 为 *Zoogloea resiniphila*。HJ1 在 35℃、pH 为 7 的条件下,24h 内能将 128mg/L 的邻二甲苯和 160mg/L 的甲苯降解完全。

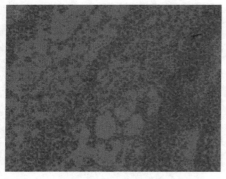
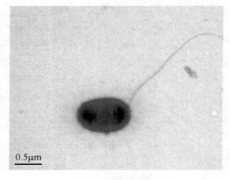

(a) 革兰氏染色图　　　　　　　　　(b) 透射电镜照片

图 2-8　菌株 HJ1 的个体形态特征

在生物降解过程中,有机污染物在好氧条件下最终会转化为 H_2O、CO_2 以及微生物细胞组成物质。CO_2 生成量可表征污染物生物降解过程中的矿化情况。图 2-9 是菌株 HJ1 对不同浓度邻二甲苯的矿化情况。菌株 HJ1 降解邻二甲苯的量与产生的 CO_2 的拟合关系为 $y=1.821x$,即消耗 1mg 邻二甲苯可以产生 1.821mg CO_2。理论上,1mg 邻二甲苯完全矿化可以产生 3.32mg CO_2,这表明菌株 HJ1 对邻二甲苯的矿化率为 54.8%。

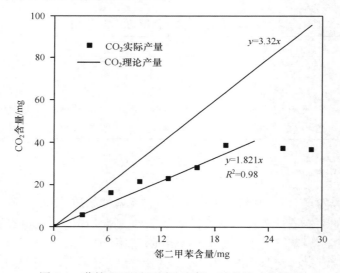

图 2-9　菌株 HJ1 对不同浓度邻二甲苯的矿化情况

基于 GC/MS 检测到邻二甲苯降解的主要中间产物,同时测定邻苯二酚双加氧酶活性,结合已报道的相关文献[28,29],推测其代谢机制如图 2-10 所示,邻二甲苯在双加氧酶的作用下,生成 1,2-二羟基-3,4-二甲基环己烷-3,5-二烯,然后在顺二氢二醇脱氢酶的作用下,转化为 3,4-二甲基邻苯二酚,进而在邻苯二酚 1,2 双加氧酶作用后开环,转化成 2,3-二甲基己二酸,然后进入 TCA 循环。

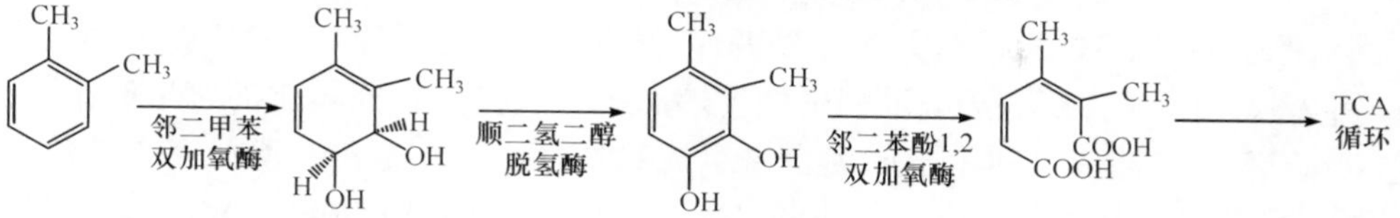

图 2-10　菌株 HJ1 降解邻二甲苯可能的代谢机制

3. α-蒎烯

从处理 α-蒎烯的生物滤塔中选育到了两株高效降解 α-蒎烯的菌株,经生理生化特性测试、16S rRNA 测序和 Biolog 菌种鉴定,确定这两株菌分别为 *Pseudomonas fluorescens* PT 和 *Pseudomonas veronii* ZW[30]。菌株 PT 为革兰氏阴性短杆菌,成对聚集,不具有鞭毛;菌株 ZW 为革兰氏阳性圆杆菌,具有端生鞭毛。其中, *Pseudomonas veronii* ZW 是迄今为止首次发现具有降解 α-蒎烯能力的菌种。

利用 SAS system 软件对培养条件进行响应面优化,得出最佳培养条件:当 NaCl 含量、pH、温度分别为 0、7.13、25.5℃ 和 1.36%、6.82、26.3℃ 时,菌株 PT 和 ZW 降解速率均达到最大值,分别为 5.21mg/(L·h) 和 4.54mg/(L·h)。表 2-3 是菌株 PT 和 ZW 对 BTEX、石油醚、C6 的同分异构体及其他碳氢化合物等的代谢情况,可见菌株 PT 和 ZW 能降解一些常见的工业有机废气组分,为构建处理多组分工业废气的复合菌剂奠定了基础。

表 2-3　菌株 PT 和 ZW 对不同化合物的降解效率

物质名称	PT		ZW	
	去除率/%	生物量/(mg cells/L)	去除率/%	生物量/(mg cells/L)
α-蒎烯	95.24	241.58	98.24	198.24
苯	43.50	52.31	19.15	8.24
甲苯	29.48	64.32	5.18	5.04
乙苯	46.33	59.24	43.40	43.28
邻二甲苯	41.32	45.23	38.02	39.24
间二甲苯	44.65	50.45	42.98	40.13
对二甲苯	53.55	68.24	48.14	49.24
石油醚	85.24	145.25	78.12	94.32
环己烷	3.57	23.94	8.21	88.41
正己烯	4.21	25.93	2.19	12.45
环己烯	72.83	84.58	13.85	28.47
十四烷	58.29	97.19	64.81	81.47
甲基乙基酮	100	300.42	100	251.24

通常,烃类化合物在生物降解过程中能够被转化为醛酮、羧酸等羰基化合物,进而被矿化为 CO_2 或是组成细胞自身物质[31]。对菌株 PT 和 ZW 代谢 α-蒎烯过程中产生的水溶性有机碳(TOC)、CO_2、细胞生物量进行了测定,并计算了相应的转化率。表 2-4 为菌株降解过程中各种形态碳的含量。在被转化的有机碳中,约 30% 的有机碳被菌株利用合成为自身组成物质,约 60% 的有机碳被完全矿化为 CO_2,只有约 10% 的有机碳以其他形式进入自然环境中(如形成一些水溶性的有机小分子)。

表 2-4　菌株降解过程中各种形态碳的含量

菌株	α-蒎烯中 C 含量/mg	TOC /mg	微生物中 C 含量/mg	CO_2 中 C 含量/mg	C 的再生率/%	C 的矿化率/%	C 的转化率/%
PT	8.8	0.1779	2.6728	5.705	30.37	64.83	97.22
ZW	8.6	0.1045	2.4382	5.265	28.35	61.22	90.79

Rittmann 等[32]研究发现,有机化合物的生物降解过程通常包括物质矿化和物质合成两个方面,并指出生物量的表达式可用 $C_5H_7NO_2$ 表示。因此,通过化学计量法计算,菌株 PT 和 ZW 降解 α-蒎烯的过程可分别用式(2-1)和式(2-2)表示:

$$0.073C_{10}H_{16}+0.653O_2+0.051NO_3^- \longrightarrow 0.051C_5H_7NO_2+0.475CO_2+0.406H_2O \tag{2-1}$$

$$0.073C_{10}H_{16}+0.601O_2+0.058NO_3^- \longrightarrow 0.058C_5H_7NO_2+0.439CO_2+0.381H_2O \tag{2-2}$$

2.2.4　含氯化合物

二氯甲烷(dichloromethane,DCM)、氯苯(chlorobenzene,CB)等含氯化合物是一类环境污染严重、生态风险极高的疏水性有机污染物,是工业废气中常见的检出成分之一[33]。这类物质通常是人工合成的外来化合物,自然界的微生物由于缺乏与之相适应的酶系统,所以在过去含氯化合物被认为是难以生物降解的物质[34]。但随着研究的深入,发现在长期和该类物质接触的环境中的微生物获得降解此类物质的能力。

1. 二氯甲烷

从浙江省某城市污水处理厂曝气池污泥中筛选到一株以 DCM 为唯一碳源和能源生长的菌株 LX-1[35],根据常规生理生化实验,并结合 Biolog 和 16S rRNA 分析,确定该菌株为 *Pandoraea pnomenusa*。该菌株为革兰氏染色阴性、氧化酶阳性,菌落呈淡乳白色,边缘整齐,光滑湿润,能将 50～800mg/L 的 DCM 完全降解。

图 2-11 是菌株 LX-1 降解 DCM 的量与 CO_2 生成量、Cl^- 释放量之间的关系曲线。DCM 消耗量与 Cl^- 的脱除量、CO_2 生成量之间的线性拟合关系分别为 $y = 0.8083x$ 和 $y = 0.3838x$，即 1mg DCM 可以产生 0.8038mg 的 Cl^- 和 0.3838mg CO_2。理论上，1mg DCM 可产生 0.8353mg Cl^- 和 0.5176mg CO_2。菌株 LX-1 对于 DCM 的脱氯率和矿化率分别为 96.8% 和 74.1%。此外，发现菌株每降解 1mg DCM 能产生 0.0332mg 生物量。菌体增殖的碳含量和 CO_2 中碳含量总和（0.1379mg）接近于 1mg DCM 含有的碳含量（0.1412mg），表明 DCM 能被菌株 LX-1 完全利用，形成 CO_2、H_2O 和细胞生物量。

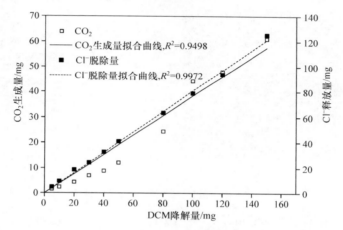

图 2-11　菌株 LX-1 降解 DCM 的量与 CO_2 生成量、Cl^- 释放量之间关系曲线

2. 1,2-二氯乙烷

活性污泥取自浙江省某化工企业污水处理池，以 1,2-二氯乙烷（1,2-dichloroethane,1,2-DCA）为唯一碳源和能源对污泥进行曝气驯化得到一株高效降解菌，命名为 T-2[36]。T-2 为革兰氏阴性菌，通过透射电镜观察单个菌呈短杆状，大小为 $(0.8 \sim 1.0)\mu m \times (1.0 \sim 2.0)\mu m$，无鞭毛；$R_2A$ 琼脂平板中菌落呈小圆状、半透明、边缘整齐、形态饱满、光滑湿润、易挑起。结合菌株的生理生化特性和 16S rRNA 基因序列分析，菌株 T-2 鉴定为 *Starkeya novella*，45h 能将 800mg/L 的 1,2-DCA 降解完全。

随着 1,2-DCA 逐渐被降解，培养液的 TOC 含量呈上升趋势，表明疏水性的 1,2-DCA 逐渐转化形成亲水性的中间产物，并最终被菌体利用转化为 CO_2 和 H_2O，矿化率约为 45%。通过 GC-MS、LC-MC、IC 等分析，检测到 2-氯乙醇、氯乙酸等中间产物。因此，推测菌株降解 1,2-DCA 的代谢途径为：1,2-DCA 先脱掉一个 Cl 生成 2-氯乙醇，2-氯乙醇经过两次氧化生成氯乙酸。

3. 氯苯

利用 CB 作为单一碳源和能源,从某炼油企业的污水处理站曝气池活性污泥中筛选到了一株降解 CB 的菌 L2[37]。该菌株的菌落形态为圆形,淡乳白色,边缘整齐,光滑湿润,革兰氏染色阴性,呈短杆状,大小为 $(0.4 \sim 0.6) \mu m \times (0.9 \sim 1.3) \mu m$,无鞭毛,无芽孢。图 2-12 是其革兰氏染色图和透射电镜照片。通过 16S rDNA 分析和 Biolog 菌种鉴定,确定菌株 L2 为 *Ralstonia pickettii*,这是迄今为止首次发现该菌属具有降解 CB 的能力。

　　　　(a) 革兰氏染色图　　　　　　　　　　　(b) 透射电镜照片

图 2-12　菌株 L2 的个体形态特征

通过在培养液中添加酵母粉,提高了菌株 L2 对 CB 的降解速率,且随着酵母粉(YE)浓度的增加,菌株比生长速率显著提高(图 2-13)。无外加酵母粉时菌株的比生长速率为 $0.14h^{-1}$,添加 10mg/L、20mg/L、50mg/L、100mg/L、150mg/L 酵母粉后,菌株的比生长速率从 $0.15h^{-1}$ 提高到 $0.23h^{-1}$,相应的生物量也从 24.89mg/L 提高到 62.40mg/L。

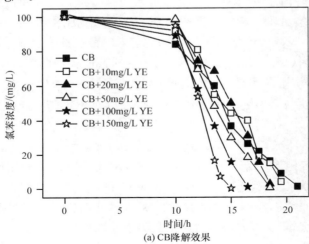

(a) CB降解效果

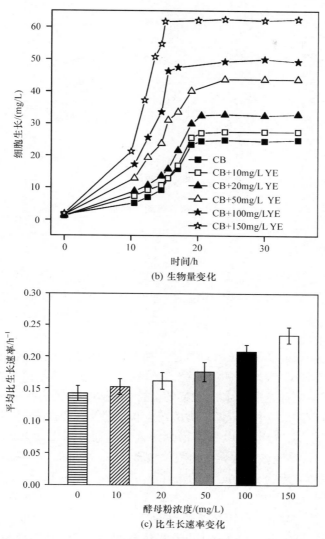

(b) 生物量变化

(c) 比生长速率变化

图 2-13　添加 YE 对菌株 L2 生长和降解 CB 性能的影响

根据 GC-MS 检测到的中间代谢产物以及酶活性分析的结果,结合文献报道[38,39],推测菌株 L2 代谢 CB 时存在三条途径(图 2-14):①CB 的苯环先被激活,转化为邻氯苯酚,再进一步转化为 3-氯邻苯二酚,继而在邻苯二酚双加氧酶的作用下邻位开环;②CB 先转化为邻氯苯酚和 3-氯邻苯二酚,继而脱氯生成邻苯二酚,在双加氧酶的作用下邻位开环进入 TCA 循环;③CB 中的 Cl⁻ 被羟基取代生成苯酚,继而转化为邻苯二酚,在双加氧酶的作用下邻位开环进入 TCA 循环。

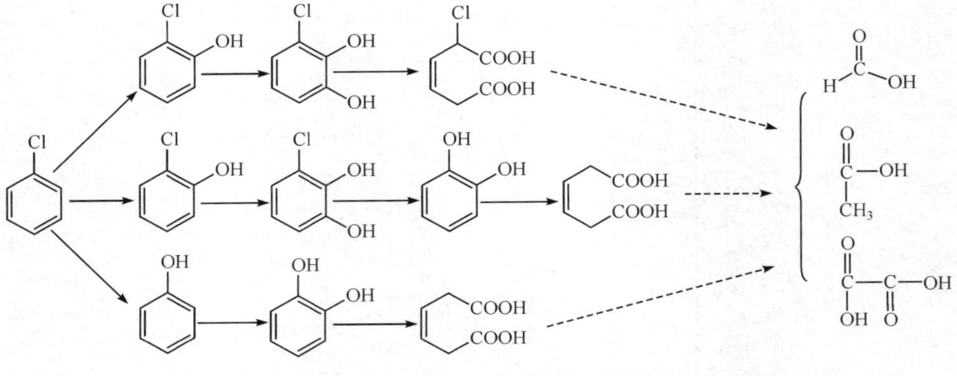

图 2-14　CB可能的降解途径

2.2.5　其他气态污染物

工业生产过程排放的气态污染物组分复杂,除了前面述及的氮氧化物、含硫化合物、烃类化合物、含氯化合物,还包括一些含氧化合物,如脂肪酸、酯类、醚类等。

1.　四氢呋喃

四氢呋喃(tetrahydrofuran,THF)是一种重要的有机化工原料,由于 THF 的环醚结构及 C—O(360kJ/mol)的高能键,其曾一度被归为"不易生物降解物质"[40]。

将浙江省某制药企业污水池采集的活性污泥以 THF 为唯一碳源进行驯化,筛选到一株具有高效 THF 降解能力的革兰氏阴性菌DT4[41]。该菌落呈圆形,透明,白色,形态饱满,光滑湿润,菌苔沿划线生长。通过形态学、Biolog 鉴定及 16S rRNA 序列分析,鉴定该菌株为食油假单胞属(*Pseudomonas oleovorans*)。

在初始菌体浓度为 3.2mg/L 的条件下,*P. oleovorans* DT4 不仅能降解 THF,而且能以 THF 为唯一碳源生长。图 2-15 是菌株 DT4 生长及降解 THF 曲线。到 14h 时,THF 被完全降解,菌体浓度达到 275.6mg/L。*P. oleovorans* DT4 降解 THF 的速率达 203.9mg/(h・g cells),世代时间为 2.7h,是迄今为止文献报道的降解速率最高和世代时间最短的 THF 降解菌株。

在实际应用中,含 THF 的废气常常伴随着其他污染物,尤其是苯、甲苯、乙苯、邻二甲苯等芳香烃化合物。因此,研究菌株 DT4 在 BTEX 与 THF 共存时的降解性能,对于菌株在实际工程中的应用具有指导意义[42]。人们发现,DT4 能直接代谢苯和甲苯,并在 THF 存在情况下,共代谢苯、邻二甲苯和乙苯,而且苯是 BTEX 中可降解性最好的物质(图 2-16 和图 2-17)。THF 分别和苯、甲苯、乙苯、邻二甲苯两两混合时,THF 的降解受到抑制,且抑制效果按苯<甲苯<乙苯<邻二甲苯的顺序递增;而 THF 的存在对苯和甲苯的降解具有明显的促进作用:与

THF 共存,苯的降解速率提高到 39.68mg/(h·g cells),而相应所需的降解时间缩短为 21h,这可能是由于 THF 的存在,为苯的降解提供了足够的能量。

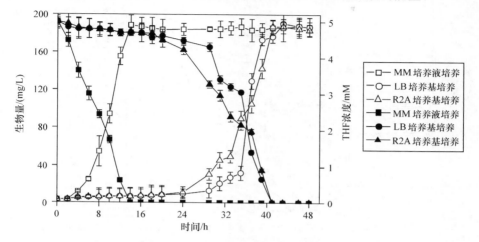

图 2-15　不同培养基获得的菌株 DT4 降解 THF 及生长曲线

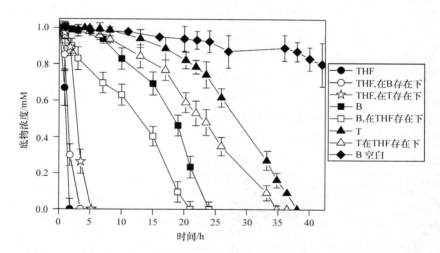

图 2-16　经 THF 诱导后的菌株 DT4 对苯(B)、甲苯(T)和 THF 的降解性能

2. 乙酸乙酯和乙酸丁酯

酯是酸(羧酸或无机含氧酸)与醇缩合反应后生成的一类有机化合物,在印刷、胶黏剂生产等工业过程中广泛使用。酯类挥发性强,对生物有毒害效应,是工业废气中常见的组分之一。

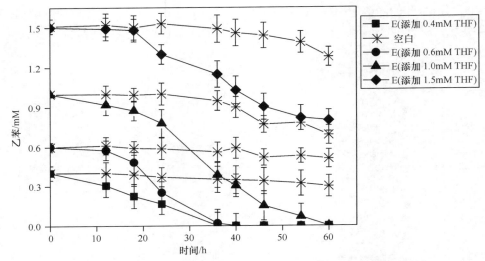

图 2-17　经 THF 诱导后的菌株 DT4 对不同浓度乙苯(E)的共代谢研究

　　对浙江省某污水处理厂曝气池采集的活性污泥以乙酸乙酯为唯一碳源进行驯化。为筛选到真菌,除采用前述细菌的驯化方法,还需在无机盐培养基中添加链霉素和庆大霉素等抗生素,抑制细菌的生长。真菌的富集和保藏采用马铃薯葡萄糖培养基(potato dextrose agar,PDA)。

　　通过初筛和复筛,选育到一株能以乙酸乙酯为碳源生长的真菌 LW-1。该菌株能在 PDA 上迅速生长,36h 内可形成白色致密的基质菌丝,48h 内出现棉絮状气生菌丝,并且在培养皿中间有绿色孢子出现。图 2-18 分别是菌株 LW-1 的扫描电镜照片和显微染色照片。通过 Biolog 鉴定及 18S rRNA 序列分析,鉴定该菌株为木霉属的绿色木霉(*Trichoderma viride*)。

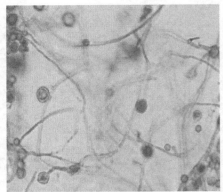

(a)扫描电镜照片(×8000)　　　　　　　(b)显微染色照片

图 2-18　菌株 LW-1 的个体形态特征

与细菌相比,真菌能在pH为2～7的范围内进行生命代谢活动[43],尤其是弱酸性环境,不会对真菌生长及降解造成抑制。在pH为3.3、3.9、4.9、5.6四个培养体系中,菌株LW-1均能生长,但生长和降解规律不同。pH为4.9时菌株LW-1对100mg/L乙酸乙酯的降解效果最好,1d后降解率为97％。表2-5是菌株LW-1分别对苯、甲苯、氯苯、二氯甲烷、α-蒎烯等工业中常见污染物的降解情况。结果表明,菌株LW-1培养1d后,除了对乙酸乙酯有很好的降解效果,对α-蒎烯的降解率也达到50％以上,对苯、甲苯、氯苯和二氯甲烷的降解率为20％～30％。

表 2-5　真菌 LW-1 对不同碳源污染物的降解能力

物质	初始浓度/(mg/L)	去除率/%	物质	初始浓度/(mg/L)	去除率/%
苯	35.2	27.3	二氯甲烷	53.2	19.1
甲苯	35.2	26.5	α-蒎烯	34.4	51.5
氯苯	44.0	25.4	乙酸乙酯	79.0	98.6

从该活性污泥中同时也选育到一株乙酸丁酯的降解菌HD-2。该菌株在PDA上先以白色绒毛样扩散,后变为淡黄色,72h菌落中间变成烟绿色,之后菌落明显增大,直径可达1.2cm左右,呈放射状生长,不能形成单个菌落,后期菌落全部呈现深绿色,菌丝致密。结合Biolog鉴定和18S rRNA序列分析,该菌为烟曲霉菌(*Aspergillus fumigatus*),能在1天内在pH为5.4的条件下将浓度为88mg/L的乙酸丁酯降解完全。

2.2.6　降解酶及基因工程菌

随着驯化技术和高通量筛选技术的快速发展,曾经一度被认为是难生物降解的物质,研究者也获得了它们的野生降解菌,但这些野生菌降解活性有限。针对这一问题,研究者应用分子生物学等手段进行降解途径的设计、组装,新代谢途径的创建,以扩展降解菌利用底物的范围,提高底物通量,增加酶催化活性和稳定性等。本节在获得降解菌的基础上,开展了降解酶分离纯化及特性研究,并构建了基因工程菌,提升了菌株对污染物的降解能力。

1. 甲苯双加氧酶基因

单加氧酶和双加氧酶是苯系物降解过程中的关键酶[44,45]。根据NCBI中公布的各种苯系物降解菌中的甲苯双加氧酶基因的保守序列,设计简并引物,以菌株*Mycobacterium* byf-4的基因组DNA为模板,经PCR扩增后获得了一段长351bp的基因片段。根据该基因序列设计了巢式引物进一步向两边扩增,获得了长为1609bp的基因片段(GU367858),发现该菌株的双加氧酶基因与菌株*Sphingomonas sp.*的双加氧酶基因(DQ336936.1)同源性为90％,可以确定该基因为

byf-4 的甲苯双加氧酶基因[24]。

分别以葡萄糖、苯、甲苯、乙苯和邻二甲苯为唯一碳源培养的菌株 byf-4 的总 RNA 为模板,设计上下游引物 F151 和 R608(理论大小为 454bp),进行反转录 PCR,电泳结果如图 2-19 所示。可以看出,菌株在葡萄糖及苯系物为底物的条件下,在 500bp 左右都有明显的特征条带,表明甲苯双加氧酶不是苯系物的诱导酶。对这些条带进行测序和同源性分析,表明经反转录 PCR 后所表达的是甲苯双加氧酶基因,与理论预测长度相符。

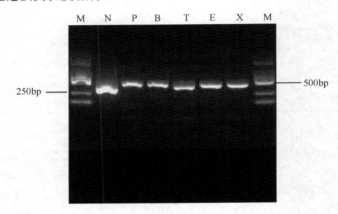

图 2-19　甲苯双加氧酶基因反转录 PCR 结果

M. DNA 参比;N. 内参对照;P. 葡萄糖;B. 苯;T. 甲苯;E. 乙苯;X. 邻二甲苯

2. 二氯甲烷基因工程菌

脱卤酶是微生物代谢氯代烃过程中的一个关键酶,它的活性大小直接关系到代谢过程能否高效进行。但现有脱卤酶纯度低,不仅影响了脱卤酶催化机理的深入研究,也影响了脱卤酶的实际应用。因此,通过基因工程手段构建含脱卤酶基因的工程菌,为深入研究脱卤酶催化机理和高效净化氯代烃废气提供了可能[46,47]。

从 DCM 降解菌 *Bacillus circulans* WZ-12[48] 中克隆获得 DCM 脱卤酶基因 *dichloromethane dehalogenase*,该基因大小为 864bp(FJ405230),编码 288 个氨基酸残基,分子量(32±1)kDa。表 2-6 为 BLAST 的比对结果,表明克隆的基因片段与 *Methylobacterium* sp. DM4 的 DCM 脱卤酶基因序列同源性为 98.6%。

表 2-6　DCM 脱卤酶相关序列与 GenBank 中得到的相关菌株序列的比对

登录号	菌种	描述	相似度
M32346.1	*Methylobacterium* sp.	二氯甲烷脱卤酶基因和转座酶基因	98%
AJ271131.1	*Methylophilus* DM1	二氯甲烷脱卤酶基因	98%

续表

登录号	菌种	描述	相似度
AJ854046.1	*Hyphomicrobium*	二氯甲烷脱卤酶基因	98%
AJ271138.1	*Bacterial enrichment culture* S3-E1	二氯甲烷脱卤酶基因	98%
AJ271132.1	*Hyphomicrobium* sp. DM2	二氯甲烷脱卤酶基因	98%
EU596479.1	*Ancylobacter dichloromethanicum strain* DM16	二氯甲烷脱卤酶基因	98%

将 DCM 脱卤酶基因克隆至高效表达载体 pET-15b,转化至宿主菌 *E. coli* ArcticExpressTM（DE3）RP,然后进行诱导表达。重组菌株在 25h 内对 120mmol/L 的 DCM 降解率达 90％以上,而原始菌 WZ-12 在 35h 内降解率仅为 80％。这表明重组菌株具有更高的 DCM 降解能力。

2.3　复合菌剂

2.3.1　复合菌剂定义

复合菌剂在环保领域最早是用来处理一些较容易降解的污染物,如禽畜粪便、居民生活废水和市政管网污水等[49,50]。随着一些难降解有机物的特征降解菌的获得,复合微生物菌剂应用领域逐步扩展到垃圾渗滤液、炼油废水的无害化处理等。但在废气治理领域,复合菌剂的制备与应用鲜有报道。

复合菌剂的确切定义是指以生物学、环境学、生态学等多学科理论为基础,以监测、改善环境状况和强化处理系统稳定、高效为目标,通过生物强化技术引入能够降解目标化合物的微生物,并通过合理的构建方法从而获得具有特殊降解功能的生物制品。实际上,微生物菌剂就是多种菌种和相应载体混合而成的,菌种可以是自然界分离筛选的,也可以是经过改造的工程菌;载体形式可以是固态的(粉末状和颗粒状),也可以是液态的。

为了强化各种微生物降解气态污染物的能力,复合菌剂的构建是一条有效的途径。复合菌剂的构建可遵循以下原则:①菌株种类丰富,尽可能选择不同污染物的高效降解菌株作为构建的基本材料,使制备的菌剂能够净化多组分废气;②菌群生态结构合理,菌株间无明显的相互抑制效应;③选用的菌株生长环境相似,即要求 pH、温度等生长环境因素相近;④载体的生物相容性较好。

2.3.2　复合菌剂构建

遵循上述思路,遴选了一些前期获得的高效降解菌,并基于菌株代谢规律,采用"专属菌＋广谱菌"模式,构建了种群丰富、生态结构合理、协同代谢污染物的复合功能菌剂,攻克了活性菌剂难以长效保存的技术难题,在工程实践中获得成功应用,显著缩短了净化设备的启动时间。复合菌剂的构建包括四步:①菌种选择及相互作用效应研究;②广谱菌驯化;③载体遴选和制备因素优化;④菌剂效应评价。

1. 菌种选择及相互作用效应研究

针对拟处理的废气成分,从已获得的降解菌种库中选择特定菌株,同时要兼顾不同菌株的生长环境,并研究它们的相互影响效应,如底物抑制效应、菌株生长抑制效应等。尽量选择那些生长或降解过程中互不影响的菌株;若无法满足上述要求,则可以通过研究找出能降低抑制效应的因素,确保最大限度地发挥菌株的降解活性。

2. 广谱菌驯化

由于选择的降解菌株均为纯培养物,虽然对于特定的污染物具有较高的降解活性,但也存在一些缺陷,例如,无法适应外界真实复杂的环境、对载体黏附性较差等。胞外多聚物(extracellular polymetric substance,EPS)被认为是负责维持生物膜三维结构完整的重要基质聚合物,决定了微生物细胞不可逆黏附和载体表面拓殖,对生物膜的发展及结构完整性起到了非常重要的作用[51]。EPS 是一些特定微生物分泌的胞外多聚糖、蛋白质、核酸和脂类,在活性污泥中大量存在[52]。因此,可以通过对活性污泥底物耐受性筛选,获得能在有毒底物胁迫下正常生长的微生物团聚体,并在复合菌剂的构建和使用过程中添加这一类特殊团聚体,以保障复合菌剂能正常发挥作用。

3. 载体遴选和制备因素优化

对于固态菌剂,载体的选择依据是微生物容易附着且对其没有毒害效应的物质。常见的固形载体可以是麦麸、泥炭、活性炭等具有吸附能力的物质。如果这些物质本身含有机碳源,那在制备过程中就不需要额外添加碳源;如果选择的吸附材料是一些无机物,则需添加一定量的有机质,如纤维素等。此外,在固态菌剂的制备过程中需要添加稳定剂,这是因为这类菌剂的制备需要经历烘干步骤,稳定剂的加入是为了提高固形载体的热稳定性,同时避免烘干过程对菌体的伤害效应。

液态菌剂不需要额外选择载体,获得一定菌体浓度后整个培养体系就可以成为液态菌剂。为了能长时间保藏微生物的活性,需要在低温保藏过程中添加一些有机质,如酵母膏、牛肉膏等,其目的是维持微生物在低温状态下较低的代谢活性。

在复合菌剂制备过程中,需要考虑的因素有:高活性降解菌株与驯化活性污泥的比例、碳源的添加量、培养时间、保藏温度等。固体菌剂的制备除了考虑上述因素,还需考虑稳定剂的添加量、载体的配比、烘干温度时间、菌剂颗粒尺寸等。通常可以采用正交试验或响应面优化设计,获得最佳制备参数及保藏温度。

4. 菌剂效应评价

复合菌剂效应评价应包括单位菌剂的活菌数、活性保藏时间、使用性能和环境安全效应等。特别是环境安全效应,是菌剂应用过程中一个重要的问题。通过环境安全效应评价,预测菌剂在保藏及使用过程中存在的、可能对环境及人体健康造成的潜在危险,提出合理可行的防范、应急与减缓措施,确保复合菌剂使用过程的环境安全。

作者所在研究组针对不同类型的工业废气,从筛选到的典型气态污染物降解菌中选择合适菌株,基于代谢网络优化原则,通过遴选载体,分别制备了固态和液态复合菌剂。其中部分菌剂已建立了工业化生产线,并在实际废气治理工程中得到了应用。制备获得的复合菌剂经长时间保藏后,活性基本不发生变化,其中富含的高活性功能菌群确保了目标污染物快速高效降解,接种后生物反应器能在较短时间内完成启动。典型的复合菌剂包括苯系物降解菌剂、有机硫降解菌剂、多组分VOCs 降解菌剂等。

2.3.3　复合菌剂研发实例

1. 苯系物降解菌剂

选取了已获得的苯系化合物高效降解菌,与经驯化的活性污泥混合,制备了苯系物降解菌剂 B-1。图 2-20 是该菌剂的外观照片。载体选择麦麸、纤维素等炭质,实现了炭质载体上的高密度发酵,制备获得了固态功能生物菌剂,具体制备流程如图 2-21 所示。

(a)　　　　　　　　　　　　　(b)

图 2-20　苯系物降解菌剂 B-1 成品实物图(后附彩图)

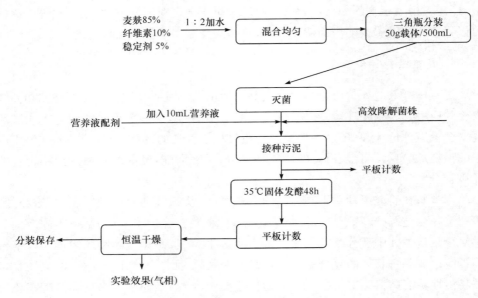

图 2-21 复合菌剂构建示意图

pH、烘干温度、载体配比(麦麸：纤维素：稳定剂)是三个影响菌剂制备效果的主要因素[53]。采用三因素三水平正交试验法确定了菌剂制备最佳工艺(表 2-7)。由结果分析可知,pH 和烘干温度过高会明显降低菌剂对苯系物的去除率,同时载体中纤维素的比例也不能过低。以 48h 对苯系物的去除率作为评价指标,确定了复合菌剂的最佳制备工艺:pH、烘干温度、载体配比(麦麸：纤维素：稳定剂)分别为9、35℃、85%：10%：5%,48h 内对苯、甲苯和邻二甲苯的去除率分别为 85.1%、89.5%、92.5%。

表 2-7 正交试验表及结果

因素	pH	烘干温度/℃	载体配比(麦麸：纤维素：稳定剂)	48h 对 BTEX 的去除率/%		
				苯	甲苯	邻二甲苯
实验 1	8	35	80%：15%：5%	78.5	80.4	85.7
实验 2	8	40	85%：10%：5%	80.8	83.6	90.3
实验 3	8	45	90%：5%：5%	79.4	82.6	87.5
实验 4	9	35	85%：10%：5%	85.1	89.5	92.5
实验 5	9	40	90%：5%：5%	75.1	68.7	75
实验 6	9	45	80%：15%：5%	73.4	68	66.5
实验 7	10	35	90%：5%：5%	73.9	68.9	68.5

续表

因素	pH	烘干温度 /℃	载体配比(麦麸：纤维素：稳定剂)	48h 对 BTEX 的去除率/%		
				苯	甲苯	邻二甲苯
实验 8	10	40	80%：15%：5%	74.8	71.3	77.9
实验 9	10	45	85%：10%：5%	72.5	67.1	62.2

　　复合菌剂同活性污泥或纯培养物相比,保存时间长是其重要优点之一。图 2-22 是菌剂 B-1 经过不同保藏温度后降解活性稳定性实验结果。将制备好的菌剂分别在常温(25℃±5℃)和 4℃下保存,在第 30d、60d、90d、120d、150d、180d 取样对其降解活力进行检测。结果表明,B-1 在常温(25℃±5℃)下保存 60d 后,其对苯、甲苯和邻二甲苯的去除率分别下降了 10%、8%和 2%;菌剂在 4℃保存效果更好,在保存了 180d 后,仍保持较高的降解活力。

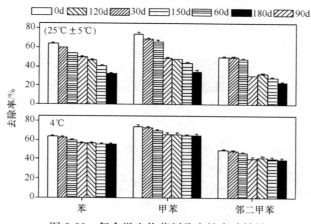

图 2-22　复合微生物菌剂稳定性实验结果

　　根据固态复合菌剂构建方法,制备了苯系物降解菌剂 2 号 B-2,它和 1 号菌剂的不同之处在于所选择的特定降解菌不同。分别利用 B-2 和驯化后的活性污泥对反应器进行接种挂膜,处理的废气为含苯系化合物的混合废气,对比考察两者在反应器中的性能[54]。采用 2 号菌剂混合活性污泥接种的反应器,启动 3d 后,苯和甲苯的去除率达到 70%以上,邻二甲苯去除率仅 40%;启动 7d 后,微生物开始大量生长,苯和甲苯的去除率均大于 90%,邻二甲苯去除率达到 70%以上。而仅采用传统活性污泥挂膜启动的反应器,在相同的运行条件下,需启动 24d 后,对苯和甲苯的去除率稳定在 90%以上,对邻二甲苯的去除率达到 60%以上。图 2-23 是填料表面扫描电镜照片。结果表明采用菌剂启动的反应器填料表面微生物种群不同于活性污泥启动的反应器,优势菌以分枝杆菌为主,这与前期制备菌剂过程中加入的高效降解菌形态相同。上述研究结果表明,利用固态复合菌剂接种反应器,具有启动时间短、去除效率高等特点。

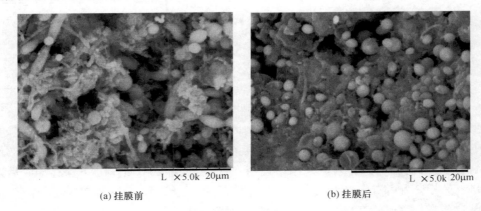

<table>
<tr><td>(a) 挂膜前</td><td>(b) 挂膜后</td></tr>
</table>

图 2-23　挂膜前后填料的电镜照片

2. 有机硫降解菌剂

选取了已获得的甲硫醚高效降解菌 SY1 和丙硫醇高效降解菌 S-1[55],制备了有机硫降解菌剂。将木屑、活性炭按一定比例分装至三角锥形瓶(10g/250mL),加入 10mL 的浓缩 LB,121℃湿热灭菌 20min。冷却后将 S-1 菌液和 SY1 菌液按 1:1接种至三角锥形瓶中,混匀后在 35℃下通风干燥并进行固态发酵,粉碎后即复合菌剂,制备流程和制备成品如图 2-24 所示。

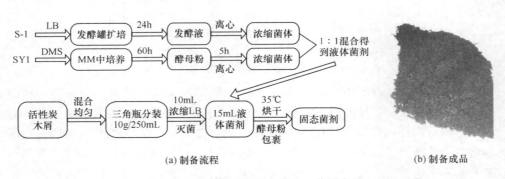

<table>
<tr><td>(a) 制备流程</td><td>(b) 制备成品</td></tr>
</table>

图 2-24　有机硫菌剂制备流程和菌剂成品

由表 2-8 可知,4# 菌剂对甲硫醚和丙硫醇具有较高的降解活性,该菌剂具有较高的活菌数(10 亿 CFU/个);5# 菌剂虽然活菌数要多于前者(18 亿 CFU/个),但对甲硫醚、丙硫醇降解活性却不如前者,这可能是因为在菌剂发酵烘干的过程中生长了其他大量杂菌,这些杂菌不具有特定的降解活性。4# 菌剂在 4℃及 25℃储存 20d 后,降解活性没有显著下降,但储存 90d 后,其对甲硫醚、丙硫醇的降解率较初始下降 50% 以上,说明制备的菌剂具有较好的短期储藏稳定性,长期储藏稳定性较差。

表 2-8　不同载体比例的菌剂在不同保藏温度、时间下的降解情况

（单位:mg/（g 菌剂·h））

菌剂编号				1#	2#	3#	4#	5#
木屑/活性炭				2	4	5	6	8
降解活性	4℃	0d	DMS	0.46	0.52	0.65	0.75	0.63
			PSD	2.33	2.53	2.80	2.87	2.67
		20d	DMS	0.42	0.50	0.63	0.71	0.58
			PSD	2.13	2.40	2.60	2.80	2.53
		40d	DMS	0.38	0.40	0.56	0.65	0.52
			PSD	1.87	2.27	2.33	2.53	2.33
		60d	DMS	0.23	0.25	0.33	0.40	0.35
			PSD	0.87	1.00	1.20	1.53	1.27
		90d	DMS	0.15	0.19	0.23	0.27	0.25
			PSD	0.63	0.73	0.93	1.13	1.00
	室温 (20~30℃)	20d	DMS	0.42	0.42	0.58	0.69	0.56
			PSD	2.07	2.07	2.53	2.73	2.40
		40d	DMS	0.38	0.35	0.52	0.60	0.50
			PSD	1.80	1.80	2.13	2.33	2.20
		60d	DMS	0.15	0.21	0.25	0.27	0.27
			PSD	0.67	1.00	1.20	1.27	1.13
		90d	DMS	0.10	0.15	0.19	0.21	0.17
			PSD	0.47	0.73	0.80	1.07	0.80

利用 4# 菌剂加驯化的活性污泥启动了生物滴滤塔（biotrickling filter,BTF）,甲硫醚和丙硫醇的进气浓度控制在 70mg/m³。第 3d 丙硫醇去除率达到 100%,第 11d 甲硫醚去除率达到 90%。未加菌剂的 BTF(仅接种驯化的活性污泥)12d 后才能对丙硫醇 100% 去除,15d 后甲硫醚的去除率也只有 54% 左右。以上结果表明,添加菌剂能有效缩短反应器启动时间。

3. 多组分 VOCs 降解菌剂

通常工业废气中存在两种或两种以上 VOCs,因此需要制备对多种 VOCs 具有净化能力的复合菌剂。在苯系物和有机硫降解菌剂制备的基础上,作者所在研究组选择真菌两株(乙酸丁酯降解菌 Aspergillus sp. HD-2、α-蒎烯降解菌 Ophiostoma sp. LLC)和细菌一株(邻二甲苯降解菌 Zoogloea sp. HJ1),制备了"真菌-细菌"复合菌剂[56]。载体选择麦麸、锯末和粉末活性炭。图 2-25 是该菌剂的外观照片和具体制备流程。

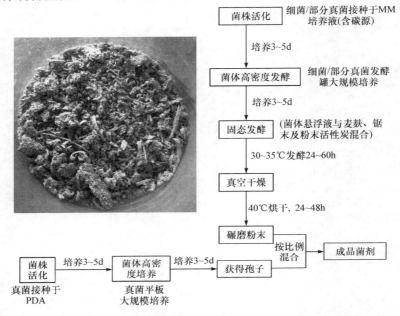

图 2-25　"真菌-细菌"复合菌剂的外观照片和具体制备流程

真菌及细菌的培养过程和生长方式迥异,故采用不同的方法对载体进行接种处理。细菌通常是通过液体培养获得高密度菌液,接种在载体上经固态发酵、真空干燥后,碾磨获得粉末,与真菌孢子(采用高密度固态培养获得)混合即可得复合菌剂。

载体的配比(麦麸、锯末和粉末活性炭)影响了菌剂的降解性能及储藏稳定性。考察了活性炭:麦麸:锯末分别为 1:1:1、2:1:1、1:2:1 和 1:1:2 四种配比对复合菌剂降解 α-蒎烯、乙酸丁酯和邻二甲苯的影响。从图 2-26 中可以看出,无论三者的比例如何,对乙酸丁酯的降解活性是相当的,优于 α-蒎烯和邻二甲苯。当配比 1:2:1 时,构建的复合菌剂对邻二甲苯和 α-蒎烯的降解效率优于其他配比,能在 1d 内分别将 180mg/L 乙酸丁酯、邻二甲苯和 α-蒎烯降解到 1.60mg/L、127mg/L 和 119mg/L。可见,麦麸比例较大有利于菌剂降解活性的发挥。表 2-9 分别是不同载体配比的菌剂在 4℃和常温下分别储藏 0d、7d、30d 和 90d 后的降解活性。2#菌剂的降解稳定性优于其他菌剂,说明活性炭较多时有利于保持菌剂的活性。据此制备了载体配比介于 2# 和 3# 的复合菌剂(即活性炭:麦麸:锯末=2:2:1),并对使用 1 次后的该菌剂进行了 SEM 表征(图 2-27)。三种特定降解菌生长情况良好,载体内均能找到,说明它们形成了共生体系。

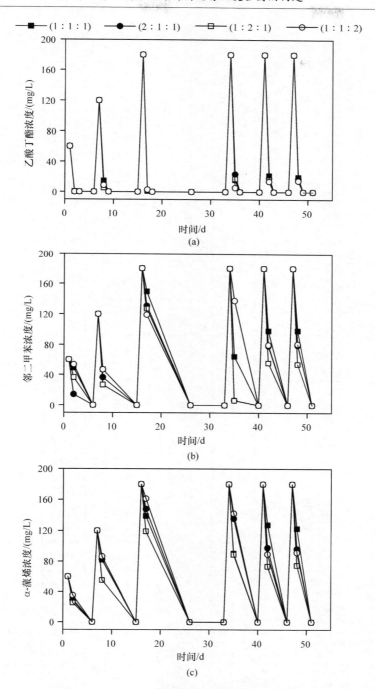

图 2-26 "真菌-细菌"复合菌剂的降解性能曲线

表 2-9　不同载体比例的复合菌剂在不同保藏条件下的降解性能比较

4℃

菌剂编号	活性炭:麦麸:锯末	0d 降解率/%[1]			0d 蛋白增加倍数[5]	7d 降解率/%			7d 蛋白增加倍数	30d 降解率/%			30d 蛋白增加倍数[5]	90d 降解率/%			90d 蛋白增加倍数[5]
		α-P[2]	B-A[3]	O-T[4]		α-P	B-A	O-T		α-P	B-A	O-T		α-P	B-A	O-T	
1#	1:1:1:1	50.12	99.02	58.94	14	45.31	79.48	46.76	7	45.11	81.13	38.90	7	50.12	99.02	58.94	14
2#	2:1:1:1	52.32	99.72	56.29	11	45.64	79.76	47.03	5	47.98	79.10	41.40	6	52.32	99.72	56.29	11
3#	1:2:1	57.87	100	59.47	14	42.99	80.01	38.41	8	43.46	74.69	43.85	8	57.87	100	59.47	14
4#	1:1:2	51.29	99.85	51.21	9	54.64	86.87	49.20	10	49.04	87.74	45.41	8	51.29	99.85	51.21	9

常温

菌剂编号	活性炭:麦麸:锯末	0d 降解率/%[1]			0d 蛋白增加倍数[5]	7d 降解率/%			7d 蛋白增加倍数	30d 降解率/%			30d 蛋白增加倍数[5]	90d 降解率/%			90d 蛋白增加倍数[5]
		α-P[2]	B-A[3]	O-T[4]		α-P	B-A	O-T		α-P	B-A	O-T		α-P	B-A	O-T	
1#	1:1:1:1	50.12	99.02	58.94	15	50.28	75.96	48.17	489	47.53	100	51.40	5	50.12	99.02	58.94	15
2#	2:1:1:1	52.32	99.72	56.29	12	54.41	79.77	49.99	473	50.29	100	50.83	6	52.32	99.72	56.29	12
3#	1:2:1	57.87	100	59.47	14	50.37	75.66	40.95	645	45.89	100	54.92	6	57.87	100	59.47	14
4#	1:1:2	51.29	99.85	51.21	9	51.70	84.31	49.10	476	45.31	100	55.59	4	51.29	99.85	51.21	9

1) 1d后的降解率;

2) α-P指α-蒎烯;

3) B-A指乙酸丁酯;

4) O-T指邻二甲苯;

5) 活化1d后蛋白增加倍数。

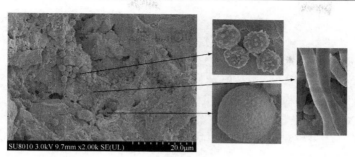

图 2-27　复合菌剂的 SEM 照片(×2000)

4. 其他复合菌剂

此外,还制备了能同时降解苯系物和二氯甲烷的液态菌剂[27],选择的菌株为具有苯系物降解能力的 *Zoogloea resiniphila* HJ1 和具有二氯甲烷降解能力的 *Methylobacterium rhodesianum* H13。

在液态菌剂的制备过程中,菌株的自凝聚和菌株间的共凝聚特性影响较大,可能会严重影响液态菌剂的降解能力。因此,在制备前需考察菌株的凝聚特性。菌株 *Zoogloea resiniphila* HJ1 的自凝聚指数比菌株 *Methylobacterium rhodesianum* H13 的自凝聚指数高,分别为 82.85% 和 42.35%,它们之间的共凝聚指数为 55.26%,表明这两株菌共存时具有良好的沉降效果,容易形成附着于填料表面的生物膜。当菌株 HJ1 和菌株 H13 混合比例为 1:5 时,对由苯系物和二氯甲烷组成的混合底物 Cl^- 脱除量为 100%、C 的矿化率为 72.3%(图 2-28),均优于单一菌株(分别为 85% 和 60.4%)。

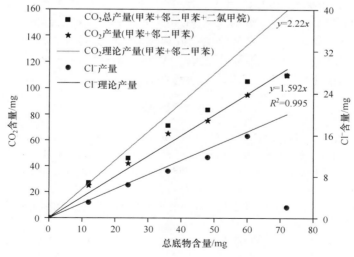

图 2-28　复合强化菌群降解复合底物的矿化情况

　　将上述优化后的液态复合菌群与驯化后的活性污泥以最佳比例混合,同时添加酵母粉作为碳源,制备得到液态复合菌剂,4℃保存30d后经恒温活化,接种生物反应器,处理含甲苯、邻二甲苯和二氯甲烷的混合废气。

　　在启动挂膜阶段,反应器停留时间(EBRT)设定为90s,混合废气浓度从0.3g/m³逐渐提升至0.9g/m³。26d后对甲苯、邻二甲苯及二氯甲烷的去除率均达到90%以上。在稳定运行阶段,当总进气负荷较低时,甲苯、邻二甲苯及二氯甲烷的去除负荷随进气负荷增加而呈线性增加;当总进气负荷大于120g/(m³·h)时,去除负荷趋于稳定。

2.4　研究趋势

　　目前,废气生物净化采用的微生物仍以单一细菌为主,无法适应工业废气组分多、性质差异大的特点。特别是一些难降解、疏水性的气态污染物,需要从自然界深入挖掘潜在基因,并试图加以改造和强化。今后,高活性降解菌的研究可集中在以下几个方面:

　　(1) 丰富气态污染物菌源。真菌作为一类特殊的微生物,适合在干燥弱酸性的环境中生存,因此在降解疏水性气态污染物方面具有独特的优势。从自然界挖掘具有特定降解能力的细菌和真菌,形成从菌株筛选到降解性能研究的完整技术体系;在此基础上,建立典型污染物的降解菌种库,为菌株选择提供参考。

　　(2) 协同菌群代谢功能。通过菌株代谢特性与相互增抑机制研究,基于协同代谢、生态位分离、微生物自适应驯化等原则,构建结构合理的高效菌群代谢网络。研发标准化“靶标”技术,制备降解活性高、降解能力稳定、环境适应强、生态安全的复合功能菌剂,实现多组分废气的协同净化。

　　(3) 构建基因工程菌。针对难生物降解的污染物,微生物降解速率有限。应用分子生物学手段设计、组装高效生物降解途径,通过基因工程手段改造现有菌株,构建具有高降解性能的基因工程菌,并对其生态安全性进行评价,实现难生物降解污染物的快速彻底净化以及降解过程的环境安全。

参 考 文 献

[1] Park J,Chen Y M,Kukor J J,et al. Influence of substrate exposure history on biodegradation in a porous medium. Journal of Contaminant Hydrology,2001,51(3):233-256.

[2] Malhautier L,Khammar N,Bayle S,et al. Biofiltration of volatile organic compounds. Applied Microbiology and Biotechnology,2005,68(1):16-22.

[3] 欧阳建新,施周,崔凯龙,等. 微生物复合菌剂对污泥好氧堆肥过程的影响. 中国环境科学,2011,31(2):253-258.

[4] 郑江玲,胡俊,张丽丽,等. VOCs 生物净化技术研究现状与发展趋势. 环境科学与技术,2012,35(8):81-87.

[5] 吴克,潘仁瑞,蔡敬民,等. 微生物代谢环境难降解性有机物的酶学研究进展. 生物工程学

报,2009,25(12):1871-1881.

[6] Kennes C,Thalasso F. Waste gas biotreatment technology. Journal of Chemical Technology and Biotechnology,1998,72(4):303-319.

[7] 周德庆. 微生物学教程. 北京:高等教育出版社,2002.

[8] Robertson L A,Kuenen J G. Aerobic denitrification:A controversy revived. Archives of Microbiology,1984,139(4):351-354.

[9] Lukow T,Diekmann H. Aerobic denitrification by a newly isolated heterotrophic bacterium strain TL1. Biotechnology Letters,1997,19(11):1157-1159.

[10] 陈浚,于佳佳,蒋轶锋,等. 生物转鼓过滤器中一株好氧反硝化菌的分离鉴定与降解特性研究. 环境科学学报,2011,31(5):948-954.

[11] 于佳佳,陈浚,杨宣,等. 紫外诱变法提高好氧反硝化菌降解性能的研究. 环境科学,2012,33(4):1313-1317.

[12] Lovelock J E. CS_2 and natural sulfur cycle. Nature,1974,248(5449):625-626.

[13] Sorokin D Y. Use of microorganisms in protection of environments from pollution by sulfur compounds. Microbiology,1995,63(6):533-547.

[14] 陈建孟,王家德,唐翔宇. 生物技术在有机废气处理中的研究进展. 环境科学进展,1998,6(3):30-36.

[15] 穆肃. 城市空气突发恶臭污染监测与防治——以江苏省海门市恶臭污染事件为例. 环境保护,2009,24:49-51.

[16] 邹坚平,钱华. 上海市恶臭污染投诉的调查分析. 上海环境科学,2003,S2:185-189.

[17] 王惠祥,姜理英,吴晓薇,等. 硫氧化细菌的分离鉴定及降解特性. 应用与环境生物学报,2011,17(5):706-710.

[18] Briggs G E,Haldane J B S. A note on the kinetics of enzyme action. Biochemical Journal,1925,19(2):338.

[19] Tang K,Baskaran V,Nemati M. Bacteria of the sulphur cycle:An overview of microbiology,biokinetics and their role in petroleum and mining industries. Biochemical Engineering Journal,2009,44(1):73-94.

[20] 林栋青,张彦科,顾向阳. 硫代硫酸盐氧化菌 TX 的分离、鉴定及其生物学特性. 微生物学通报,2009,36(11):1638-1644.

[21] Anandham R,Indiragandhi P,Madhaiyan M,et al. Chemolithoautotrophic oxidation of thiosulfate and phylogenetic distribution of sulfur oxidation gene (soxB)in *Rhizobacteria* isolated from crop plants. Research in Microbiology,2008,159(9):579-589.

[22] Sun Y M,Qiu J G,Chen D Z,et al. Characterization of the novel dimethyl sulfide-degrading bacterium *Alcaligenes* sp. SY1 and its biochemical degradation pathway. Journal of Hazardous Materials,2016,304:543-552.

[23] Chen D Z,Sun Y M,Han L M,et al. A newly isolated *Pseudomonas putida* S-1 strain for batch-mode-propanethiol degradation and continuous treatment of propanethiol-containing waste gas. Journal of Hazardous Materials,2016,302:232-240.

[24] Zhang L L,Zhang C,Cheng Z W,et al. Biodegradation of benzene,toluene,ethylbenzene,and o-xylene by the bacterium *Mycobacterium cosmeticum* byf-4. Chemosphere,2013,90(4):1340-1347.

[25] Bielefeldt A R,Stensel H D. Modeling competitive inhibition effects during biodegradation of BTEX mixtures. Water Research,1999,33(3):707-714.

[26] Shim H,Yang S T. Biodegradation of benzene,toluene,ethylbenzene,and o-xylene by a coculture of *Pseudomonas putida and Pseudomonas fluorescens* immobilized in a fibrous-bed bioreactor. Journal of Biotechnology,1999,67(2):99-112.

[27] 胡俊. 复合强化菌剂降解典型制药行业多组分废气的性能研究. 杭州:浙江工业大学硕士学位论文,2013.

[28] Tay S T L,Moy B Y P,Maszenan A M,et al. Comparing activated sludge and aerobic granules as microbial inocula for phenol biodegradation. Applied Microbiology and Biotechnology,2005,67(5):708-713.

[29] Tuan N N,Hsieh H C,Lin Y W,et al. Analysis of bacterial degradation pathways for long-chain alkylphenols involving phenol hydroxylase,alkylphenol monooxygenase and catechol dioxygenase genes. Bioresource Technology,2011,102(5):4232-4240.

[30] 成卓韦,顾信娜,蒋轶锋,等. 1 株 α-蒎烯降解菌株的分离鉴定及其降解特性研究. 中国环境科学,2011,31(4):622-630.

[31] Mihelcic J R,Luthy R G. Degradation of polycyclic aromatic hydrocarbon compounds under various redox conditions in soil-water systems. Applied and Environmental Microbiology,1988,54(5):1182-1187.

[32] Rittmann B E,McCarty P L. Environmental Biotechnology:Principles and Applications. 文湘华,王建龙,等,译. 北京:清华大学出版社,2012.

[33] Green T. Methylene chloride induced mouse liver and lung tumours:An overview of the role of mechanistic studies in human safety assessment. Human & Experimental Toxicology,1997,16(1):3-13.

[34] He J,Ritalahti K M,Aiello M R,et al. Complete detoxification of vinyl chloride by an anaerobic enrichment culture and identification of the reductively dechlorinating population as a *Dehalococcoides* species. Applied and Environmental Microbiology,2003,69(2):996-1003.

[35] 傅凌霄,於建明,成卓韦,等. 潘多拉菌 LX-1 菌株对二氯甲烷的降解特性研究. 环境科学学报,2012,32(7):1563-1571.

[36] 王小春,陈东之,金小君,等. 1 株 1,2-二氯乙烷降解菌的分离及降解特性研究. 环境科学,2012,33(10):3620-3626.

[37] Zhang L L,Leng S Q,Zhu R Y,et al. Degradation of chlorobenzene by strain *Ralstonia pickettii* L2 isolated from a biotrickling filter treating a chlorobenzene-contaminated gas stream. Applied Microbiol and Biotechnol,2011,91(2):407-415.

[38] 甘平,樊耀波,王敏健. 氯苯类化合物的生物降解. 环境科学,2001,22(3):93-96.

[39] Haigler B E,Nishino S F,Spain J C. Degradation of 1,2-dichlorobenzene by a *Pseudomonas* sp. Appllied and Environmental Microbiology,1988,54(2):294-301.

[40] Bernhardt D,Diekmann H. Degradation of dioxane,tetrahydrofuran and other cyclic ethers by an environmental *Rhodococcus* strain. Applied and Environmental Microbiology,1991,36(1):120-123.

[41] Chen J M,Zhou Y Y,Chen D Z,et al. A newly isolated strain capable of effectively degrading tetrahydrofuran and its performance in a continuous flow system. Bioresource Technolo-

gy,2010,101(16):6461-6467.

[42] Zhou Y Y,Chen D Z,Zhu R Y,et al. Substrate interactions during the biodegradation of BTEX and THF mixtures by *Pseudomonas oleovorans* DT4. Bioresource Technology,2011, 102 (12):6644-6649.

[43] Kennes C,Veiga M C. Fungal biocatalysts in the biofiltration of VOC-polluted air. Journal of Biotechnology,2004,113(1):305-319.

[44] Greene E A,Kay J G,Jaber K,et al. Composition of soil microbial communities enriched on a mixture of aromatic hydrocarbons. Applied and Environmental Microbiology, 2000, 66(12):5282-5289.

[45] Ramos J L,Duque E,Gallegos M T,et al. Mechanisms of solvent tolerance in gram-negative bacteria. Annual Review of Microbiology,2002,56(1):743-768.

[46] Janssen D B,Oppentocht J E,Poelarends G J. Microbial dehalogenation. Current Opinion in Biotechnology,2001,12(3):254-258.

[47] Hartmans S,Tramper J. Dichloromethane removal from waste gases with a trickle-bed bioreactor. Bioprocess Engineering,1991,6(3):83-92.

[48] Wu S J,Zhang L L,Wang J D,et al. *Bacillus circulans* WZ-12—A newly discovered aerobic dichloromethane-degrading methylotrophic bacterium. Applied Microbiology and Biotechnology,2007,76(6):1289-1296.

[49] 郑耀通,林国徐,胡开辉,等. 一种复合微生物发酵菌剂制备方法及其用途:中国, CN02154206.6.2004.

[50] 黄东玲,苏林,邹超贤,等. 一种畜禽粪便无害化处理专用复合微生物菌剂及制备方法:中国,CN201410450372.4.2014.

[51] Characklis W G,Marshall K C. Biofilms. New York:John Wiley & Sons,Inc. 1990.

[52] Burmolle M,Webb J S,Rao D,et al. Enhanced biofilm formation and increased resistance to antimicrobial agents and bacterial invasion are caused by synergistic interactions in multi-species biofilms. Applied and Environmental Microbiology,2006,72(6):3916-3923.

[53] 杨卫兵. 复合菌剂及其高效菌株降解 BTX 的性能和机理研究. 杭州:浙江工业大学硕士学位论文,2010.

[54] Chen J M,Zhu R Y,Yang W B,et al. Treatment of a BTo-X- contaminated gas stream with a biotrickling filter inoculated with microbes bound to a wheat bran/red wood powder/diatomaceous earth carrier. Bioresource Technology,2010,101(21):8067-8073.

[55] Chen J M,Chen D Z,Ye J X,et al. *Pseudomonas Putida* strain as well as its microbial inoculum and application:America,US9404163B2. 2016.

[56] Cheng Z W,Lu L C,Kennes C,et al, A composite microbial agent containing bacterial and fungal species:Optimization of the preparation process,analysis of characteristics,and use in the purification for volatile organic compounds. Bioresource Technology, 2016, 218: 751-760.

第 3 章　高效生物载体开发

　　生物填料是废气生物处理装置的核心组件,其性能直接影响污染物的去除效果。生物填料与传统的化工填料有很大的区别。化工填料首先是惰性的,填料性能参数在整个操作过程中保持不变;生物填料首先要适合微生物附着,整个操作过程涉及微生物的生长、稳定和衰亡脱落等阶段,生物填料性能参数会随生物量变化呈现一个动态的周期波动,甚至出现不可逆的变化(如堵塞)。

　　早期的生物过滤填料为一些天然物质(如土壤、堆肥、碎木片等),使用寿命短,需定期更换,滴滤填料则为一些商品化的化工填料(如鲍尔环、拉西环等)、陶粒等,亲水性差,生物附着慢,易堵塞。针对早期填料存在的问题及生物净化工艺的特点,作者所在研究组对填料进行了改良,研制了生物滴滤和生物过滤系列的新填料,既强化了污染物的传质过程,又强化了微生物的代谢反应过程,极大地提升了生物净化效果。

3.1　早期生物填料

3.1.1　泥质类

　　泥质类填料是土壤或类土壤(如堆肥、泥炭)经过一定的工序制成的天然有机填料。常用的泥质类填料特性参数如表 3-1 所示。三种泥质类填料以土壤堆积密度最大,泥炭次之,堆肥最小;三者有机质含量差异大,其中泥炭含量最高,土壤最小。综合分析填料的堆积密度、比表面积、持水性、有机质含量以及阻力系数,泥炭性能最佳,堆肥次之,土壤最劣。

表 3-1　泥质类填料的特性参数[1-4]

填料	堆积密度/ (kg/m³)	比表面积/ (m²/g)	pH	有机质/ %	压降/ (Pa/m)	阻力系数/ m⁻¹
土壤	838.5	—	6.0~7.9	7.9	1200(0.02)*	5.0×10⁶
堆肥	121	4.2	7.2	15	400(0.025)	1.1×10⁶
泥炭	133	13.4	4.8	—	50(0.026)	1.2×10⁵

* 括号内为气速,单位为 m/s。

3.1.2　木质类

　　木质类填料包括谷壳、秸秆、玉米芯、木屑、树皮、碎木块等农林业副产品,资源丰富,价廉易得,具有较好的保湿性和通透性,有机质含量高,是较好的生物过滤填料。木质填料的应用还开辟了木质废弃物综合利用的新途径。部分木质类填料特性参数见表 3-2,其堆积密度($52\sim258kg/m^3$)明显低于土壤填料($838.5kg/m^3$),与堆肥和泥炭接近;持水性略低于泥质类填料,阻力系数相当。

表 3-2　木质类填料的特性参数[5-8]

填料	堆积密度/ (kg/m³)	比表面积/ (m²/m³)	持水量/ %	孔隙率/ %	压降/ (Pa/m)	阻力系数/ m⁻¹
木屑	180	292	70	62	150(0.032)*	2.4×10⁵
松树皮	258	1120	55	53	80(0.022)	2.8×10⁵
花生壳	52	268	—	74	580(0.028)	1.2×10⁶

* 括号内为气速,单位为 m/s。

3.1.3　化工填料

生物滴滤工艺中营养液连续喷淋,所以填料可以使用无机惰性材料进行制备。早期的滴滤填料用传统的化工填料代替,如鲍尔环、拉西环等。这些填料采用塑料、不锈钢等材质制成,具有多孔、结构疏松、性质稳定等特点[9-11]。部分填料特性参数见表 3-3,该类填料密度低于前述的过滤填料,孔隙率高($91\%\sim98\%$),阻力系数低($2.7\times10^5\sim3.7\times10^5\,m^{-1}$),性能稳定。

表 3-3　滴滤填料的特性参数[12-14]

填料	规格/ mm	堆积密度/ (kg/m³)	比表面积/ (m²/m³)	孔隙率/ %	压降/ (Pa/m)	阻力系数/ m⁻¹
聚丙烯鲍尔环	15	—	350	91	150(0.026)*	3.7×10⁵
PVC 弹性填料	—	2.6	10	98		
聚氨酯泡沫块	13×13×13	28	170	97	100(0.025)	2.7×10⁵

* 括号内为气速,单位为 m/s。

3.1.4　烧结类

焦炭、陶瓷、活性炭、沸石等烧结类填料是在人为或自然条件下经高温烧结等过程形成的一类具有多孔结构的介质,是生物滴滤工艺常用的填料。其因良好的机械强度和吸附性能,近年来也被用于生物滤床。部分填料的特性参数见表 3-4。

表 3-4　烧结类填料的特性参数[15-18]

填料	堆积密度/ (kg/m³)	比表面积/ (m²/m³)	孔隙率/ %	挂膜时间/ d	压降/ (Pa/m)	阻力系数/ m⁻¹
陶粒	890	550	54	42	630(0.035)*	8.7×10^5
活性炭	768	1.1×10^9	37	15	653(0.075)	1.9×10^5
沸石	1972	—	31	10~14	16000(0.0100)	3×10^7

* 括号内为气速,单位为 m/s。

目前,广泛使用的传统填料均存在一些自身缺陷。过滤填料中,泥质类易被压实,阻力系数大,养分溶出过快,且泥质矿物经微生物分解形成的细小颗粒易随液相流失;木质类虽具有一定的结构强度,但易腐烂,运行一段时间后填料层会发生塌陷。滴滤填料是一些常见的化工填料,虽然具备利于气态污染物传质的优良特性,但对于微生物附着生长、老化剥离等稍显逊色。

3.2　高效生物填料的设计思路

不同于化工填料和水处理生物填料,高效废气生物净化填料应同时具备以下特性:①接触比表面积大,有利于气相中的污染物转移至填料表面;②一定的空隙率,并具有容易清除代谢产物的表面性质,以利于氧和基质的扩散传递;③提供最佳的营养、温度、pH 等微环境,以利于微生物生长;④耐腐蚀和不易分解腐烂;⑤足够的物理强度和较低的填充密度,减少潜在的对支撑载体的压力;⑥气流压力损失小且稳定。

因此,研制新型废气净化生物填料时,需重点研究填料的材料特性和几何结构,在此基础上进行填料模具设计并生产填料样品,对其性能进行测试,然后以此测试结果对材料和结构进行优化,解决生物过滤填料阻力降和养分调控问题,解决生物滴滤填料单位生物量小、孔隙率与比表面积平衡问题,获得综合性能优良的废气生物填料。其中,评价填料特性的参数主要包括堆积密度 γ_p、真密度 ρ、孔隙率 ε、比表面积 a、干填料因子 F、耐酸性 R_A、初始持水量 H、挂膜后持水量 H_1、压力降 ΔP、单位填料生物量 X 等。具体的填料研制设计思路见图 3-1。

此外,由于生物过滤和生物滴滤工艺对填料性能的要求存在一些差异,所以对于生物过滤填料,基材一般选用天然材料(如硅藻土、黏土陶粒、珍珠岩等),以使填料具备良好的持水性能,并通过对材料进行改性以提高填料的综合性能(如添加营养物质提高填料的有机含量,满足反应器长期运行对填料的要求;添加表面活性剂改变填料表面的疏水性,提升过滤填料对疏水性气态污染物的吸附性能)。对于生物滴滤填料,设计时一般可在传统化工填料的基础上进行结构改良,以满足作为生

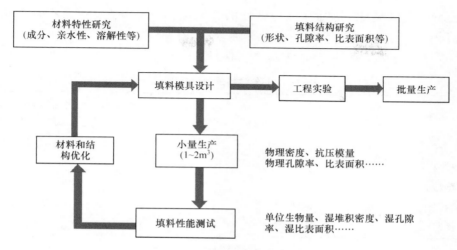

图 3-1　生物填料设计思路图

物填料的基本要求,或借鉴其他商品化填料的结构特性,设计性能优良的滴滤填料。

　　基于上述设计思路,同时兼顾自然影响因素和人工控制过程,生物填料的开发方法主要有机械混合、人工造粒和基材附着。

　　1) 机械混合

　　机械混合型填料是将泥炭、泡沫块等软性材料与刚性材料按一定比例混配或嵌套组装而成,如添加填充剂的天然有机填料、半软性填料等都可归为这种组合填料。通过机械混合,既保证了填料的使用强度,又使软性材料比表面积大、易挂膜、营养丰富等优势得到发挥。专利 ZL200610053479.0 公开了一种复合聚氨酯泡沫填料,将植物纤维或泡沫塑料嵌套在球形支撑架内,具有孔隙率高、压降小、微生物挂载量大等特点,性能优于聚氨酯泡沫。

　　2) 人工造粒

　　人工造粒填料通常将粉末状泥炭、褐煤等富含营养的原料和一些无机矿物(如碳酸钙)黏结、挤压后成型,有利于组成不同规格、形状的生物填料,具有机械强度好、耐磨损、抗挤压等优点。填料中养分的种类、数量可以人为控制,且具有缓释功能。Chan 等[19] 开发的聚乙烯醇黏结泥炭造粒填料,其抗压性、持水量及孔隙率等性能均优于泥炭和堆肥。

　　3) 基材附着

　　基材附着型填料是用黏合剂将填料原料黏结到网状纤维或泡沫块等多孔基材上,与人工造粒填料相比,孔隙率更高,有利于气体和液体在床层内分布均匀。同济大学开发的纤维附着活性炭(ACOF),既为微生物提供了广阔的生长空间,又具有良好的吸附性能,其对有机污染物的去除能力高于阶梯环、聚乙烯小球和煤渣[20]。

采用上述方法制备的部分填料的特性参数见表 3-5。

表 3-5　部分填料的特性参数[21,22]

填料	适用场合	粒径/mm	堆积密度/(kg/m³)	比表面积/(m²/m³)	孔隙率/%	空塔气速下压降(阻力系数)
复合聚氨酯泡沫	BTF	25	—	760	—	0.068m/s,192Pa/m (6.9×10⁴m⁻¹)
泥炭造粒	BF	2.4~6	690	—	—	—
纤维附着活性炭	BTF	—	87.5	>700	91	0.35m/s,2150Pa/m (2.9×10⁴m⁻¹)

3.3　高效生物填料开发实例

针对现有生物填料的弊端,基于基本设计思路和方法,作者研究开发了具有自主知识产权的新型过滤和滴滤填料,并利用自行设计的装置对填料综合性能进行评价,评价装置见图 3-2。图 3-3 是建立的填料工业化生产线。以新型高效生物填料为填充介质的工程化装置运行表明,开发的生物填料特性优良,使用寿命长。表 3-6 总结了作者所在研究组近几年研发的高效生物填料。

(a)　　　　　　　　　　　(b)

图 3-2　自行设计的装置(后附彩图)

图 3-3　工业化的生产线（后附彩图）

表 3-6　作者所在研究组已开发的高效生物填料

名称	特征描述	适用工艺	工程应用与否
BFP1	营养缓释复合填料	生物过滤	是
BFP2	复合棕纤维填料	生物过滤	是
BFP3	无机矿物组合填料	生物过滤	否
BTFP1	复合聚氨酯球形填料	生物滴滤	是
BTFP2	毛刺球填料	生物滴滤	否
BTFP3	扁三角填料	生物滴滤	是
BTFP4	纹翼多面球填料	生物滴滤	是

3.3.1　过滤填料

　　针对传统过滤填料存在的问题,作者所在研究组提出了构建具有营养缓释功能的复合生物填料的思路。通过对有机矿粉的包埋固定,使营养成分缓慢而稳定地释放,提高养分的利用率,从而维持生物过滤工艺长期稳定运行。具体的设计思路如下:选择低水溶性有机矿粉为填料的营养源,并加入适量碳酸钙作为 pH 缓冲剂,与耐水性良好的高分子胶黏剂按一定比例混合,再以某种网状纤维为骨架,将混合浆料均匀浸涂在纤维表面;随着浆料水分的蒸发,涂层体积收缩,表面出现无规则皱褶,形成适于微生物挂载的粗糙表面;制备过程中形成的网状多孔结构可提供足够高的孔隙率和结构强度,减小气流阻力。

　　根据上述设计思路,研发了具有营养缓释功能的复合生物填料 BFP1(ZL200610053480.3)(图 3-4),并对其进行了综合性能评价[23]。由表 3-7 可知,与泥质和木质填料相比,BFP1 不仅具有丰富的有机质含量,还具有孔隙率大、比表面积大等优异特性。BFP1 富含有机质和腐植酸,其营养构成与泥质类填料相近,且呈弱碱性(pH 为 7.8~8.0),起到中和酸性产物的作用。BFP1 的多孔网状结构使其具有更大的孔隙率和抗压强度,而堆积密度仅为 164.3kg/m³,确保了其在负载工况下的抗压实性,比表面积则高达 9.9×10⁴m²/m³。一般认为,生物填料的比表面积达到 300~1000m²/m³ 即可满足废气生物净化的工艺要求[24]。稳定运行期间,BFP1 的阻力系数 ζ 较低,仅为 1.3×10⁴~8.9×10⁴ m⁻¹。

图 3-4　营养缓释复合生物过滤填料实物图

表 3-7　早期 BF 填料与缓释填料 BFP1 的特性参数比较

特性参数		泥质填料	木质填料	缓释填料 BFP1
规格/mm		—	—	5×5×5(方块)
堆积个数/(个/m³)		—	—	4483
孔隙率/%		43~51	53~74	88
比表面积/(m²/m³)		5.8×10⁵~6.4×10⁶	268~1120	9.9×10⁴
堆积密度/(kg/m³)		121~838	52~258	164.3
持水量/%		60~90	55~70	46.7
pH		4.8~7.9	4.5~6.8	7.9
压缩强度/kPa		2.5~6.0	—	22.4
阻力系数/m⁻¹		1.2×10⁵~5.0×10⁶	2.4×10⁵~1.2×10⁶	1.3×10⁴~8.9×10⁴
养分分析	有机质/%	38~95	—	72.2
	有机碳/%	—	—	54.7
	总氮/%	0.6~1.17	—	1.63
	总磷/%	0.05	—	0.072

BFP1 在淋溶条件下的营养累积释放率随浸提次数的变化如图 3-5 所示。缓释填料初次浸提后有机碳和氮的释放率分别为 0.74% 和 3.13%,连续浸提 8 次后累积释放率仅为 1.68% 和 5.58%,表明缓释填料营养成分释放缓慢。缓释填料活性营养成分的释放是溶解扩散和微生物分解协同作用的过程,填料被水浸润、膨

胀,使包膜产生微孔,水分子通过微孔进入膜内溶解养分,使膜内外产生蒸气压差和浓度梯度,在二者的共同作用下养分经微孔向膜外释放[25,26]。

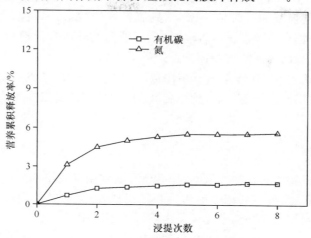

图 3-5　营养累积释放率随浸提次数的变化

　　利用装填 BFP1 填料的生物过滤塔挂膜时间短,仅 13d 即可完成启动。这是由于缓释填料溶出的适量养分有利于微生物快速生长。Hwang 等[27] 的研究表明,堆肥填料中溶解性氮源含量达到 0.19mg/g 填料以上时,系统可完成快速启动。该系统运行期间去除效果稳定,甲苯平均去除率为 81.6%,并且在进气流量和污染负荷波动范围内也未出现去除效果急剧下降的情况。

　　一般认为,生物过滤系统的闲置恢复性能与闲置时间、微生物菌种、填料特性等因素有关。考察了系统停运对过滤塔性能的影响,结果见图 3-6。系统停运 12d

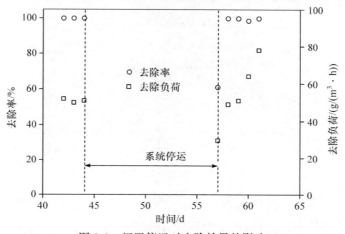

图 3-6　闲置停运对去除效果的影响

后,恢复运行时甲苯的去除率为 61％,去除负荷为 29.6g/(m³·h);2d 后净化性能基本恢复。Maestre 等[28]的研究表明,填装泥炭和椰纤维的生物过滤床停运 5d 时需要 3～7d 才能恢复原有性能。BFP1 具有良好的持水性和营养缓释功能,系统停运时,没有外加有机碳源供应,微生物生存所需的碳源和能源可从填料中获得,活性得以维持,从而为系统的快速恢复提供了有利条件。

因此可以认为 BFP1 填料具有结构合理、养分含量高、透气性好、抗压缩、耐负荷冲击性强、使用寿命长等特点,优于传统的过滤填料,可以在生物过滤工艺中推广使用。

3.3.2　滴滤填料

针对传统滴滤填料存在的缺陷,作者所在研究组开发了新型滴滤填料,如复合聚氨酯球形填料、纹翼多面球填料和毛刺球填料等,并对其性能进行了评价[29-31]。这些填料在不同的工业废气净化设备中均得到了应用。

1. 复合聚氨酯球形填料

如图 3-7 所示,复合聚氨酯球形填料(BTFP1)为正立方体的 PU 泡沫塑料(具有三维开放结构,孔数为 2.0～3.2PPC)置于支撑架内,支撑架为交错筋条,其材质为 PP。单个填料尺寸为 Φ25mm。在实际工程运用中,可对填料规格进行放大,一般为 Φ60mm～Φ150mm。

图 3-7　复合聚氨酯球形填料实物照片

对 BTFP1 的净化性能进行了测试,在最大进气量 4m³/h、甲苯浓度 500～800mg/m³ 的条件下,连续运行 8 个月(确保填料载体上生物生长稳定)。如表 3-8 所示,BTFP1 与化工填料空心多面球相比,能附着更多的生物量(1 倍以上),且其比表面积大（760m²/m³,受支撑体影响低于纯 PU 泡沫塑料块 920m²/m³）,甲苯去除率达到 97.8%,明显高于空心多面球的 83.2%。虽然纯 PU 泡沫填料的生物量最高,但去除率却略低于 BTFP1,这是由其部分微生物老化、生物膜活性不好所致的。另外,虽然运行 8 个月后,均未发现填料层明显堵塞情况,但纯 PU 泡沫填料有压实现象,压实率达到 15.4%,且其填料层底部有局部的轻微堵塞现象。

表 3-8　填料规格和实验结果

填料种类	材质	规格/mm	比表面积/ (m²/m³)	甲苯平均 去除率/%	生物量/ (kg/m³)	床层压降/ (Pa/m)
纯 PU 块	聚氨酯	25×25×25	920	91.8	13.2	307
空心多面球	聚丙烯	Φ25	340	83.2	5.7	205
BTFP1	组合	Φ25	760	97.8	11.4	192

注:床层压力降是在运行 4 个月后在气流上升线速均为 68mm/s 条件下多次测定结果的平均值。

因此,BTFP1 具有孔隙率高、阻力降小、单位体积微生物挂载量大、污染物去除效率高、结构稳定、填料层不会被压实等特点,适宜应用于废气生物处理系统。

2. 纹翼多面球

为解决传统球状填料接触面积小、单位体积生物量少、易发生微生物过量生长而引发堵塞现象等问题,开发了纹翼多面球填料(ZL200810163696.4)(图 3-8),并应用在多项工业废气处理装置中。

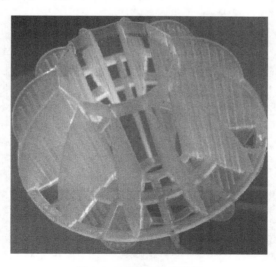

图 3-8　纹翼多面球填料

　　纹翼多面球(BTFP4)为聚丙烯材质,单个填料的尺寸为 $\Phi 50mm$,比表面积为 $193m^2/m^3$。它是一种由两个半球围合成外轮廓面为球面的格栅体,内部均匀分散着基于轴线的叶片,叶片表面有网状或浪纹状的纹路,或者均布凸点、毛刺或凹陷。BTFP4 的基本特性如下:孔隙率为 93.2%,挂膜前后堆积密度分别为 $46.14kg/m^3$ 和 $47.08kg/m^3$,耐酸率为 0.0170%,挂膜前后动态持液量分别为 $0.0231m^3/m^3$ 和 $0.0476m^3/m^3$。设计中考虑了比表面积和孔隙率之间的平衡关系,并兼顾微生物固着力的需求,满足生物滴滤填料的一般标准。

　　比较鲍尔环和 BTFP4 作为填料的生物滴滤塔处理甲苯和乙醇混合废气的净化性能。在相同的挂膜条件下,BTFP4 启动时间为 7d,而鲍尔环启动时间则需要 11d。稳定运行期考察结果表明(图 3-9),在甲苯进气浓度基本一致的条件下,采

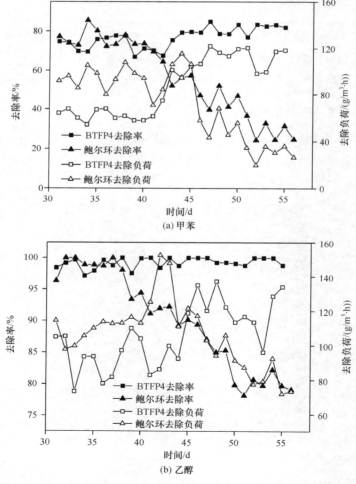

图 3-9　BTF 稳定运行阶段各种废气组分去除率及去除负荷变化曲线

用 BTFP4 的 BTF 系统能保持稳定的去除率和去除负荷,平均去除率为 76.78%,
平均去除负荷为 87.49g/(m³·h)。而采用鲍尔环的 BTF 运行后期发生下滑。在
乙醇进气浓度基本一致时,两种填料的 BTF 对乙醇的去除率和去除负荷差异较
小,这可能是相对于甲苯,乙醇的水溶性较好,填料的性能对其扩散传质的效果影
响不是很大。此外,还比较了两种填料的单位体积生物量和阻力系数,稳定运行期
BTFP4 和鲍尔环上生物量分别为 340.9kg/m³ 和 283.6kg/m³,运行后期阻力系数
分别为 15860m⁻¹ 和 37890m⁻¹。填料层阻力随着运行时间而增加,与填料的物理
化学特性密切相关[32]。从阻力角度来看,BTFP4 在运行过程中阻力系数基本没
有发生巨大波动,填料层所产生的阻力较小且维持稳定。主要有两方面原因:
①BTFP4 的孔隙率大(93.2%),能够保持填料原有的形状且具有一定的刚性,不
易压实,挂膜前后填料层高度基本没有发生变化;②BTFP4 表面的结构特性决定
了其易于新生物膜的形成和老生物膜的脱落,生物膜的更新频率加快,使生物量不
至于过多而造成堵塞。

3.3.3　填料使用要点

在实际应用中,应根据每一种填料的特性及工艺需求进行选择,既可以选择单
一填料,也可以将几种填料按一定比例和排布方式进行简单的物理混合,从而弥补
单一组分填料的缺陷,充分发挥各填料的优势,提高净化性能。但是,与单一填料
相比,目前后者在实际工业应用中仍存在比例较难控制、不易混合均匀等问题,增
加了填料装填的复杂性。

在生物滴滤装置或生物过滤装置运行的过程中,为保持设备的稳定性,需要采
取措施防止微生物过度繁殖而堵塞填料。针对不同类型的填料,设备维护方式存
在一定的差异。

(1)生物过滤工艺中常采用有机填料,这类填料对储存的温度、湿度等条件也
有一定的要求,机械强度不高,容易引起床体压实,产生较大压降,且微生物生长代
谢所需的有机组分含量会逐渐下降,导致装置的净化性能下降,因此通常需 3～5
年更换一次。另外,为尽量延长使用年限,建议采取一些措施控制填料层堵塞问题
的发生。例如,通入适量高温气体,利用高温气体对微生物细胞的破坏作用,降低
生物过滤装置中的生物量,从而控制填料层的压降;一段时间内停止供给底物,在
"饥饿"条件下微生物会发生内源代谢作用,生物量下降,从而减缓床层的堵塞。

(2)生物滴滤工艺中常采用惰性填料,这类填料对储存条件要求不严格,机械
强度较高,但是如果不定期进行维护,长期运行后填料层会因微生物的大量增长而
发生堵塞,所以一般需定期监测填料层压降。一般建议,当填料层压降>200～
250Pa/m 时,可对床层进行水力反冲洗[33,34];也可用化学法(如 NaOH 溶液等)对
床层进行清洗,但清洗后可能会导致微生物失活,需补充一定量的活性污泥或菌液

以恢复微生物活性。

3.4 研究趋势

　　填料的比表面积、表面特性以及使用寿命是高效生物填料研发过程中关注的重点。今后，填料的开发可从以下几个方面进行：

　　（1）新型填料。利用计算机辅助设计，结合流体力学特性、微生物生长模型、表面更新理论等，优化设计填料构型，研发出阻力小、微生物易附着、表面更新速率快的生物填料。

　　（2）复混填料。复混填料的净化性能取决于填料类型、组成比例、装填方式等。通过混合方式的优化，获得适用不同净化工艺的复混填料，弥补单一填料存在的缺陷。

　　（3）填料再生。填料的使用寿命直接关系到运行成本，应着重开展填料再生性能研究，在保证其性能的基础上，提高循环利用次数。

参 考 文 献

[1] 都基峻,季学李,羌宁. 土壤过滤净化氮氧化物实验研究. 环境工程,2005,23(1):48-50.

[2] 王士盛. 土壤空气净化系统. 环境保护,2001,3:14-16.

[3] Ding Y,Shi J Y,Wu W X,et al. Trimethylamine (TMA)biofiltration and transformation in biofilters. Journal of Hazardous Materials,2007,143(1):341-348.

[4] Alvarez-Hornos F J, Gabaldon C, Martinez-Soria V, et al. Biofiltration of ethylbenzene vapours:Influence of the packing material. Bioresource Technology,2008,99(2):269-276.

[5] Sheridan B A,Curran T P,Dodd V A. Biofiltration of n-butyric acid for the control of odour. Bioresource Technology,2003,89(2):199-205.

[6] Andres Y,Dumont E,le Cloirec P,et al. Wood bark as packing material in a biofilter used for air treatment. Environmental Technology,2006,27(12):1297-1301.

[7] Dumont E, Andres Y, le Cloirec P,et al. Evaluation of a new packing material for H_2S removed by biofiltration. Biochemical Engineering Journal,2008,42(2):120-127.

[8] Ramirez-Lopez E,Corona-Hernández J,Dendooven L,et al. Characterization of five agricultural by-products as potential biofilter carriers. Bioresource Technology, 2003, 88 (3): 259-263.

[9] 姜安玺,刘波,程养学. 生物脱臭填料的研究进展. 农业环境保护,2002,21(6):564-566.

[10] Burgess J E,Parsons S A,Stuetz R M. Developments in odour control and waste gas treatment biotechnology:A review. Biotechnology Advances,2001,19(1):35-63.

[11] Smet E,Chasaya C,van Langenhove H,et al. The effect of inoculation and the type of carrier material used on the biofiltration of methyl sulphides. Applied Microbiology and Biotechnology,1996,45(1-2):293-298.

［12］Ranasinghe M A. Modelling the Mass and Energy Balance in a Compost Biofilter. New Zealand：University of Canterbury，2003.

［13］孙佩石，黄若华，杨海燕. 生物膜填料塔净化低浓度有机废气的动力学模型研究. 云南化工，1996，(3)：23-27.

［14］周卫列，王家德，郑荣勤，等. 塔填料生物成膜工艺及其特性参数研究. 浙江工业大学学报，1999，27(4)：300-305.

［15］陶有胜. 微生物法在空气污染控制中的应用. 环境科学动态，1995，(3)：8-11.

［16］Prado O J，Veiga M C，Kennes C. Effect of key parameters on the removal of formaldehyde and methanol in gas-phase biotrickling filters. Journal of Hazardous Materials，2006，138(3)：543-548.

［17］Elias A，Barona A，Arreguy A，et al. Evaluation of a packing material for the biodegradation of H_2S and product analysis. Process Biochemistry，2002，37(8)：813-820.

［18］Zarook S M，Shaikh A A. Axial dispersion in biofilters. Biochemical Engineering Journal，1998，1(1)：77-84.

［19］Chan W C，Lu M C. A new type synthetic filter material for biofilter：Poly（vinylalcohol）/peat composite bead. Journal of Applied Polymer Science，2003，88(14)：3248-3255.

［20］何坚，季学李. 生物滴滤池法处理有机废气甲苯工艺填料的选择. 环境技术，2003，(1)：36-40.

［21］Chan W C，Lu M C. A new type synthetic filter material for biofilter：Preparation and its characteristic analysis. Journal of Polymers and the Environment，2005，13(1)：7-17.

［22］裴冰，羌宁，郭小品. 生活垃圾堆肥恶臭气体的生物滴滤净化性能研究. 环境科学研究，2008，21(1)：179-182.

［23］王家德，金顺利，陈建孟，等. 一种缓释复合生物填料性能评价. 中国科学：化学，2010，40(12)：1874-1879.

［24］Gaudin F，Andres Y，le Cloirec P. Packing material formulation for odorous emission biofiltration. Chemosphere，2008，70(6)：958-966.

［25］Shaviv A，Raban S，Zaidel E. Modeling controlled nutrient release from polymer coated fertilizers：Diffusion release from single granules. Environmental Science & Technology，2003，37(10)：2251-2256.

［26］Du C W，Zhou J M，Shaviv A. Release characteristics of nutrients from polymer-coated compound controlled release fertilizers. Journal of Polymers and the Environment，2006，14(3)：223-230.

［27］Hwang J W，Jang S J，Lee E Y，et al. Evaluation of composts as biofilter packing material for treatment of gaseous p-xylene. Biochemical Engineering Journal，2007，35(2)：142-149.

［28］Maestre J P，Gamisans X，Gabriel D，et al. Fungal biofilters for toluene biofiltration：Evaluation of the performance with four packing materials under different operating conditions. Chemosphere，2007，67(4)：684-692.

［29］梅瑜，成卓韦，王家德，等. 新型生物滴滤填料性能评价. 环境科学，2013，34(12)：

4661-4668.

［30］陈建孟,王家德,王毓仁,等. 一种废气处理用生物填料:中国,ZL200610053479.0.2009.

［31］陈建孟,王家德,王毓仁,等. 用于废气生物处理的纹翼填料:中国,ZL200810163696.4.2011.

［32］Ralebitso-Senior T K, Senior E, di Felice R, et al. Waste gas biofiltration: Advances and limitations of current approaches in microbiology. Environmental Science & Technology,2012,46(16):8542-8573.

［33］Weber F J, Hartmans S. Prevention of clogging in a biological trickle-bed reactor removing toluene from contaminated air. Biotechnology and Bioengineering,1996,50(1):91-97.

［34］Smith F L, Sorial G A, Suidan M T, et al. Evaluation of trickle bed air biofilter performance as a function of inlet VOC concentration and loading, and biomass control. Journal of the Air & Waste Management Association,1998,48(7):627-636.

第 4 章　新型净化设备与工艺研发

传统的废气生物净化工艺主要有生物过滤、生物滴滤和生物洗涤,其中生物过滤和生物滴滤工艺应用较多。工业废气组分复杂,不同组分往往性质迥异,特别是一些疏水性、难降解的气态污染物,传统生物净化工艺无法高效去除。废气生物净化主要涉及相间传质和生物降解两个关键过程,因此强化气态污染物的传质过程能从本质上提升净化性能。

针对污染物的特性及微生物代谢特点,研究者对传统生物净化设备进行了结构改良,构建了以生物净化为核心的组合工艺,在提高污染物传质速率的同时,兼顾微生物生化反应速率,显著提升了净化工艺的性能。

基于传统废气生物净化设备,作者所在研究组优化设计了部分结构,如填料分层设置的板式生物滴滤塔,实现了多种组分的同步高效去除;填料周期性翻滚的转动床生物反应器,提高了低水溶性废气的净化效率;引入第三相的两相分配反应器,缓解了冲击负荷对微生物的毒害作用等;针对单一生物净化工艺只能高效处理水溶性和可生化性较好的 VOCs,研发了化学氧化耦合生物净化工艺,通过紫外、低温等离子体等预处理工艺改善了难降解低水溶污染物的难降解性和可生化性,显著提升了后续废气生物净化性能。目前,研发的净化设备工艺部分已得到了工程应用。

4.1　净化设备分类及特点

净化设备按其布置位置,可分为地上式和地下式;按其外形,可分为箱式和塔式;按其布置形式,可分为分散式和集成式。

4.1.1　地上式和地下式

废气生物净化工艺的雏形是土壤过滤系统,利用地表土壤层作为微生物代谢除臭的场所,废气收集管道及布气系统深埋地下,因此这类净化设备称为地下式净化设备。随着高性能降解菌、高效生物填料等的成功研发,这些材料可填充在固定的反应器中,因此净化设备由地下转移到地上。目前,由于场地限制和污染物处理要求,多数场合运用的是地上式净化设备。

地下式净化设备通常采用现有土壤层作为废气净化的主要场所。在满足用地要求并经过前期勘察后,选择合适的区域作为活性土壤过滤层,同时增设废气收集及地下布气系统,就可以组成一套完整的地下式净化设备。地下布气管根据所收集气量的不同,开有大小不同的散气孔,收集后废气从散气孔进入活性土壤层。活性土壤层里富含多种自养型微生物,布气后的废气沿着土壤中的孔隙自下而上渗透,其中的 H_2S 等恶臭气体和 VOCs 组分在微生物的代谢作用下就会转化为无害物质,净化后的气体将通过表层土壤层排出。图 4-1 是典型的地下式净化设备示意图。

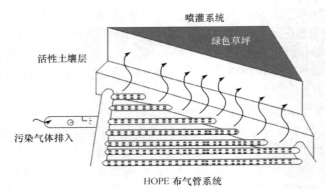

图 4-1　典型的地下式净化设备

　　地上式净化设备采用人工材料制成的密闭腔作为废气净化的场所,经收集后的废气进入该密闭腔,在含有特定微生物的生物填料作用下得到净化。地上式净化设备较为常见,可控性好,净化效率高,同时也不需占用大量土地,因此目前在工业中应用较多。

4.1.2　箱式和塔式

　　这种分类方式主要是针对地上式净化设备,根据它们的外形进行分类。
　　由于微生物生长需要附着载体,所以化工行业普遍使用的填料塔成为早期废气生物净化设备的雏形(图 4-2(a))。针对生物净化的特点,研究者在部分结构和

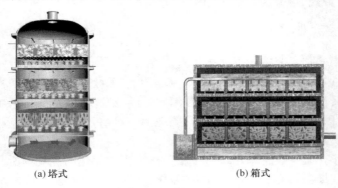

(a)塔式　　　　　　　　　　　　(b)箱式

图 4-2　塔式和箱式净化设备(后附彩图)

尺寸上对填料塔进行了改动,但其外形依然是塔式,如生物过滤塔、生物滴滤塔等在实际中应用较多。同时,填料层的数量也可以根据废气特征和处理要求等设置为一层或多层。

塔式设备一般比较高,运输困难,使用过程中也不利于设备检修和维护;同时由于一些企业场地限制,废气净化设备一般安置在车间或厂房的屋顶,若采用塔式设备,除了上述不利因素,还可能存在安全隐患。因此,研究者开发了具有箱式结构的净化设备(图 4-2(b)),从而弥补了塔式设备的缺点。填料水平布置在箱体内,进气和循环液喷淋方式由单点转变成为多点,使得进气更趋于均匀、营养液喷洒更趋于合理。同样,若单个箱体无法满足处理要求,则可以多个箱体进行叠置,既节省了占地面积,又有利于维护管理。

4.1.3　分散式和集中式

早期的处理工艺没有考虑拟处理废气的特点,通过管道系统统一收集后集中到某一划定区域内进行处理,即采用集中式净化设备。集中式废气生物净化设备虽然占地面积小,易于维护管理,但也有一些缺陷,如集中式净化设备适合处理单一性质的废气,若废气性质迥异,则生物净化效果不佳。

针对工业废气源组分性质差异大的特点,现普遍采用的净化设备是分散式的,即"多点收集、就近匀质化、再集中生物净化处理"(图 4-3)。例如,对于含生物难

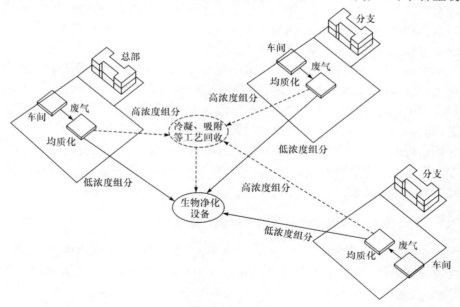

图 4-3　分散式工艺

降解组分的生产废气,可就近在车间附近采用化学氧化等预处理设备改变组分性质,将其转化为易生物降解组分后再与污水站臭气一起进入生物净化设备处理;对于浓度较高、有回收价值的 VOCs 废气,则可以先就近采用冷凝、吸附等工艺进行回收,待组分浓度降低后再与其他废气一起进入生物净化设备中,这样可有效减少生物处理负荷,提高生物处理效果。

4.2　新型净化设备与工艺研发思路

　　传统的废气生物净化设备最早来源于化工设备中较为常见的填料塔与吸收塔。在这些反应器中,只考虑了两相传质、化学反应,并没有兼顾微生物特有的生化代谢反应,因而反应效能较低。常见的生化反应器虽然考虑了微生物的代谢反应,但反应体系却是液相,不存在气液传质问题,因此该类反应器也不适合用于微生物净化废气。

　　如第 1 章所述,在废气生物净化设备中,气态污染物的去除涉及气液传质、气固传质、微生物降解等多个过程,其本质仍然是质量传递和化学反应,因此 20 世纪 50～60 年代形成的"三传一反"原理可以被认为是该类净化设备研发的基石。由于"三传一反"原理的科学内涵仅限于宏观现象的数学描述和物理归纳,但在现实中,无论是废气生物净化过程还是其他化学反应过程,它们发生的时间尺度和空间尺度都是很宽泛的(如时间尺度可以从分子化学键振动的纳秒级到工业过程所需的几天,空间尺度从分子大小的纳米级到工业过程的米或千米),因此从分子尺度到宏观过程尺度的多尺度联合运用势在必行。

　　从本质上讲,在不同尺度影响传递和反应过程的主要因素各不相同。在分子尺度上,反应过程基本不受传递过程的影响,完全由其自身的本征动力学决定;在颗粒尺度上,如气液传质过程中形成的气泡和液滴,反应过程不仅与化学反应本身有关,同时还要兼顾质量传递对反应过程的影响;在反应器尺度上,质量传递的连续化而出现的返混、传质限制将会对反应过程造成影响。由此可见,在新型废气生物净化设备的研发思路上,不仅要基于"三传一反"理论,更要从分子、颗粒、设备等多尺度角度进行考虑。

4.2.1　质量传递过程强化——颗粒尺度优化物质场

　　物质的质量传递是所有反应过程的基础,气态污染物在设备中的质量传递过程是首要考虑的问题。在废气生物净化过程中,污染物分子从气态扩散进入液态(水膜),这是一个"吸收过程";从气态直接扩散进入固态(生物膜),这是一个"吸附过程"。由于大部分微生物新陈代谢活动都需要水分的参与,所以从理论上分析,只有进入液相的污染物才能被多数微生物摄取代谢。吸收传质占据绝大部分的比例,因此可以从颗粒尺度角度优化物质场来强化质量传递。

1924 年,Lewis 和 Whitman[4] 提出了基于气体吸收的"双膜理论"来描述气液传质过程(图 4-4),它实际上将相际传质过程简化为经两膜层的稳定分子扩散的串联过程。若要加快气液传质速率,可以通过增大气液传质推动力(浓度差)、气液接触面积以及减小传质阻力来实现。

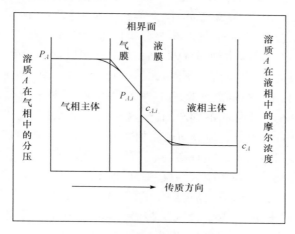

图 4-4 双膜理论示意图

气体扩散进入液体,实质上是气体以微粒的形式分散到液体中去。对于一些极易溶于水的气态污染物,加快气液交换速度可以显著提高传质速率。例如,加装均匀地分布进气管或渐缩进气管,不仅能对气流进行再分布,还能提高相对气速。均匀快速的进气方式能使气流在液膜中的分布更趋于微粒化,从而有利于吸收过程。优化喷淋装置,使液体更均匀地分布在填料表面,为气流扩散成微粒提供更多的场所,强化气体质量传递过程。

对于一些不易溶于水的气体,液膜控制着质量传递过程。若填料表面液膜太厚,可能会阻碍气体扩散成微粒。通过优化设计喷淋装置,尽可能使液体在填料表面形成较薄的液膜,可显著降低气体扩散阻力,增加气体在液膜中微粒化的概率。此外,加快液相在反应器内的更新,及时移除填料表面液相中的污染物或其代谢产物,保证浓度差获得较大的传质推动力,可以改善质量传递过程。

基于上述研究思路,作者所在研究团队开发了板式生物滴滤塔、转动床反应器等新型净化设备,实现了物质场的优化分布,为微生物代谢反应提供了良好的条件。

4.2.2 生化反应过程强化——分子尺度优化代谢网

气态污染物经质量传递后与微生物接触,经生化代谢反应后被彻底去除,其本质是微生物细胞与污染物分子之间发生的化学反应。除了第 2 章提到的选育特定降解菌、构建复合菌剂来强化生化反应过程,还可以通过优化污染物在反应器内的分布来辅助强化该过程。

微生物的代谢活性主要受污染物自身性质和污染负荷的影响。例如,一些污染物虽然是可生物降解的,但浓度过高可能会抑制微生物的代谢生长,从而影响净化效率。在净化设备中引入第二相,既充当污染物临时储存的缓冲池又充当持续供给的营养池,通过缓释作用,使水相中有机污染物浓度维持在适宜的范围内,可有效降低高污染负荷对微生物的毒害效应,从分子尺度优化微生物的生长环境。

不同微生物的生长环境可能不同,尤其是对 pH 的要求,存在较大差异。虽然微生物一般生长在 pH 呈弱酸或接近中性的环境中,但对于特定污染物的降解菌群,发挥最大效能的 pH 可能不同。因此,对于混合废气的生物净化过程,要考虑设置不同的 pH 体系,差异化地分布微生物菌群来处理不同的污染组分。例如,通过循环营养液分层控制,可以实现不同 pH 环境,有利于强化菌群的代谢活性。

此外,加快循环液更新频率,及时移除代谢产物,消除部分代谢产物(如有机酸类)对微生物活性的抑制效应,也是从分子尺度优化代谢网络的一种措施。

基于上述研发思路,开发了板式生物滴滤塔、两相分配反应器等新型净化设备,辅以优化的微生物代谢网络,为生化反应过程的强化提供了更有利的环境。

4.2.3　传递和反应过程双重强化——设备尺度优化能量场

污染物净化的实质是大分子物质转变成小分子物质,这个过程中需要一定的能量输入。在废气生物净化过程中,能量来自于微生物生命活动中的生物能。对于一些易被微生物代谢的污染物,其转化能小于微生物提供的生物能;但对于那些不易被或难以被微生物代谢的物质,其转化能可能远远大于自然界微生物所能提供的能量,这时候就需要额外输入能量,才能实现微生物净化过程。基于以上分析,提出了通过改变能量场来实现生物净化难降解污染物的研发思路,从设备尺度进行传递和反应过程的双重强化。

通过研发低温等离子、紫外光解等化学氧化技术,补充输入一定的电能、光能等,可以改变污染物的性质,为后续生物彻底净化提供有利的条件。化学氧化技术在较短时间内通过输入大量的化学能,产生活性自由基,将难生物降解物质氧化成一些易生物降解物质,在生化反应系统中作为共代谢基质,促进微生物更好地生长代谢。此外,化学能的输入还能改变污染物的疏水特性,从而也可以强化质量传递过程。因此,基于能量场优化设计的净化设备,无论是对物质的传递过程还是反应过程,都起到了强化的效果。

4.3 新型净化设备与工艺实例

4.3.1 板式生物净化设备——物质场优化

针对现有单层生物填料厚度大、物质(包括污染物、水分和生物量)分布不均、多种污染物降解互为抑制、填料层易堵塞等问题,基于多孔介质物质和能量传递理论,开发了填料分层设置的板式生物净化设备,如板式生物滴滤塔(ZL200510061129.4),构造示意图如图 4-5 所示。通过填料分层设置和营养液分层喷淋,不仅能使每层气流和液流重新分布,还能分层控制营养液的 pH 和养分,实现"板内"污染负荷和生物量均布、"板间"生物填料和优势菌群差异化分布。研究发现,板式生物净化设备与单层生物净化设备相比,在相同填料体积和运行条件下,处理负荷提高30%～40%,压降降低约 1/2,并能协同处理多种废气组分,具有高效低耗等特点。

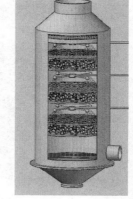

图 4-5 板式生物滴滤塔示意图

以板式生物滴滤塔处理硫化氢(H_2S)、四氢呋喃(tetrahydrofuran,THF)和二氯甲烷(dichloromethane,DCM)混合废气为例[5]。由于降解这三种组分的微生物适宜的 pH 环境不同,所以将上、中、下三层的营养液 pH 分别设置为 7.5、6.0 和 4.5。作为对照运行的普通生物滴滤塔,营养液 pH 设置为6.0。采用活性污泥、THF 降解菌 DT4 和 DCM 降解菌 H13 混合物进行接种挂膜。第 22d 时,板式生物滴滤塔对 H_2S、THF 和 DCM 的去除率分别为98%、75%和95%左右;而普通生物滴滤塔则运行至第 28d 时,三种污染物的去除率才分别达到 95%、65%和90%左右。因此,与普通生物滴滤塔相比,板式生物滴滤塔的挂膜启动时间明显缩短,这可能是由于板式生物滴滤塔中微生物可呈差异性分布。

为了验证这一推断,进一步对填料进行了扫描电镜分析,观察挂膜后填料表面生物膜的情况。图 4-6 是板式生物滴滤塔和普通生物滴滤塔中填料挂膜后扫描电镜照片。从微生物形态来看,在板式生物滴滤塔中,上层的微生物多为球型和短杆型,中层的微生物多为长杆型,而下层的微生物多为长杆型和丝状型。在普通生物滴滤塔中,微生物形态主要呈长杆型,而球型和丝状型较少。

图 4-7 是板式生物滴滤塔各填料层对三种组分去除的贡献值。混合废气中 H_2S 组分几乎全部由下层去除,只有当 EBRT 缩短为 20s 后,中层才对 H_2S 的去除有一定的贡献;无论 EBRT 多少,THF 组分中层的贡献率将近 80%;DCM

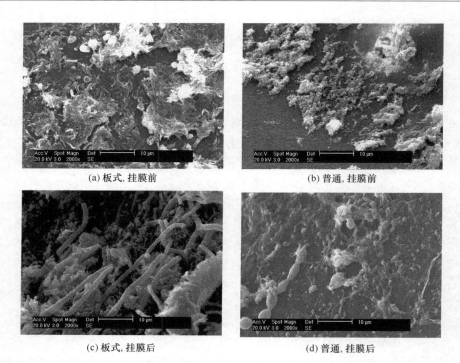

(a) 板式,挂膜前　　　　　　　　　　(b) 普通,挂膜前

(c) 板式,挂膜后　　　　　　　　　　(d) 普通,挂膜后

图 4-6　板式生物滴滤塔和普通生物滴滤塔挂膜后的填料层生物电镜照片

组分在 EBRT 较长(50s 和 35s)时下层、中层和上层的贡献率分别约为 25%、60% 和 15%,而 EBRT 20s 时,下层、中层和上层的贡献率分别约为 25%、45% 和 30%。因此,各填料层对 H_2S、THF 和 DCM 去除的贡献值是不同的,这与 pH 分层控制有很好的对应关系:上层控制 pH 在 7.5,适宜去除 DCM;中层控制 pH 在 6,适合 THF 和 DCM 的去除;下层控制 pH 在 4.5,适合 H_2S 的去除。Cox 等[6]的研究显示,生物滴滤塔中污染物的去除与 pH 也有很好的对应关系,净化 H_2S 和 VOCs 的最适 pH 条件分别为酸性和偏中性。因此,板式生物滴滤塔 pH 分层控制的设计,恰好为不同污染物特定降解菌的生长提供了条件,适宜处理多组分废气。

　　为了进一步验证这一结论,通过测定耗氧速率(oxygen uptake tare,OUR)对填料层中的微生物活性进行了分析。OUR 为单位数量微生物在单位时间内消耗氧气的量,一般情况下,微生物对目标污染物的 OUR 值越大,其对该污染物的降解能力越强。OUR 测定结果见表 4-1。对于 H_2S 组分,下层填料生物膜的耗氧速率最高,中层次之,说明 H_2S 组分主要在下层被降解;而对于 THF 组分和 DCM 组分,中层和上层填料生物膜耗氧速率均较高,说明这两种污染物主要在中层和上层被去除。上述结果与图 4-7 可以相互印证。

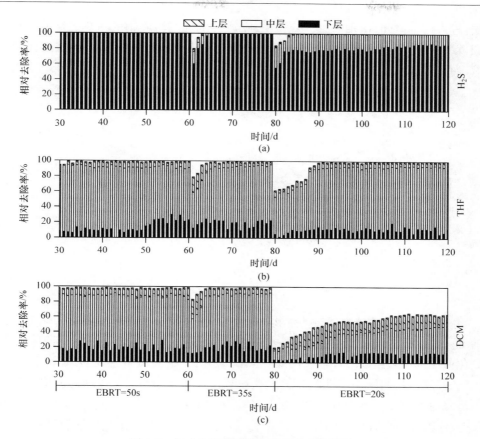

图 4-7　板式生物滴滤塔各层相对去除情况

表 4-1　不同填料层生物膜 OUR 测定结果比较

（单位：mg O_2/(min·mg 蛋白质)）

样品	下层	中层	上层
H_2S	4.95	2.12	0.22
THF	7.12	78.43	86.32
DCM	5.77	24.24	35.24

4.3.2　生物转鼓——物质场优化

针对污染负荷、养分和生物量等分布不均的问题，Rupert 提出周期性翻滚生物填料层的措施，以改善一些因子分布的不均匀性。辛辛那提大学的 Kim 等提出"生物转鼓"（rotating drum biofilter，RDB）的新概念，其设计理念来源于废水处理中的生物转盘（图 4-8）[7,8]。生物转鼓是将生物滤床的填料固定在转盘上，轴向两端封闭，构成一个"转鼓"，废水用营养液替代，气态污染物从转鼓的外面透过填料层,进入内轴空间,由轴向排气管排出,完成一次气态污染物的净化。转鼓每转一圈,填料层经历一次与营养液充分接触的机会,不仅及时更新了填料层中的营养液,而且能形成较薄的液膜,有利于气态污染物的传质过程。

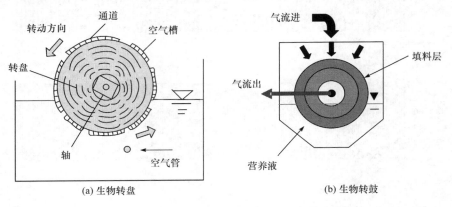

图 4-8　生物转盘和生物转鼓示意图

　　NO 难溶于水,较为理想的生物净化途径是通过反硝化作用将其转化为无害的 N_2。然而,传统的生物滤塔无法有效解决液膜传质限制问题,也不利于提供反硝化所需的厌氧或缺氧环境。因此,作者所在研究组尝试将生物转鼓应用于 NO 废气的净化,填料采用多孔泡沫聚醚型聚氨酯(PU-foam)[9]。接种污泥取至某城市污水处理厂的曝气池中,采用厌氧驯化,碳源为葡萄糖,氮源为 $NaNO_3$ 和 $NaNO_2$ 组成的混合物。驯化 1~2 周后,待活性污泥具有反硝化特性后,便开始对生物转鼓进行接种挂膜,此时碳源仍为葡萄糖,氮源则为 NO。

　　启动阶段 NO 进气浓度维持在 107~463mg/m^3,30d 后 NO 去除率上升到60.0%以上,之后去除率维持稳定。通过测定营养液中的 NO_2^--N 和 NO_3^--N 浓度,发现液相中并无积累,所以推断生物转鼓内主要为反硝化还原反应。图 4-9 是挂膜前后生物转鼓内生物膜的生长情况。随着具有反硝化能力细菌的生长繁殖,生物膜不断增厚,系统内压降随之上升。第 30d,NO 去除率达到 65.0%左右,填料层压降上升至 300Pa,此后逐渐趋于稳定,表明生物转鼓挂膜启动完成。

　　在生物转鼓稳定运行期,着重考察了转速和营养液量对 NO 去除率的影响。图 4-10 是转鼓转速对 NO 去除率的影响。当转鼓转速较低(<0.5r/min)时,NO的去除率随着转速的增加而增大。根据表面更新理论,转速增大能加快填料表面液膜的更新速率,从而使液相中营养物质向生物膜传递的速率加快,增强微生物的活性;同时能提高液膜表面气体分子的更新率,降低气膜阻力,提高气体分子的传质速率[10]。当转速进一步增大(>0.5r/min)时,NO 去除率快速下降,这主要是因为与填料结合较松散的生物膜会因较大的剪切力而脱离填料表面,随营养液排

　　　(a) 挂膜前　　　　　　　　　　　　　　　　　(b) 挂膜后

图 4-9　挂膜前、后生物转鼓内微生物生长情况对比

出系统,导致反硝化菌减少,从而对 NO 净化效果产生负面影响。

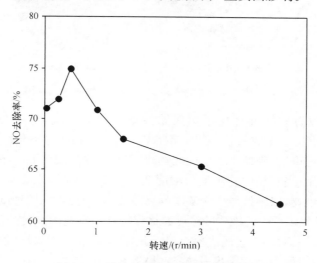

图 4-10　转鼓转速对 NO 去除率的影响

　　营养液量直接关系到转鼓浸没深度。由于 NO 亨利系数较大,营养液中溶解的 NO 量极少,所以被浸没的填料无法有效去除 NO,可视为无效体积。但若营养液深度不足,则将影响微生物的活性,填料上的生物膜就会因干燥而失活,继而死亡,从而影响 NO 的去除率。当营养液量为 1.3L 时,生物转鼓内填料正好与营养液接触,此时 NO 去除率达到最大(75.3%),而当营养液大于 3L 时,NO 去除率下降较快。因此,生物转鼓内营养液量宜控制在 1.3~3L。在本研究中,生物转鼓对于 NO 的最大去除负荷达到 11.6g/(m³·h),与文献[11]、[12]的报道值相当。

4.3.3　两相分配反应器——代谢网优化

　　微生物生长是一个连续的过程,但实际废气源往往是不稳定的,浓度过高或过低都会对微生物代谢造成不利的影响。针对这一问题,Daugulis 于 1996 年首次提出了基于有机污染物在水相、有机相热力学平衡原理的两相分配反应器[13](图 4-11),即传统的"液-液"两相分配生物反应器(two-phase partitioning bioreactor, TPPB)技术,随后又在此基础上发展了"固-液"TPPB 技术。

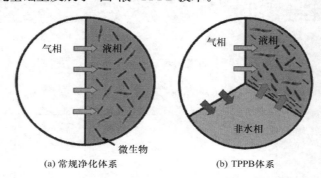

图 4-11　废气中疏水性 VOCs 的传质示意图(后附彩图)

　　TPPB 可以有效缓冲环境中污染物冲击负荷的波动,非水相(non-aqueous phase, NAP)可以充当 VOCs 的临时储存库。当污染物的冲击负荷过高时,TPPB 可以吸收部分污染物,降低水相中的底物浓度,从而减轻或消除高浓度污染物对微生物的毒害作用;当水相中的污染物浓度低于平衡浓度时,NAP 可以向水相中缓慢释放部分污染物,以维持微生物基本的新陈代谢,使微生物顺利度过饥饿期。因此,TPPB 可以使体系中污染物的浓度始终保持在一定范围内,这有利于保持微生物的代谢活性及其对污染物的去除效果。此外,第二相的引入,还能强化水溶性较差的 VOCs 的传质过程,显著提升该类 VOCs 的去除负荷。

　　结合国内外文献报道,作者研究组对两相分配反应器进行了研究,取得了一些研究成果。两相分配反应器的性能与 NAP 密切相关。目前,研究人员总结出了一些 NAP 的选择经验。作为 NAP 的物质通常需具有难挥发、生物相容性高、生物可降解性低、与被处理污染物亲和性高等特点。首先选择几种 NAP 物质(硅胶、TPU6124、NEW、DR-101、T510G50 和 HIPS),测试模拟污染物二氯甲烷(dichloromethane, DCM)在 NAP、水中和空气中的固、液、气三相中的分配系数。图 4-12 是其测试结果,发现硅胶对 DCM 的 NAP 硅胶/水相和 NAP 硅胶/气相的分配系数均最高,分别达到 198.5：1 和 102.4：1。

　　硅胶为有机硅化合物,其化学本质是一种以硅氧键(—Si—O—Si—)为骨架组成的聚硅氧烷,化学性质和目前研究比较广泛的液态 NAP 硅油相近。硅油是一种无色、不挥发的液态黏稠物,由环状聚二甲基硅氧烷构成,但硅油的成本比较高,使用过程中容易乳化、发泡,且难回收,这严重限制了硅油在 TPPB 体系中的应用。结合硅胶和硅油的相似之处,以及硅胶使用过程中的低成本、易回收、无污染等优势,选择硅胶作为构建 TPPB 的 NAP。批次实验也验证了硅胶的加入对 DCM 降解菌 *Methylobacterium rhodesianum* H13 的生长情况及微生物的降解速率无明显影响,而且未发现硅胶量发生变化,说明该降解菌不利用硅胶。

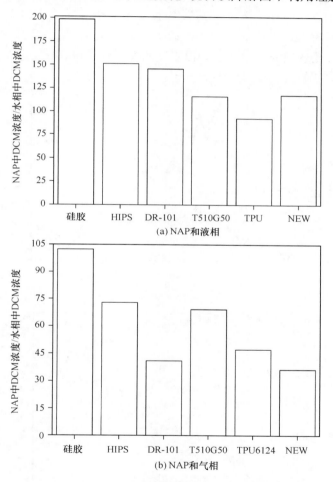

图 4-12　DCM 在两相中的分配系数

在上述研究的基础上,利用 Bioflo110 型发酵罐作为反应器,以硅胶作为 NAP 构建"固-液"两相分配生物搅拌器(solid-liquid two-phase partitioning stirred tank bioreactor,SL-STR),并以普通连续搅拌生物反应器(continuously stirred tank bioreactor,CSTR)作为对照,考察 SL-STR 对 DCM 的去除效果。

　　图 4-13 是 SL-STR 和 CSTR 挂膜期间对 DCM 的去除率和去除负荷的变化情况。SL-STR 运行前 9d,去除负荷随进口负荷的不断升高呈线性上升趋势,去除率在 90%以上。但进口负荷高于 400.0g/(m³·h)时,去除率下降到 80%,且进口负荷高达 575.2g/(m³·h)时,去除率仍保持在 70%左右。运行期间,SL-STR 的最大去除负荷为 394.1g/(m³·h)。CSTR 在系统进气负荷较低时,与 SL-STR 运行效果相似,但进口负荷高于 150.0g/(m³·h)时,DCM 的去除率就开始下降。进口负荷高于 485.0g/(m³·h)时,DCM 的去除率甚至降低至 20%以下。CSTR 的最大去除负荷为 120.0~130.0g/(m³·h)。以上实验结果表明,以硅胶作为非水相的 SL-STR 比普通的 CSTR 表现出更好的去除效果和运行稳定性。

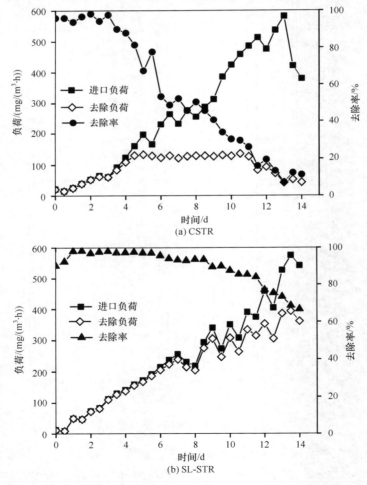

图 4-13　两种反应器挂膜期间对 DCM 的去除率和去除负荷比较

下面比较了不同反应器对 DCM 的去除效果(表 4-2)。文献中,单相反应器对 DCM 的最高去除负荷一般可达到 100.0g/(m³·h)以上;两相分配反应器的最高去除负荷是相应单相反应器的 1.22 倍,约为 195.0g/(m³·h)。本研究利用硅胶作为非水相构建的 SL-STR 系统对 DCM 的最高去除负荷达到了 394.1g/(m³·h),高于迄今为止的文献报道。

表 4-2　不同反应器对 DCM 的去除效果比较

反应器类型	去除负荷/(g/(m³·h))	去除率/%	参考文献
生物滴滤塔(单相)	157.0	—	[14]
生物滴滤塔(单相)	103.5	59.3	[15]
生物滴滤塔(单相)	102.0	70.0	[16]
生物滴滤塔(单相)	160.0	44.0	[17]
生物滴滤塔(两相)	195.0	42.0	
生物搅拌器(单相)	117.0	92.0	
生物搅拌器(两相)	351.0	68.0	
生物搅拌器(单相)	130.0	81.4	本研究
生物搅拌器(两相)	394.0	68.5	

4.3.4　以生物净化为核心的化学氧化预处理工艺——能量场优化

针对一些难水溶、难生物降解的气态污染物(如烯烃类、卤代烃类等),由于其固有的物性而难以获得较为理想的去除效果,采用单一生物净化的研究报道相对较少。可以发现,以紫外光氧化、低温等离子体为代表的高级氧化技术可实现污染物的定向转化,有效提升后续生物净化的效果。

1. 紫外光氧化预处理工艺

以紫外光解为核心,通过选用不同紫外波长,本研究组开发了三种光解技术:以 185nm 为主波长的真空紫外光解技术、以 254nm 为主波长的 O₃ 辅助紫外光解技术和以 365nm 为主波长的紫外光催化技术。通过定向调控紫外光解过程(如反应介质的湿度、反应时间、进气浓度等),均能实现易水溶易生物降解产物的大量积累,解除了目标污染物气液传质和生物降解抑制效应,显著提升了这些物质的净化效果。

1) 真空紫外光解

真空紫外线的主波长为 185nm,所具有的能量不仅能断裂大部分化学键,而且能在线产生 O₃、OH· 等强氧化性基团,提高光氧化效率;同时,该过程不需要额外添加任何物质,操作简单。

　　为了提高紫外光的利用率,自行设计了螺旋形的光反应器(ZL 201010108680.0)。废气在该反应器中以螺旋式推流前进,确保目标污染物能充分吸收紫外光,增加了与活性自由基的接触概率和接触时间,量子产率得到提高。和普通的圆柱形光反应器相比,特别当进气浓度较高时,螺旋形反应器的去除率约为前者的 1.4 倍。

　　利用该反应器,开展了真空紫外光解 α-蒎烯的研究[18,19]。通过 GC/MS 分析,探明 α-蒎烯的主要光解产物:初级光解产物主要是松茨酮、3-羟基-α-蒎烯和桃金娘烯醇,次级光解产物主要是水溶性较好的小分子醛酮类化合物(甲醛、乙醛、羟基乙醛等)和羧酸类化合物(甲酸、乙酸、丙二酸等),这些物质的产生使得吸收液的水溶性有了较大的提高(表 4-3)。基于这些光解产物,建立了 α-蒎烯可能的光降解途径,发现 O_3 和 OH· 在 α-蒎烯的转化过程中起到了非常重要的作用。

表 4-3　不同光解条件下光解产物水溶性分析

反应介质	相对湿度/%	停留时间/s	去除率/%	TOC/(mg/L)
空气	35～40	45	—	1.06±0.03
氮气	2～3	45	12.2±0.5	2.56±0.09
氮气	75～80	45	27.0±1.3	15.84±0.19
空气	2～3	45	59.0±1.0	13.28±0.97
空气	35～40	45	84.6±1.2	17.76±0.66
空气	75～80	45	62.6±1.9	15.58±0.91
空气	35～40	18	48.1±1.7	19.98±0.88

　　由于 α-蒎烯极不溶于水,因此在不光解的条件下,紫外出气的吸收液 TOC 值非常低,只有 1mg/L 左右。通过适宜的光解过程,吸收液的 TOC 值逐渐增加,特别是当采用相对湿度为 35%～40% 的标准空气作为载气时,TOC 值达到最大值,紫外出气的水溶性得到明显改善。由于气态污染物在生物滴滤塔中的去除必须先由气相扩散进入液相后才能被附着在填料上的微生物利用,所以其溶解性能的优劣是选择评判依据之一。国内外也有不少有关生物滴滤塔处理 α-蒎烯的研究,相应的去除负荷为 3.9～60.0g/(m³·h),远远小于那些水溶性较好的物质[20,21],很大一部分原因是 α-蒎烯的水溶性制约了它在生物滴滤塔中的传质过程。

　　利用生物滴滤塔内的生物膜作为受试生物,研究其对光解产物水溶液的利用程度也可直接作为预处理的依据之一。采用改良的 96 孔微平板法对 α-蒎烯光解产物的水溶液进行了微生物活性考察,受试生物膜取自处理 α-蒎烯模拟废气的生物滴滤塔中,测试液为不同光解条件下获得的吸收液并加入 0.01% 的 2,3,5-氯化三苯基四氮唑作为微生物的生长指示剂。

　　图 4-14 是受试生物膜与反应液接触后表现出的颜色随时间的变化曲线(average well color development,AWCD)。可以看出,生物膜对不同光解吸收液的代

谢过程可以分为三种情况：①生物膜能较快地利用光解吸收液，显色反应很快发生（如图中曲线 1）；②生物膜对碳源的利用需要经过一定的适应期，显色反应较慢发生（如图中曲线 2 和 3）；③生物膜基本不能利用光解吸收液，抑或利用程度比较弱（如图中曲线 5）。将 AWCD 进行标准化处理，得到相应的 Rsi 值，该值能直接表征微生物对碳源的利用情况（Rsi＞1，微生物能利用碳源；Rsi＜1，微生物不能利用碳源）。计算了不同光解条件下获得吸收液的 Rsi 值，并将其与 AWCD 关系绘制在图 4-15 中。可以看出，生物滴滤塔内的微生物均能利用 α-蒎烯的光解产物，尤

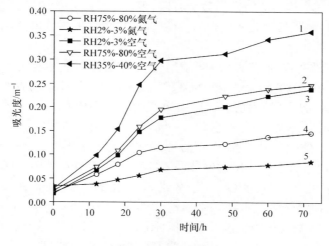

图 4-14　AWCD 曲线

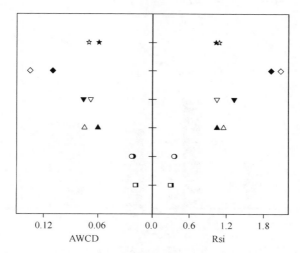

图 4-15　24h 时 AWCD 和 Rsi 关系图

其是采用相对湿度为 35%～40% 的空气、停留时间为 18s 时 Rsi 达到了 1.8,代谢特征非常明显,说明光解过程中形成的小分子羰基类化合物能被这些微生物利用,促进其生长。因此,只要控制合适的光解条件,采用紫外光解-生物滴滤彻底净化 α-蒎烯是能够实现的。

2) 臭氧辅助紫外光解工艺

理论上,水分子只能吸收波长小于 200nm 的紫外光产生 OH·。当采用主波长 254nm 的紫外灯作为光源时,由于紫外光具有的能量不足以破坏化学键,所以在该体系中 OH· 等活性物质的数量有限,限制了污染物的去除。若能添加一定量的 O_3,利用 O_3 强烈吸收紫外光的特性,能产生更多的活性物质,有利于光解作用的发挥。

作者所在研究组研究了 O_3 辅助紫外光解工艺对疏水性难生物降解氯苯(chlorobenzene,CB)的转化效果及机制[22],发现 CB 的转化率随着 O_3 添加量的增加而增加,并最终达到最大值。这些结果表明若体系中存在过多的 O_3,则 O_3 与 OH· 之间的反应将优先于 O_3 或 OH· 与 CB 之间的反应,影响了 CB 的转化率。这与 O_3 辅助光催化转化三氯乙苯的情况相类似[23]。研究发现,当 O_3 浓度为 150.0mg/m³ 时,CB 的转化率达到最大值(76.8%),即初始 CB/O_3 的最适值 1.5。

考察了该工艺作为生物净化预处理工艺的可行性。在 CB 进气浓度 200.0mg/m³、相对湿度分别为 2%～3%、15%～20%、45%～50%、75%～80% 的条件下,反应 60s 后光解吸收液 BOD_5 值(图 4-16)。CB 产物水溶液 B/C[①] 在相对湿度 15%～20% 时最大(0.58),但 COD 值较低;当相对湿度控制在 75%～80% 时,CB 的产物可生化性和水溶性较好,符合后续生物净化要求。

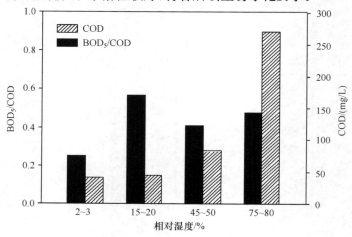

图 4-16　不同条件下 1-CB 光解出气 B/C

---

① B/C 表示 BOD_5 与 COD 的比值,下同。

对吸收液中的光解产物进行了测定,发现氯苯酚是最主要的光解产物,而其同分异构体邻氯苯酚和对氯苯酚几乎没有检测到,可能是由于 HO· 更容易攻击苯环上氯原子的对位[24,25]。这与许多研究所得的结果相似,即氯苯酚是 CB 光解转化的主要产物[26]。此外,用 IC 检测发现吸收液中存在 CH_3COOH 等小分子酸、Cl^-。

3) 紫外光催化

催化剂制备技术的快速发展,使其响应波长向可见光区域偏移,普通光源将取代紫外光源,出现了太阳光响应的催化剂,利用太阳光就能实现光催化转化过程。此外,通过优化设计光催化剂,能提高单位催化剂的活性,实现光催化定向转化过程。作者所在研究组在气态污染物的光催化氧化方面也进行了一些探索。

TiO_2 是普遍使用的光催化剂,目前大部分催化研究都是围绕 TiO_2 开展的。通过复合溶胶-凝胶-强碱水热法制备了金属镧掺杂的 TiO_2 纳米管,发现其在波长 254nm 光的激发下对含乙苯(ethylbenzene,EB)和 α-蒎烯(α-pinene)混合废气具有较好的转化效果[27]。

复合溶胶-凝胶-强碱水热技术制备的 La^{3+} 掺杂 TiO_2 催化剂没有经历高温煅烧,因此该催化剂应具有混晶结构(锐钛矿型和金红石型)。图 4-17 是其 XRD 图,验证了制备的催化剂具有混晶结构。当 La^{3+} 的掺杂量为 1.2% 时,获得的催化剂催化性能最好,这与近年来一些研究所得的结果[28,29]相似,即混晶结构的催化剂能有效提高催化性能。此外,还对该催化剂进行了结构表征,发现制备的催化剂在透射电镜下的形貌为纳米管状结构(标记为 La^{3+}-TNTs),BET 分析其比表面积为 $541.0m^2/g$,明显大于 TiO_2 纯颗粒,表明制备的 La^{3+}-TNTs 可为气态污染物提供更大的接触面积。

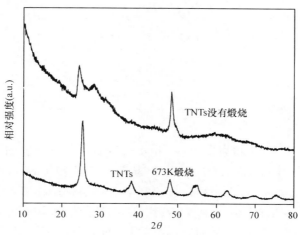

图 4-17　La^{3+}-TNTs 的 XRD 图

利用该催化剂转化含 EB 和 α-蒎烯的混合废气,并对其作为预处理工艺的可行性进行了分析[27,30]。在浓度和湿度分别为 $100\sim200\text{mg/m}^3$ 和 $40\%\sim50\%$ 时,考察了不同停留时间对混合废气的影响效应,其中混合废气中 EB 和 α-蒎烯按等浓度的比例混合。表 4-4 和表 4-5 分别是混合废气中 EB 和 α-蒎烯的相互影响。

表 4-4　混合体系和单一体系中 α-蒎烯转化量的比较(相对湿度 $40\%\sim50\%$;停留时间 20s)

| 总浓度/(mg/m³) | 停留时间/s | 混合废气 | | 单一废气* | |
| | | 总碳去除量/mg | | 总碳去除量/mg | |
		α-蒎烯	EB	α-蒎烯	α-蒎烯*
100	12	0.1225	0.0903	0.1224	0.1224
	36	0.1416	0.1352	0.1410	0.1410
	60	0.1455	0.1448	0.1450	0.1450
200	12	0.1028	0.1104	0.1187	0.1187
	36	0.1305	0.1355	0.1420	0.1420
	60	0.1372	0.1402	0.1428	0.1428

*代表单一废气中 EB 分别分成 50mg/m^3 和 50mg/m^3。

表 4-5　混合体系和单一体系中 EB 转化量的比较(相对湿度 $40\%\sim50\%$;停留时间 20s)

| 总浓度/(mg/m³) | 停留时间/s | 混合废气 | | 单一废气* | |
| | | 总碳去除量/mg | | 总碳去除量/mg | |
		EB	α-蒎烯	EB	EB*
100	12	0.0903	0.1225	0.0930	0.0930
	36	0.1352	0.1416	0.1382	0.1382
	60	0.1448	0.1455	0.1447	0.1447
200	12	0.1104	0.1028	0.0935	0.0935
	36	0.1355	0.1305	0.1363	0.1363
	60	0.1402	0.1372	0.1460	0.1460

*代表单一废气中 EB 分别分成 50mg/m^3 和 50mg/m^3。

从表 4-4 和表 4-5 中可以发现,在相同停留时间下,低浓度的 EB 对 α-蒎烯的转化几乎没有任何影响,随着 EB 的增加,其对 α-蒎烯转化的抑制作用逐步显现;无论高浓度还是低浓度的 α-蒎烯,对 EB 的转化都有抑制作用。这是由于制备的 $1.2\%\text{-La}^{3+}\text{-TNTs}$ 较易吸附 α-蒎烯,若在 EB 的光催化体系中引入 α-蒎烯,α-蒎烯会先于 EB 而被催化剂吸附,从而影响了 EB 被催化剂的吸附量,后续催化转化过程也受到了抑制;在 α-蒎烯的光催化体系中引入 EB,高浓度的 EB 则会与 α-蒎烯形成竞争,共同竞争催化剂表面形成的 HO· 等活性物质,使得 α-蒎烯的绝对转化量下降。

在自制的 96 孔板上测试了活性污泥对这些光解吸收液的利用程度(图 4-18)。在反应介质相对湿度为 40%~50%、停留时间为 30s 条件下,光解吸收液 Rsi>1.0,表明此时微生物对光解产物的利用程度最大。分析结果表明,此时主要的光催化产物包括苯、苯甲酸、乙酰苯、乙酸、甲酸等。

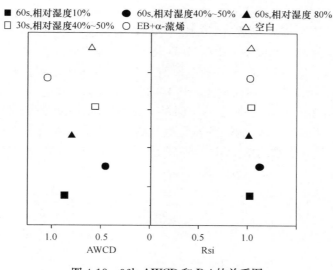

图 4-18　96h AWCD 和 Rsi 的关系图

虽然不同的紫外光解工艺响应的波长不同、最适光解条件也有差异,但均能使疏水性难生物降解 VOCs 转化为易水溶易生物降解的物质,具备了作为生物净化预处理工艺的特征,联合工艺的研究结果将在后续章节中进行叙述。

2. 低温等离子体预处理工艺

低温等离子体是一种非热平衡气体状态,通常可以通过对气体施加电场放电来产生。在高能电子轰击气体分子的过程中会产生具有强氧化性的活性物质,能够有效地分解和氧化污染物。利用低温等离子体的强氧化性,可以在较短时间内实现难水溶、难生物降解物质的定向转化,为后续生物净化奠定基础。在低温等离子体的众多放电形式中,介质阻挡放电(dielectric barrier discharge,DBD)应用最为广泛。DBD 放电均匀,绝缘层采用介电常数较大的绝缘材料,如石英、玻璃、陶瓷、聚合物等。利用石英作为绝缘体,构建了 DBD 反应体系,考察了其对氯苯等 VOCs 的转化特性,并对其作为生物净化预处理工艺的可行性进行了分析[31]。此外,在前期研究中发现,虽然单一DBD对包括三氯乙烯、甲苯、氯苯等在内的难生物降解VOCs具有很好的去除效果,但放电过程中会产生大量的O_3,这些O_3除了参与氧化反应,剩余O_3将直接进入后续生物滤塔中。虽然一些研究表明,微量O_3会起到控制微生物生长的作用,但若O_3浓度超过了微生物所能承受的范围,将会引起毒害效应[32,33]。针对这一问题,研发了DBD协同催化技术,不仅显著降低了反应后的剩余O_3浓度,而且还提高了DBD对能量的利用率,确保了DBD-生物净化耦合工艺的稳定运行。

1) 单一DBD预处理工艺

首先考察DBD工艺参数对CB转化率的影响。放电电压是DBD电源能量输出的一个重要因素。实验中CB在DBD装置中的停留时间为10s,介质相对湿度为65%～75%。图4-19是DBD放电峰值对CB去除率的影响。对于相同浓度的CB,转化率随着电压的升高而增大。当CB进气浓度为500mg/m³时,峰值电压为20kV的条件下获得的去除率是8kV时的2.4倍。峰值电压增加时,放电过程中产生的高能电子能量较大,能够较容易地打断CB分子内的化学键;同时,单位时间内产生的高能活性物质数量增加,提高了活性物质与CB分子的碰撞机率,强化了CB的转化。

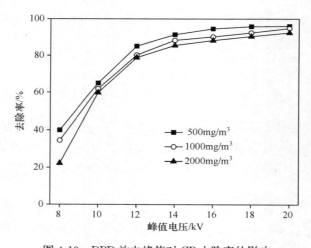

图 4-19　DBD放电峰值对CB去除率的影响

图 4-20是介质的相对湿度对CB去除率的影响。随着湿度的增加,CB的去除率先升高后降低。实验结果说明,当电压<12kV时,湿度对CB的转化影响较为明显;当电压>12kV时,湿度的影响几乎可以忽略。

CB经DBD转化后所得的产物及特性是其作为生物滤塔预处理工艺的依据之一。在进气浓度为500mg/m³、停留时间为10s、相对湿度为65%～75%下,分析了产物水溶性的变化(图4-21)。当电压为8kV和10kV时,TOC值较小,这和CB

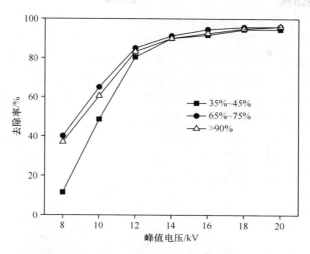

图 4-20　介质的相对湿度对 CB 去除率的影响

的去除率较低有关；电压升至 16kV 时，TOC 达到最大(6.3mg/L)，之后趋于稳定，说明 DBD 对 CB 的降解产物水溶性较好。进一步利用小球藻对产物的生物毒性进行评估，发现三个电压下的产物吸收液对小球藻生长影响不同，分别为 8kV 抑制，14kV 基本无影响，20kV 促进。

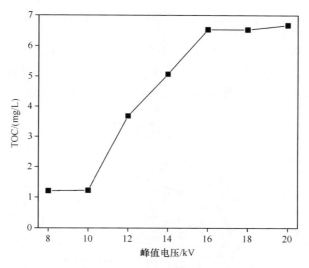

图 4-21　不同电压下产物吸收液的 TOC 值

2）DBD 协同催化预处理工艺

分别以 MnO_2、HZSM-5 和 TiO_2 为基体，采用搅拌法或高温煅烧法制备 CuO/MnO_2、$CeO_2/HZSM$-5 和 Ag/TiO_2 三种催化剂[34]。

　　选取了三种能量密度(special input energy, SIE):1.3kJ/L,2.2kJ/L 和 3.2kJ/L,考察了 DBD 分别协同上述三种催化剂对于 CB 的转化效果,结果如图 4-22 所示。可以发现,Ag/TiO₂ 在较低能量输入时对 CB 的转化效果较差。当 SIE 为 1.3kJ/L 时,DBD 协同 Ag/TiO₂ 只能转化约 10%的 CB,升高至 2.2kJ/L 和 3.2kJ/L 时,转化率分别增加至 20%和 28%。CuO/MnO₂ 和 CeO₂/HZSM-5 在 SIE 分别为 2.2 kJ/L 和 1.3kJ/L 时,两者对于 CB 的转化率均大于 30%。

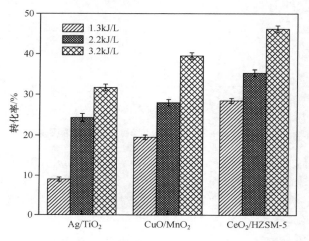

图 4-22　低能量输入下三种催化剂对于 CB 转化效果的影响

　　对反应后剩余 O₃ 量进行了测定,结果见图 4-23。在制备的三种催化剂中,当采用 CuO/MnO₂ 时,出气中 O₃ 含量最少。研究者研究了金属氧化物对于 O₃ 的分解活性,发现 P 型半导体氧化物(如 Ag₂O、Mn₂O₃ 等)的 O₃ 分解活性比 N 型半

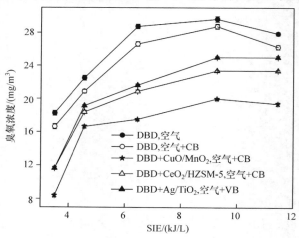

图 4-23　能量密度对于出气中 O₃ 浓度的影响

导体氧化物(如 Pb_2O_3、Bi_2O_3 等)高,其原因可能是反应产生的 O^{2-}、O_2^{2-} 等阴离子氧通过库仑力与催化剂表面作用,从而在 P 型半导体上稳定存在[35]。在 CuO、MnO_2、CeO_2、Ag_2O 和 TiO_2 这几种氧化物中,CuO 和 TiO_2 属于 N 型半导体,其他均属于 P 型半导体,所以理论上 MnO_2、CeO_2 和 Ag_2O 能较好地分解 O_3。特别是 Mn 的氧化物,由于 Mn 与 O 可以形成各种化学计量比的氧化物和非化学计量比的混合价氧化物,其中某些氧化物还可以以不同的晶型存在,因此它催化分解 O_3 的效果是最好的[36,37]。这与本研究结果相类似,即添加了 CuO/MnO_2 作为催化剂的 DBD 工艺反应后剩余的 O_3 最少。

根据 CB 转化效果及出气中剩余 O_3 量,选择 CuO/MnO_2 作为催化剂,考察 DBD 协同催化作为生物净化预处理工艺的可行性。工艺条件为:CB 进气浓度 500mg/m^3,反应介质相对湿度 50%,O_2 含量控制在 21%。由表 4-6 可知,与单一 DBD 工艺相比,协同催化工艺对于能量的利用率明显较高。当采用协同催化工艺时,能量输入密度较大、停留时间较长,获得的吸收液 B/C 及水溶性物质占 CB 转化量的比例较小。综合考虑 CB 的转化率、水溶性物质比例、B/C 等指标,适宜作为生物净化预处理的 DBD 协同催化工艺的条件为能量输入密度 1.3kJ/L、停留时间 3s。

表 4-6　不同反应条件下 CB 产物的水溶性和可生化性分析

反应体系	停留时间/s	CB 转化率/%	能量利用率/(mg/kJ)	能量输入密度/(kJ/L)	水溶性物质占的比例/%	B/C
DBD 协同催化	3	19.54	0.0705	1.3	49.05	0.385
DBD 协同催化	5	38.10	0.0554	3.5	18.16	0.335
DBD 协同催化	7	39.50	0.0625	3.2	7.75	0.238
单一 DBD	5	26.8	0.0300	4.4	6.89	0.251

4.4　研究趋势

强化污染物的传质和生物降解过程是研发新型净化工艺和设备的出发点。目前的研究大多集中在工艺设备的宏观净化性能,而有关传质和反应的微观机理、动力学模型等理论研究相对较少。今后,可考虑在以下三个方面开展研究:

(1) 以生物净化为核心的多能量耦合净化工艺与设备。结合吸附吸收、化学氧化等技术特性和待处理废气的特点,研发多种预处理单元,在强化单元过程的基础上,通过预处理和生物净化单元的优化匹配,实现多种能量之间的有效耦合,同步高效去除多组分复杂废气,拓宽传统废气生物净化技术的应用领域。

(2) 关键核心组件与新型净化设备。结合经典气液传质理论、流场模拟及特性分析等,从减少液膜传质阻力角度优化关键核心组件构型结构、气液流动方式,强化气液传质过程;结合质量传递理论、生化反应动力学理论等,从微观上剖析传质强化和反应强化的内在机制,优化设备结构,消除传质和反应过程的限制。

(3) 生物净化理论发展与创新。通过解析污染物传质与反应过程,建立完善的反应器数学模型,通过反应器系统设计的模拟与优化,实现设备工艺的集成与放大,丰富和发展废气生物净化理论。

参 考 文 献

[1] Kennes C,Veiga M C. Air Pollution Prevention and Control:Bioreactors and Bioenergy. New York:John Wiley & Sons,Inc. ,2013.

[2] 王毓仁,黄永港,郭兵兵,等.生物滤床工艺处理含硫恶臭废气的现场小型试验.炼油技术与工程,2004,34(1):58-62.

[3] 耿长君,张春燕,吴丹,等.生物过滤法处理炼油污水厂恶臭废气.化工学报,2007,58(4):1024-1028.

[4] Lewis W K,Whitman W G. Principles of gas absorption. Industrial & Engineering Chemistry,1924,16(12):1215-1220.

[5] 张定丰,房俊逸,叶杰旭,等.生物滴滤塔净化多组分废气的研究.环境科学,2013,34(6):2116-2120.

[6] Cox H H J,Deshusses M A,Converse B M,et al. Odor and volatile organic compound treatment by biotrickling filters:Pilot-scale studies at hyperion treatment plant. Water Environment Research,2002,74(6):557-563.

[7] Kim B,Zhu X,Suidan M. An innovative biofilter for treating VOCs in air emissions. Proceedings of the Air and Waste Management Association's 95th Annual Conference, Baltimore,2002.

[8] Yang C P,Chen H,Zeng G M,et al. Performance of rotating drum biofilter for volatile organic compound removal at high organic loading rates. Journal of Environmental Sciences-China, 2008,20(3):285-290.

[9] Chen J,Jiang Y F,Sha H L,et al. Effect of key parameters on nitric oxide removal by an anaerobic rotating drum biofilter. Environment Technology,2008,29(11):1241-1247.

[10] Potivichayanon S,Pokethitiyook P,Kruatrachue M. Hydrogen sulfide removal by a novel fixed-film bio scrubber system. Process Biochemistry,2006,41(3):708-715.

[11] du Plessis C A,Kinney K A,Schroeder E D,et al. Denitrification and nitric oxide reduction in an aerobic toluene-treating biofilter. Biotechnology and Bioengineering, 1998, 58 (4): 408-415.

[12] Woertz J R,Kinney K A,Szaniszlo P J. A fungal vapor-phase bioreactor for the removal of nitric oxide from waste gas streams. Journal of the Air & Waste Management Association, 2001,51(6):895-902.

[13] 魏连爽,谢文娟,林爱军.两相分配生物反应器治理高浓度有机污染研究进展.应用与环境生物学报,2012,18(3):511-517.

第 4 章　新型净化设备与工艺研发

[14] Diks R M M, Ottengraf S P P. Verification studies of a simplified model for the removal of dichloromethane from waste gases using a biological trickling filter. Bioprocess Engineering, 1991, 6(3): 93-99.

[15] Hartmans S, Tramper J. Dichloromethane removal from waste gases with a trickle-bed bioreactor. Bioprocess Engineering, 1991, 6(3): 83-92.

[16] Okkerse W J H, Ottengraf S P P, Osinga-Kuipers B, et al. Biomass accumulation and clogging in biotrickling filters for waste gas treatment: Evaluation of a dynamic model using dichloromethane as a model pollutant. Biotechnology and Bioengineering, 1999, 63 (4): 418-430.

[17] Bailón L, Nikolausz M, Kästner M, et al. Removal of dichloromethane from waste gases in one-and two-liquid-phase stirred tank bioreactors and biotrickling filters. Water Research, 2009, 43(1): 11-20.

[18] Chen J M, Cheng Z W, Jiang Y F, et al. Direct VUV photodegradation of gaseous alpha-pinene in a spiral quartz reactor: Intermediates, mechanism, and toxicity/ biodegradability assessment. Chemosphere, 2010, 81(9): 1053-1060.

[19] Cheng Z W, Jiang Y F, Zhang L L, et al. Conversion characteristics and kinetic analysis of gaseous α-pinene by direct VUV-photodegradation in different reaction media. Separation and Purification Technology, 2011, 77(1): 26-32.

[20] Mohseni M, Allen D G. Biofiltration of mixtures of hydrophilic and hydrophobic volatile organic compounds. Chemical Engineering Science, 2000, 55(9): 1545-1558.

[21] Jin Y M, Veiga M C, Kennes C. Performance optimization of the fugal biodegradation of α-pinene in gas-phase biofilter. Process Biochemistry, 2006, 41(8): 1722-1728.

[22] Cheng Z W, Sun P F, Jiang Y F, et al. Ozone-assisted UV_{254nm} photodegradation of gaseous ethylbenzene and chlorobenzene: Effects of process parameters, degradation pathways, and kinetic analysis. Chemical Engineering Journal, 2013, 228: 1003-1010.

[23] Shen Y S, Ku Y. Decomposition of gas-phase trichloroethane by the UV/TiO_2 process in the presence of ozone. Chemosphere, 2002, 46(1): 101-107.

[24] Zhang L F, Sawell S, Moralejo C, et al. Heterogeneous photocatalytic decomposition of gas-phase chlorobenzene. Applied Catalysis B: Environmental, 2007, 71(3): 135-142.

[25] Shen J M, Chen Z L, Xu Z Z, et al. Kinetics and mechanism of degradation of p-chloronitrobenzene in water by ozonation. Journal of Hazardous Materials, 2008, 152(3): 1325-1331.

[26] Cheng Z W, Sun P F, Lu L C, et al. The interaction mechanism and characteristic evaluation of ethylbenzene/chlorobenzene binary mixtures treated by ozone-assisted UV_{254nm} photodegradation. Separation and Purification Technology, 2014, 132: 62-69.

[27] Cheng Z W, Feng L, Chen J M, et al. Photocatalytic conversion of gaseous ethylbenzene on lanthanum-doped titanium dioxide nanotubes. Journal of Hazardous Materials, 2013, 254-255: 354-363.

[28] Wang W Z, Varghese O K, Paulose M, et al. A study on the growth and structure of titania

nanotubes. Journal of Materials Research, 2004, 19(2):417-422.

[29] Park D J, Sekino T, Tsukuda S, et al. Photoluminescence of samarium-doped TiO₂ nano-tubes. Journal of Solid State Chemistry, 2011, 184(10):2695-2700.

[30] 成卓韦, 周灵俊, 於建明, 等. 镧掺杂 TiO₂ 纳米管对 α-蒎烯光催化性能及催化机理研究. 高校化学工程学报, 2015, 29(2):320-327.

[31] 姜理英, 曹书岭, 朱润晔, 等. 介质阻挡放电对氯苯的降解特性及其产物分析. 环境科学, 2015, 36(3):831-838.

[32] Wang C, Xi J Y, Hu H Y, et al. Simulative effects of ozone on a biofilter treating gaseous chlorobenzene. Environmental Science & Technology, 2009, 43(24):9407-9412.

[33] 张超, 赵梦升, 张丽丽, 等. 微量臭氧强化生物滴滤降解甲苯性能研究. 环境科学, 2013, 34(12):4669-4674.

[34] Zhu R Y, Mao Y B, Jiang L Y, et al. Performance of chlorobenzene removal in a nonthermal plasma catalysis reactor and evaluation of its byproducts. Chemical Engineering Journal, 2015, 279:463-471.

[35] Dhandapani B, Oyama S T. Gas phase ozone decomposition catalysts. Applied Catalysis B: Environment, 1997, 11(2):129-166.

[36] 印红玲, 谢家理, 杨庆良, 等. 臭氧在金属氧化物上的分解机理. 化学研究与应用, 2003, 15(1):1-5.

[37] 刘长安, 孙德智, 李伟. 催化分解法处理臭氧尾气的研究. 环境保护科学, 2003, 29(10):1-3.

第5章　含氮化合物废气的生物净化

工业排放的气态污染物中,含有氮的组分包括氮氧化物(NO_x)、氨(NH_3)和有机胺三大类。

NO_x主要来源于燃料燃烧过程,它的大量排放会导致酸雨、光化学烟雾等环境问题。2014年,我国NO_x排放量约为2078万t。若不采取有效控制措施,到2020年将达到2914万t,成为世界第一大NO_x排放国[1]。目前,工业上应用较多的NO_x末端治理技术主要是催化还原法和碱吸收法。催化还原法虽能有效去除NO_x,但具有处理费用高、操作温度范围相对较窄等缺点;碱吸收法的去除效率与待吸收组分的性质有关,特别是NO不易溶的特性,使得吸收效率往往有限,同时碱吸收法还存在吸收液需要处理、易产生二次污染等问题[2,3]。

氨和有机胺是一些污水处理过程排放恶臭废气的主要成分,它们的嗅阈值非常低,容易引起人体不良反应。《恶臭污染物排放标准》规定氨和有机胺的厂界排放浓度均在$1mg/m^3$左右。常见的恶臭处理方法主要有物理法、化学法和生物法[4]。由于物理法和化学法均存在如设备复杂、投资大、运行费用高等缺点,近年来生物法处理氨等恶臭气体引起了研究者的广泛兴趣。

生物法处理含氮废气的思想最初源于废水生物处理中的硝化-反硝化过程,转化过程如图5-1所示[5-7]。NO_x、NH_3和有机胺分别涉及三条不同的转化途径,最终产物可能是硝酸盐、亚硝酸盐或者氮气,其中氮气是许多生物转化过程希望得到的无污染终产物。

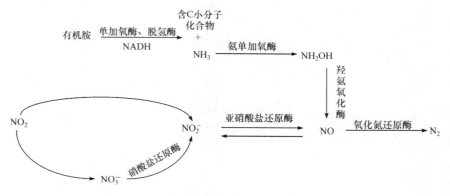

图5-1　微生物对含氮化合物的转化过程

要实现微生物对含氮化合物的充分利用,除了有高效特定降解菌,含氮化合物从气相到液相或固相(生物膜)的传质过程也是关键,传质速率的快慢与化合物种类有关。与 NO 相比,NO_2、NH_3 和有机胺都属于易溶于水的物质,因此它们的传质过程不存在限制现象。而 NO 在水中的溶解度仅为 4.7%(20℃),传质受限严重阻碍了后续微生物的净化过程。

早在 2005 年,作者提出生物滤塔中 NO 的去除机制与 NO 浓度和 EBRT 有关,当 NO 浓度和 EBRT 越大时,化学作用对 NO 去除的贡献越大,此时气液传质过程受限阻碍了微生物的代谢过程[8]。随后,在研发并应用 RDB 反应器处理 NO 废气的基础上,又通过添加络合吸收剂,强化了 NO 气液传质过程,显著提升了 RDB 反应器处理效能。另外,由于烟气经过湿法脱硫后的温度一般在 50~60℃,所以对该温度条件下的络合吸收-生物法还原 NO 技术也进行了初步研究。同时,利用以棕纤维作为填料的生物过滤床净化含三甲胺废气[9],实验结果表明,不仅三甲胺得到了净化,其生物降解产物 NH_3 也同样得到了去除。

5.1　生物滤塔处理 NO 废气

建立了三套气液顺流生物滤塔装置(图 5-2),$1^{\#}$~$3^{\#}$ 塔内部分别装填火山岩、孔径分别为 18 和 24 的聚碳酸亚丙酯泡沫(PPC 泡沫)作为滤料。接种物为驯化后的活性污泥,该污泥具有较好的硝化效果。本节比较了三套生物滤塔对 NO 的去除效果,重点探讨了化学氧化吸收和生物氧化在 NO 去除过程中的作用机制。

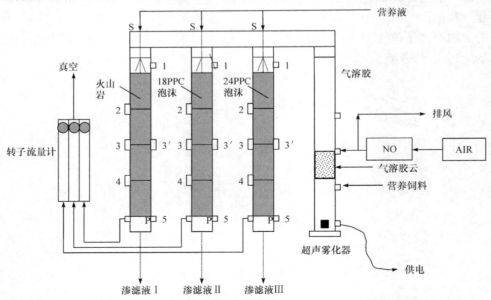

图 5-2　三套气液顺流生物滤塔装置示意图

5.1.1　NO 的去除效果比较

　　PPC 泡沫是在活性炭的基础上发展起来的,是碳硅聚合物经热硬化高温分解产生泡沫而形成的一种网状有开放孔洞的工程材料,孔隙率达到 80%～90%。这种材料不仅具有较大的比表面积,而且三维连接的开放孔隙可防止可能出现的流动短路[10]。火山岩属于拉斑玄武岩系列,经敲碎成直径为 5mm 的颗粒。虽然火山岩含有微生物生长所必需的 Na、Mg、K、Ca、Fe 等元素,但在滤出液的检测中发现,这些微量元素不足以满足微生物的生长需求,所以实验过程中仍需添加无机盐。但火山岩有较好的缓冲能力,比一般堆肥和多孔陶瓷填料要高[11]。这两种填料都有比较好的机械强度、不易压实、适合微生物生长等优点。

　　图 5-3 表示了在进口浓度为 24.5mg/m³、EBRT 为 5min 的条件下,三个滤塔的去除效率。由图可见,24PPC 泡沫明显比 18PPC 泡沫和火山岩的处理效果要高,说明比表面积大的填料能增大微生物的生长空间,使生物量增加。PPC 泡沫和火山岩的去除效率随着时间的变化趋势却各不相同,PPC 泡沫连续 12h 的去除效率变化情况逐渐降低,而火山岩的去除效率却有所上升,其中的原因可能是:随着硝化时间的延长,PPC 泡沫生物膜表面的生长环境逐渐酸化,不利于微生物的生长,需补充缓冲液和营养液。而火山岩由于有 Al_2O_3、Fe_2O_3、FeO、MgO 等碱性氧化物的存在,溶出后能够中和生物膜中由于硝化而产生的酸,从而改善了微生物的生长环境,使去除效率有所提高。

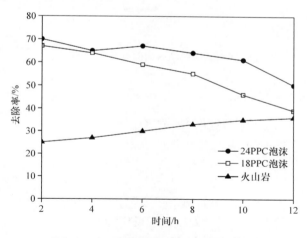

图 5-3　不同填料中气相 NO 的去除率

　　进一步考察了 1# 和 3# 滤塔长期运行时的性能。连续运行 150d 后,两者对于 NO 的去除效果均明显下降,考虑其原因可能是微生物大量生长,出现了填料堵塞现象。该现象的产生主要是由填料表面老化脱落的生物膜等没有及时排出系统造成的,它们堆积在填料的空隙处,使床层阻力增大。另外,老化的生物膜附着在填料表面,生物膜内部得不到氧,更新速率变慢,微生物活性降低,进而影响了系统的净化效率[12]。

　　针对堵塞的情况,对滤床填料进行大水量喷淋冲洗,使附着在填料表面的老化生物膜脱落。冲洗之后重新挂膜14d,使填料表面生物膜有所恢复。如图5-4所示,第165d继续通入123mg/m³NO废气,在EBRT为5min的条件下,24PPC泡沫和火山岩的去除率分别从开始的32%、28%上升至72%、47%。与1#塔相比,3#塔在重新启动之后能迅速恢复到最佳去除率,说明PPC泡沫是一种比较理想的生物填料。

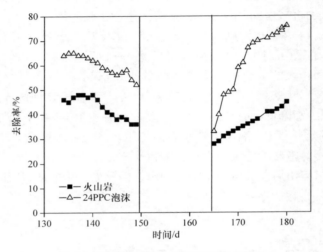

图 5-4　重新启动后去除率随时间的变化

5.1.2　NO 的去除机制分析

　　在一般实验条件下,化学氧化 NO 的途径包括:
　　(1) 直接与空气中的 O_2 发生化学反应为
$$2NO + O_2 \Longrightarrow 2NO_2 \tag{5-1}$$
反应速率为
$$d[NO]/dt = -2k[NO]^2[O_2] \tag{5-2}$$
　　(2) 与液相中的 O_2 和 H_2O 发生化学反应为
$$4NO + O_2 + 2H_2O \longrightarrow 4NO_2^- + 4H^+ \tag{5-3}$$
反应速率为
$$d[NO]/dt = -4kaq[NO]^2[O_2] \tag{5-4}$$
显然,式(5-3)不是一个基元反应。尽管确切的反应机理尚不能确定,但 Awad 和 Stanbury[13]、Pires 等[14]采用以下反应过程来解释其动力学研究结果:

$$2NO + O_2 \longrightarrow 2NO_2（慢） \tag{5-5}$$

$$NO + NO_2 \longrightarrow N_2O_3（快速反应） \tag{5-6}$$

$$N_2O_3 + 2H_2O \longrightarrow 4NO_2^- + 2H^+（快速反应） \tag{5-7}$$

可见,在生物滤床中,NO 在液相中的化学氧化去除过程,反应(5-5)为其速率的控制步骤。

　　上述反应过程表明,气相或液相中 NO 的化学氧化对于 NO 去除是非常重要的。假设气相中 O_2 含量为 20.94%,用式(5-2)计算得出的不同条件下干空气中 NO 的去除率见图 5-5。可以看出,停留时间越长,进气浓度越高,NO 经化学氧化作用去除的量越大,在 NO 浓度≥100ppm、EBRT≥1.5min 时,NO 的化学氧化去除率>10%。

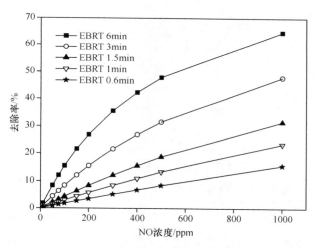

图 5-5　化学氧化作用对不同 NO 浓度的去除率

　　在 3# 塔内量化了气相和液相中化学氧化对 NO 去除率的贡献。实验首先在干燥的反应床内进行,计算气相中的化学氧化效率,接着在湿润的床内进行,计算气相和液相中的氧化情况,进气 NO 浓度均为 150ppm,结果如图 5-6 所示。图中气相中的理论去除率根据式(5-2)计算所得,液相中的理论去除率由于一些参数(如湿表面积和液相停留时间)难以确定而没有计算。气相中理论数据与实验数值相差较大,但变化趋势一样,其原因可能是由于床内气体流态为非理想状态。NO 去除率随着 EBRT 的延长明显增加,当 EBRT 为 6min 时,实验测得干空气和湿空气中 NO 的去除效率分别达到 12% 和 24%,可以看出生物滤床内 NO 的非生物去除是由气相和液相中的化学反应共同作用的结果。

　　图 5-7 给出了 NO 进气浓度为 87ppm 时,生物滤塔对 NO 的去除效果。可以看出,NO 的去除率随 EBRT 的增加而增大,最大去除率约为 64%。根据式(5-2)计算得到的气相中由化学作用而去除的 NO 量,得出生物去除作用占 42%～

48%。因此,生物滤塔处理低浓度 NO 废气时,当 EBRT 较短时生物降解起主要作用。此外,还发现当 EBRT>2min 后,继续延长 EBRT 对于提高生物去除效果没有作用。

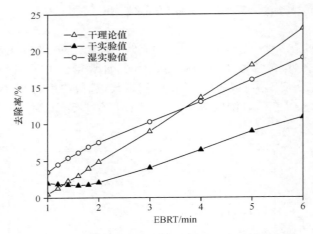

图 5-6　干湿状态下 NO 去除率随 EBRT 的变化

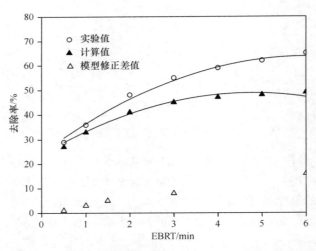

图 5-7　不同 EBRT 下 NO 去除率的实验值和计算值比较

5.2　RDB 净化 NO 废气

建立了 RDB 处理系统(详见第 4 章),转鼓转速控制在 0.5r/min,温度控制在 30℃。接种物为驯化后的活性污泥,该污泥具有较好的反硝化效果。重点对工艺条件进行了优化,并分析了 RDB 净化 NO 过程中氮元素的转化途径[15]。

5.2.1　工艺条件优化

在 EBRT 为 86.4s 时,考察了进气负荷对去除效果的影响,如图 5-8 所示。由图可见,当进气负荷较低时,RDB 内去除负荷随进气负荷增加呈线性增加,去除率几乎都在 80% 以上;当进气负荷>20g/(m³·h)时,去除负荷逐渐偏离直线趋于某一定值,可以认为此时是 RDB 的去除性能达到最佳;当进气负荷为 50g/(m³·h)时,RDB 去除负荷达到最大,其值为 27.5g/(m³·h),去除率下降至约 57%,之后随着进气负荷的增加,去除负荷趋于稳定。

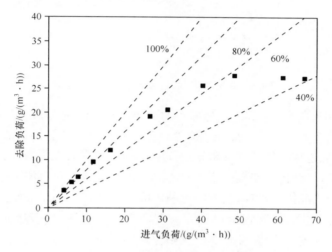

图 5-8　进气负荷对去除效果的影响

反硝化可利用的碳源分三类:一是易于生物降解的溶解性有机物,如甲醇、乙醇、葡萄糖等;二是可慢速生物降解的有机物,如淀粉、蛋白质等;三是细胞物质,细菌可利用细胞成分进行内源反硝化[16]。显然,用第一类有机物作碳源反硝化速率最高,因此在 NO 进气浓度为 420mg/m³、EBRT 为 86.4s 的条件下,考察了葡萄糖、甲醇和醋酸钠对 NO 反硝化去除效率的影响。由图 5-9 可知,在以葡萄糖为碳源时,效果最佳,醋酸钠居其次,甲醇最差。同一种碳源时,加入的有机碳量(TOC)对结果的影响很大,以葡萄糖为例,在 TOC 从 500mg/L 上升到 2400mg/L 的过程中,NO 的去除率从 68% 增加到 82.5%,但是 TOC>750mg/L 后,增长幅度趋于平缓。可以看出,加入过量碳源,虽然增加了 NO 的去除率,但同时也增加了碳源消耗和费用,故应在保证去除效果的前提下,尽可能少加外加碳源量。

NO 少量溶于液相过程中会消耗液相中的碱度而使 pH 下降,但是在反硝化阶段会产生一定量的碱度使 pH 上升。在 NO 进气浓度为 420mg/m³、EBRT 为 86.4s 的实验条件下,考察了 pH 对 NO 去除效果的影响(图 5-10)。结果表明,NO

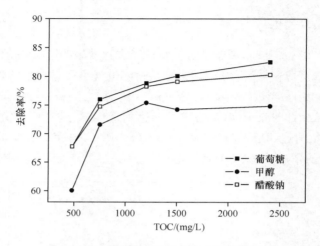

图 5-9　不同碳源、碳量与 NO 去除率的关系

去除率随着 pH 的增加呈先增大后减小的趋势,最佳 pH=8,对去除率达到 75%,去除负荷为 16g/(m³·h)。传统的废水反硝化认为在 pH 为 7.5 时,反硝化将处于最佳状态,但是在 NO 废气反硝化过程中,NO 的气液传质是整个反硝化过程的主要控制步骤,气液传质快慢决定了整个过程是否顺利进行,而略碱性的环境有利于促进 NO 的气液传质过程,使 NO 更利于溶于液相,促进了反硝化过程。但是随着 pH 的升高,过高的 pH 将会抑制反硝化微生物的酶活、代谢功能等,此时微生物降解步骤成为控制步骤,导致 NO 反硝化效果下降。

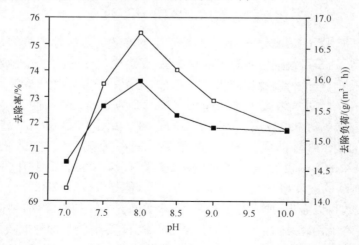

图 5-10　pH 对 NO 去除效果的影响

虽然氧的存在能使 NO 快速转变成 NO_2,从而加快气液传质,但过量的氧对

RDB 内的反硝化细菌有抑制作用,因此考察进气中 O_2 的含量($0\sim20\%$)对 NO(浓度 $420\mathrm{mg/m^3}$)去除率的影响。当 O_2 含量从 0 上升到 20% 时,总去除率从 73.3% 上升到 86.6%,总去除负荷从 $11.8\mathrm{g/(m^3 \cdot h)}$ 上升到 $13.4\mathrm{g/(m^3 \cdot h)}$,提高了 NO 的去除效果。实验过程中发现,当 O_2 含量在 20% 时,41.6% 的 NO 转化为 NO_2。因此,当进气中含有 O_2 时,NO 的去除主要包括化学氧化和生物降解。实验还发现 $O_2>6\%$ 时,反硝化作用受到抑制,通过生物作用去除的 NO 减少。一般认为,多数反硝化菌在好氧条件下不能合成完整的反硝化酶系统,以 NO 为电子受体反硝化还原为 N_2 的链式反应受阻[17,18]。

5.2.2　N 素转化途径分析

通过对 RDB 内 N 进入量和 N 流出量(包括积累量)的统计来分析 N 素转化。实验开始前清空原转鼓内营养液和转鼓底部的污泥量,补充新鲜营养液 2L,并在转速为 $0.5\mathrm{r/min}$、pH 为 $7\sim7.5$、停留时间为 $86.4\mathrm{s}$、温度为 $30\mathrm{℃}$、背景气为 Ar 的条件下,检测 20d 内 RDB 中不同形态的 N 素,建立 N 平衡。

设进入 RDB 的总 N 量为 $M_{\mathrm{TN,i}}$,有

$$M_{\mathrm{TN,i}} = \sum_{d=0}^{20} G_{\mathrm{i},d}(\alpha C_{\mathrm{NO}_x,\mathrm{i},d})t + L_{\mathrm{i}}C_{\mathrm{TN,i}} \tag{5-8}$$

式中,$G_{\mathrm{i},d}$ 为 NO_x 废气的进气流量($0.1\mathrm{m^3/h}$);$C_{\mathrm{NO}_x,\mathrm{i},d}$ 为 NO_x 的进气浓度,$\mathrm{mg/m^3}$;L_{i} 为最初加入营养液量(2L);$C_{\mathrm{TN,i}}$ 为进水营养液中的总氮浓度,$\mathrm{mg/L}$;α 为 NO 和 NO_2 中 N 的质量分数,分别为 0.4667 和 0.3043;t 为每天连续运行时间(12h)。

同样的,设 20d 内流出 RDB 的总 N 量为 $M_{\mathrm{TN,e}}$,有

$$M_{\mathrm{TN,e}} = \sum_{d=1}^{20} G_{\mathrm{e},d}(\beta C_{\mathrm{NO}_x,\mathrm{i},d} + C_{\mathrm{N_2,e},d})t + L_{\mathrm{e}}C_{\mathrm{TN,e}} + M_{\mathrm{vss}} + M'_{\mathrm{vss}} + \sum_{d=1}^{20} L_{\mathrm{s}}C_{\mathrm{TN,s},d} \tag{5-9}$$

式中,$G_{\mathrm{e},d}$ 为 NO_x 废气的出气流量,$0.1\mathrm{m^3/h}$;$C_{\mathrm{NO}_x,e,d}$ 为 NO_x 的出气浓度,$\mathrm{mg/m^3}$;$C_{\mathrm{N_2,e},d}$ 为 N_2 的出气浓度,$\mathrm{mg/m^3}$;L_{e} 为 20d 后出水营养液量,为 $1.956\mathrm{L}$;$C_{\mathrm{TN,e}}$ 为 20d 后出水营养液中的总氮浓度,$\mathrm{mg/L}$;M_{vss} 为 20d 后 RDB 系统中底部清洗下来的生物 N 量,mg;M'_{vss} 为 RDB 填料上的生物 N 积累量,mg;L_{s} 为每天检测分析所取营养液量,$0.1\mathrm{mL}$;$C_{\mathrm{TN,s},d}$ 为每天检测分析所取营养液总氮浓度,$\mathrm{mg/L}$;β 为 NO、NO_2 和 N_2O 中 N 的质量分数,分别为 0.4667、0.3043 和 0.6364。

由于取样分析和通气导致营养液的损失量很小,可忽略不计。

图 5-11 为 20d 内气相中各形态 N 的质量流量变化。可以看出,随着 RDB 逐渐恢复稳定,NO 去除率逐步升高,N_2 的 N 流量从一开始的 $7.25\mathrm{mg/h}$ 逐步上升

到 15.28mg/h，而 N_2O 的 N 流量则从最开始的 0.16mg/h 逐渐下降并维持在
0.04～0.02mg/h。

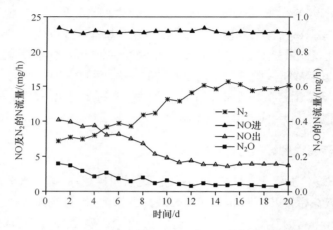

图 5-11　RDB 内气相中各形态 N 的质量流量变化

图 5-12 为 20d 内液相中各形态 N 积累状况。可以看出在 RDB 运行前 3d，营养液中的 NH_4^+-N 和 NO_3^--N 都有明显上升。这是因为 RDB 重新启动后，微生物需要一定时间适应，且填料上少量微生物膜的脱落死亡会分解释放出氨。9d 后，液相中的 N 元素分布趋于稳定。

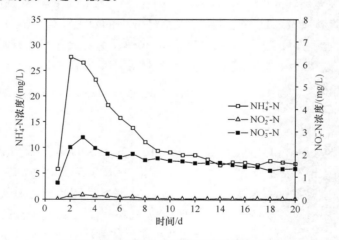

图 5-12　RDB 液相中各形态 N 素浓度变化

对 RDB 内各形态 N 的质量流量进行计算和汇总，结果见表 5-1。由表可知，最终得到 N 元素进入量和流出量的比值为 0.938，表明 RDB 中 N 元素基本维持平衡。

表 5-1　RDB 系统 20d 实验过程中的 N 总量汇总

$M_{TN,i}$/mg			$M_{TN,e}$/mg								$M_{TN,i}/M_{TN,e}$
气相总 N	液相总 N	合计	气相总 N				液相总 N	生物相总 N	流失总 N	合计	0.938
NO　NO$_2$	0	5737	NO	NO$_2$	N$_2$	N$_2$O	32	939	49	5382	
5499　238			1431	0	2915	15					

5.3　络合吸收协同 RDB 净化 NO 废气

　　利用金属络合吸收剂络合吸收 NO,可以克服其传质限制,使其快速进入液相,提高生物净化效率。目前运用较多的金属络合剂主要是氨基酸类(如 EDTA、NTA 等亚铁络合物)和巯基类(如半胱氨酸等的亚铁络合物)。作者重点研究了添加 EDTA 金属螯合物对提高 RDB 净化 NO 效果的影响及其作用机制,并解析了 RDB 内微生物的群落结构[19]。

5.3.1　络合吸收剂选择

　　以葡萄糖作为碳源,温度恒为 30℃,转速为 0.5r/min,营养液为 2L(更换率 0.5L/d),pH 控制在 7.0~7.5,进气流量为 0.1m³/h,EBRT 为 86.4s,在此条件下考察了 Cu^{II}(EDTA)、Zn^{II}(EDTA)、Mg^{II}(EDTA)和 Fe^{II}(EDTA)四种金属络合吸收剂对 400mg/m³NO 去除率、去除负荷的影响,结果如图 5-13 所示。

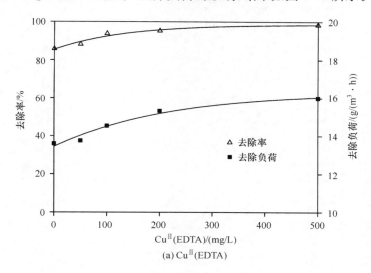

(a) Cu^{II}(EDTA)

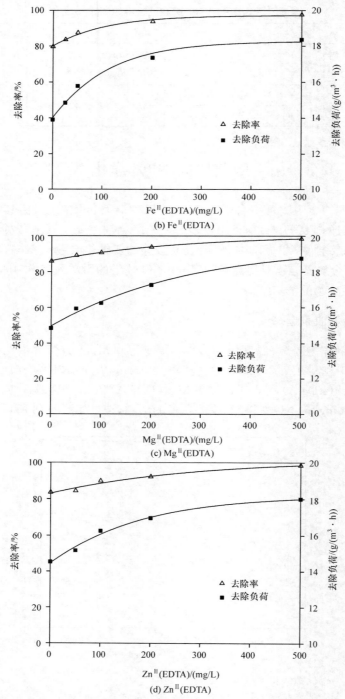

图 5-13　不同金属 EDTA 络合剂对 NO 去除率和去除负荷的影响

可以看出，Cu^{II}(EDTA)浓度从 0 增加到 500mg/L 时，NO 去除率从 85.8% 上升到 98.1%，去除负荷从 13.6g/(m^3・h)上升到 16g/(m^3・h)，增加了 17.6%；添加 Zn^{II}(EDTA)条件下，NO 去除率从 83.3% 上升到 98.9%，去除负荷从 14.6g/(m^3・h)上升到 17.9g/(m^3・h)，增加了 22.6%；添加 Mg^{II}(EDTA)条件下，NO 去除率从 85.4% 上升到 98.5%，去除负荷从 15.0g/(m^3・h)上升到 18.9g/(m^3・h)，增加了 26.0%；添加 Fe^{II}(EDTA)条件下，NO 去除率从 79% 上升到 98%，去除负荷从 14g/(m^3・h)上升到 18.5g/(m^3・h)，增加了 32.1%。比较 NO 的去除负荷可以发现，添加 Fe^{II}(EDTA)时增幅最大，可见 Fe^{II}(EDTA)与 NO 的结合速率最快，提高 NO 传质速率的效果最明显。

结合文献中对 Fe^{II}EDTA 络合吸收作用机理的报道[20,21]，认为 X^{II}-EDTA(其中 X 为 Cu、Zn、Mg 和 Fe)存在时 RDB 内 NO 的去除过程如下。

（1）气相 NO 传递到液相：

$$NO(g) \longrightarrow NO(aq) \tag{5-10}$$

（2）液相络合吸收 NO：

$$X^{II}(EDTA)(aq) + NO(aq) \longrightarrow X^{II}(EDTA)NO(aq) \tag{5-11}$$

（3）吸收液在生物作用下得以再生，并将键合的 NO 转化成 N$_2$：

$$X^{II}(EDTA)NO(aq) + 电子供体 \xrightarrow{\text{Microorganism}} N_2 + X^{II}(EDTA)(aq) \tag{5-12}$$

式中，X^{II}(EDTA)吸收 NO 是一个快速反应。微生物以葡萄糖为电子供体，将生成的 X^{II}(EDTA)NO 最终还原为 N$_2$。在该过程中，X^{II}(EDTA)只起到了络合吸收的作用，其本身并没有损失；伴随着络合剂再生，X^{II}(EDTA)可以循环使用，成功地"扮演"了催化剂的角色。

5.3.2　Fe^{II}(EDTA)对 RDB 内微生物群落结构的影响

基于 5.3.1 节的实验结果，选用 Fe^{II}(EDTA)开展进一步研究，重点解析了添加络合吸收剂对 RDB 内微生物的群落结构的影响。

RDB 稳定运行后，NO 去除率约为 85%，此时从生物转鼓填料的横截面外延、中部、内延和转鼓底部淤泥中分别取样品，编号为 CK85-1、CK85-2、CK85-3 和 CK85-4；添加适量 Fe^{II}(EDTA)络合剂后，在 NO 去除率为 92% 时分别从上述位点取样，编号为 S92-1、S92-2、S92-3 和 S92-4，当 NO 去除率继续上升并稳定在 99% 时，再取 RDB 内生物膜和污泥样品各 1 个，编号为 S99-1 和 S99-2。

各样品的 DGGE 凝胶电泳图像见图 5-14。一些条带(如条带 G-1 和 G-8)随着 Fe^{II}(EDTA)络合剂的加入而逐渐增加亮度，另一些条带(如条带 G-2~G-6)则在加入 Fe^{II}(EDTA)络合剂后亮度下降甚至消失，推测是因为加入的 Fe^{II}(EDTA)络合剂改变了这些菌种原有生长的理化环境，从而导致种群结构和数量发生变化。

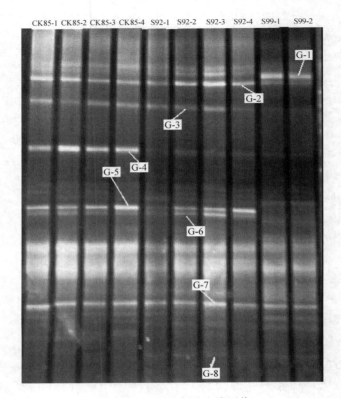

图 5-14　DGGE 凝胶电泳图像

McIntosh 指数、Simpson 指数和 Shannon-Weaver 指数都是较为常用的生物多样性指数[22]。三个指数从不同的侧面反映群落的生物多样性,其中 McIntosh 指数是群落物种均一性的反映,Simpson 指数主要反映了群落中最常见的物种,而 Shannon-Weaver 指数受群落物种丰富度的影响较大[23]。

根据 DGGE 图谱,利用相关软件计算得到不同样品的生物多样性指数。如表 5-2 所示,McIntosh 指数、Simpson 指数和 Shannon-Weaver 指数都反映 S92 生物多样性最高(分别为 0.684、0.896 和 2.532),其次是 CK85,生物多样性指数最低的是 S99(分别为 0.644、0.868 和 2.388),反映出生物转鼓内微生物群落多样性先增加后又减少的一个变化过程,但变化幅度不大。

表 5-2　环境样品生物多样性指数

环境样品	McIntosh 指数	Simpson 指数	Shannon-Weaver 指数
CK85	0.671	0.888	2.430
S92	0.684	0.896	2.532
S99	0.644	0.868	2.388

对 DGGE 图谱中的优势条带(G-1~G-8)进行割胶回收并测序,测序结果与 GenBank 数据库中序列进行比对,如表 5-3 所示。

表 5-3　割胶条带序列与 GenBank 数据库中序列比对结果

割胶条带	GenBank 数据库中最相似菌种名称(登录号)	相似度/%
G-1	*Clostridium butyrium*, strain DSM523(X77834)	95
G-2	Uncultured CFB group bacterium(AJ582209)	98
G-3	Uncultured *Bacteroides bacterium*(DQ432404)	93
G-4	*Alkaliflexus imshenetskii*, type strain Z-7010(AJ784993)	98
G-5	Uncultured *Piscirickettsia* group bacterium(AY090118)	98
G-6	*Thauera aromatica*, strain LG356(AJ315680)	98
G-7	*Clostridium* sp. (AJ291836)	94
G-8	β-*proteobacterium* OcN1(AF331976)	99

条带 G-1 和 G-7 属于 *Clostridium* sp. ,研究表明 *Clostridium* sp. 的一些菌种具有固氮功能,如 *Clostridium butyrium* 等[24]。RDB 内 NO 通过反硝化作用转化为 N_2,可能为它们的生长提供了条件。条带 G-2 属于 *Cytopahga-Flexibacteria-Bacteroides*(CFB)group bacteroides,这一类菌在环境中分布较广[25]。G-4 与 *Alkaliflexus imshenetskii*(属于 CFB)的典型菌种 Z-7010 序列具有 98% 相似性。菌种 Z-7010[26]是一种厌氧异养菌,能以纤维二糖等为碳源,其生长的 pH 范围偏碱性(7.2~10.2)。从 DGGE 图谱可知,随着 Fe^{II}(EDTA)络合剂的加入,G-4 条带亮度不断下降并消失,推测主要原因是 RDB 内 pH 发生了变化(pH 由 7.5 下降到 6.7)。与 G-5 序列相似度达 98% 的 Uncultured *Piscirickettsia* group bacterium(AY090118)[27]属于 γ-*proteobacterium* 中 *Piscirickettsia* 科 *Methyiophaga* sp. 。*Piscirickettsia* 科虽有反硝化作用,但属好氧菌。可能培养液中微量溶解氧供好氧菌生长所需,但却无法解释 G-5 的高丰度(样品 CK85 和 S92DGGE 图谱)。这种异常现象也在其他文献中报道[28]。G-6 和 G-8 的相似菌种与反硝化作用相关,如与 G-8 具有 99% 序列相似性的 β-*proteobacterium* OcN1 是一种反硝化菌(GenBank 数据库信息)。Mechichi 等[29]的研究表明 *Thauera aromatica*(属于 β-*proteobacterium* 亚纲)具有反硝化作用,一般生长条件 pH 为 7~8,室温(28~40℃),其与 G-6 序列相似性达到 98%。

通过上述微生物群落结构分析表明,RDB 内 NO 的去除主要是通过微生物的反硝化作用实现的,这与 5.3.1 节中推测的 NO 转化机制相符。

5.4　高温 BioDeNO$_x$ 体系中生物还原过程研究

在以 Fe^{II}(EDTA)为络合吸收剂的络合吸收-生物还原体系中(BioDeNO$_x$)净

化烟气中的 NO_x 时,由于烟气中存在部分氧气,主要反应过程如下。

(1) 气液传质过程:

$$NO(g) = NO(aq) \tag{5-13}$$

$$O_2(g) = O_2(aq) \tag{5-14}$$

(2) 液相络合吸收 NO,强化传质过程;副反应导致络合吸收剂氧化:

$$Fe^{II}(EDTA)(aq) + NO(aq) = Fe^{II}(EDTA)\text{-}NO(aq) \tag{5-15}$$

$$Fe^{II}(EDTA)(aq) + O_2(aq) = Fe^{III}(EDTA)(aq) \tag{5-16}$$

(3) 微生物作用下络合吸收剂再生及 NO 的还原:

$$12\,Fe^{II}(EDTA)\text{-}NO + C_6H_{12}O_6 \longrightarrow 12\,Fe^{II}(EDTA) + 6CO_2 + N_2 + 6H_2O \tag{5-17}$$

$$Fe^{III}(EDTA) + C_6H_{12}O_6 + 24\,OH^- \longrightarrow Fe^{II}(EDTA) + 6CO_2 + 18H_2O \tag{5-18}$$

由于温度对微生物的生长和活性影响较大,所以 $BioDeNO_x$ 体系能否有效处理高温含 NO 烟气,主要取决于过程(3): $Fe^{II}(EDTA)\text{-}NO$ 的再生速率和 $Fe^{III}(EDTA)$ 的还原速率。在 55℃条件下,考察了碳源、pH 等工艺参数对 $Fe^{II}(EDTA)\text{-}NO$ 和 $Fe^{III}(EDTA)$ 生物还原过程的影响[30]。

5.4.1　$Fe^{II}(EDTA)\text{-}NO$ 的生物还原

将驯化好的活性污泥用 0.1mmol/L 的磷酸盐缓冲液配成泥液,加入到若干个 250mL 玻璃瓶中,同时加入 100mL 基础培养液和 5mmol/L 的 $Fe^{II}(EDTA)\text{-}NO$,使初始活性污泥浓度为 0.75g/L,用 0.1mol/L 的 HCl 或 NaOH 调节 pH 为 7.0 左右,并用高纯氮驱氧后密封。分别加入不同碳源(葡萄糖、乙醇、甲醇、醋酸钠和甲酸)后放入温度为 55℃、转速为 160r/min 的恒温培养床中振荡培养。碳源影响的结果如图 5-15 所示。

以这五种碳源作为电子供体时,$Fe^{II}(EDTA)\text{-}NO$ 的还原率从大到小依次为葡萄糖>乙醇>醋酸钠>甲醇>甲酸,由此得知,在 55℃条件下,葡萄糖更适合作为 $Fe^{II}(EDTA)\text{-}NO$ 生物还原体系的碳源和电子供体。C/N 比会影响反硝化过程中 N_2O 的产生量。有研究表明,在 $BioDeNO_x$ 体系中 $Fe^{II}(EDTA)\text{-}NO$ 的还原过程中也会产生 N_2O 这一中间产物[31],因此通过改变葡萄糖的添加量,对 C/N 比与 N_2O 生成量之间的关系进行了研究。如图 5-16 所示,葡萄糖添加量为 500mg/L 时,N_2O 的生成量最大;当碳源添加至 1000mg/L 后,继续添加碳源对 N_2O 的产生量没有太大的影响。产生这一现象的原因可能是微生物的选择作用,较低的 C/N 比更加有利于反硝化过程中以 N_2O 为最终产物的菌群的生长[32];也可能是由于生物体内氧化亚氮还原酶的活性受到抑制作用,从而导致生成较多的 N_2O[33]。

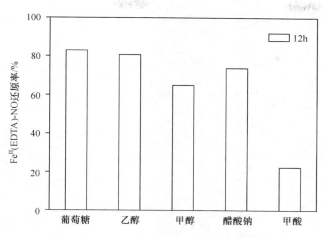

图 5-15 碳源对 Fe^{II}(EDTA)-NO 还原的影响

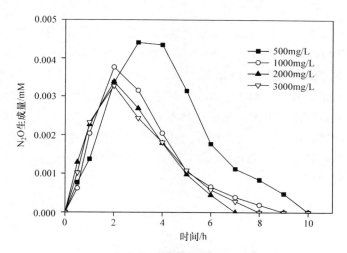

图 5-16 碳源添加量对 N_2O 生成的影响

考察了 pH 对 Fe^{II}(EDTA)-NO 生物还原的影响,如图 5-17 所示。当 pH 为 7.0 时,Fe^{II}(EDTA)-NO 的还原率达到最大值,酸性或碱性条件下都不利于其还原。研究表明[34],Fe^{II}(EDTA)-NO 还原菌的最适 pH 为 6.5~7.5,因此中性条件下还原率较高。此外,微生物在还原 Fe^{II}(EDTA)-NO 的过程中,反应液 pH 并没有明显的下降。

研究表明,20~40℃时,Fe^{II}(EDTA)能作为电子供体被微生物用于 Fe^{II}(EDTA)-NO 还原[35]:

$$2Fe^{II}(EDTA)+2Fe^{II}(EDTA)\text{-}NO+H^+ \xrightarrow{\text{Microorganism}} 4Fe^{III}(EDTA)+N_2+2H_2O$$

$$(5\text{-}19)$$

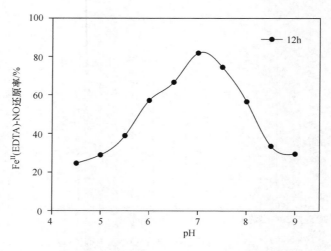

图 5-17　pH 对 $Fe^{II}(EDTA)$-NO 还原的影响

　　为了探究 55℃时 $Fe^{II}(EDTA)$ 是否能继续作为电子供体被生物所利用,考察了添加 $Fe^{II}(EDTA)$ 对 $Fe^{II}(EDTA)$-NO 生物还原的影响。从图 5-18 可以看出,当营养液中不添加葡萄糖,只添加 $Fe^{II}(EDTA)$ 时,$Fe^{II}(EDTA)$-NO 也能被还原,且随着 $Fe^{II}(EDTA)$ 添加量的增加,$Fe^{II}(EDTA)$-NO 还原率逐渐增大,这说明在 55℃时,$Fe^{II}(EDTA)$ 也能作为电子供体被微生物用于 $Fe^{II}(EDTA)$-NO 的还原。同时发现,当添加 5mmol/L 葡萄糖作为体系的电子供体时,$Fe^{II}(EDTA)$-NO 的还原率比添加等量 $Fe^{II}(EDTA)$ 时要高。这说明,葡萄糖作为电子供体时,$Fe^{II}(EDTA)$-NO 还原效果更好。

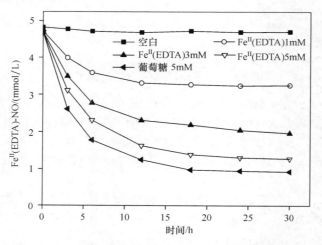

图 5-18　$Fe^{II}(EDTA)$对 $Fe^{II}(EDTA)$-NO 还原的影响

比较了添加葡萄糖和 $Fe^{II}(EDTA)$ 时 N_2O 的生成情况,如图 5-19 所示。反应体系中仅添加 $Fe^{II}(EDTA)$ 作为单一电子供体时,N_2O 产生量最多,这可能是由于 C/N 低造成的,这与之前的研究结果相似。

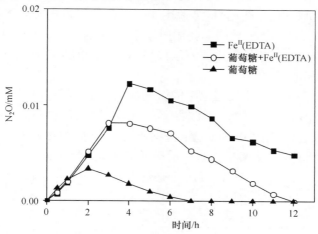

图 5-19　$Fe^{II}(EDTA)$ 对 N_2O 生成的影响

5.4.2　$Fe^{III}(EDTA)$ 的生物还原

同样,考察了以葡萄糖、乙醇、甲醇、醋酸钠和甲酸作为碳源时 $Fe^{III}(EDTA)$ 的生物还原效率,其他条件不变,只是用 10mmol/L 的 $Fe^{III}(EDTA)$ 代替 5mmol/L 的 $Fe^{II}(EDTA)$-NO,结果如图 5-20 所示。

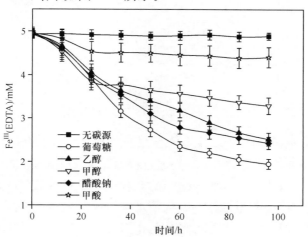

图 5-20　碳源对 $Fe^{III}(EDTA)$ 还原的影响

　　当以葡萄糖作为碳源时，Fe^{III}（EDTA）的还原率最高，96h 后还原率达到 60.45%；甲酸作为碳源时其还原率仅为 10.91%。一般来说，易于降解的有机物更加适合作为碳源。之前有研究表明，在反硝化过程中，乙醇、甲醇等小分子有机物比大分子有机物（如葡萄糖）更加适用于作为碳源提供电子和能量[36]。而实验表明，55℃时在 Fe^{III}（EDTA）的生物还原体系中，葡萄糖相对于乙醇、甲醇等更适合作为碳源，说明对三价铁起主要还原作用的微生物能更好地利用葡萄糖。该结果与一些研究相似[37]。

　　pH 对 Fe^{III}（EDTA）生物还原率的影响如图 5-21 所示。Fe^{III}（EDTA）生物还原体系的最佳 pH 为 7.5，96h 后测得 Fe^{III}（EDTA）的还原率为 64%。同时还发现，随着反应的进行，体系中 pH 呈下降的趋势，96h 后测得 pH 为 5.04。这主要是由于在还原 Fe^{III}（EDTA）的过程中消耗了 OH^-，其反应为

$$24Fe^{III}EDTA + C_6H_{12}O_6 + 24OH^- \xrightarrow{\text{Microorganism}} 24Fe^{II}EDTA + 18H_2O + 6CO_2$$

$$(5\text{-}20)$$

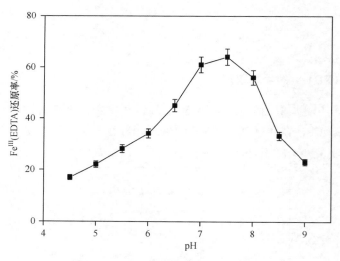

图 5-21　pH 对 Fe^{III}（EDTA）还原的影响

　　前期研究表明，$BioDeNO_x$ 体系中存在少量的 NO_3^- 和 NO_2^-。考察了不同浓度的 NO_3^- 和 NO_2^- 对 Fe^{III}（EDTA）还原过程的影响，结果分别如图 5-22(a)和(b)所示。由图可知，营养液中添加 NO_3^- 和 NO_2^- 会对 Fe^{III}（EDTA）的生物还原过程产生抑制，抑制作用随着添加量的增大而增大。同时发现，在添加量相同的情况下，NO_2^- 对 Fe^{III}（EDTA）生物还原的抑制作用要大于 NO_3^-。当 NO_2^- 的添加量大于 8mmol/L 时，Fe^{III}（EDTA）的还原率仅为 6.2%。NO_3^- 和 NO_2^- 之所以会对 Fe^{III}（EDTA）的生物还原产生抑制作用，可能和电子传输过程有关。有关研究表

明[38]:在厌氧条件下,NO_3^- 和 NO_2^- 比 Fe^{III} 更有竞争电子的优势。此外,NO_2^- 对 Fe^{III}EDTA 还原的抑制还可能是因为其自身对微生物产生了毒性。

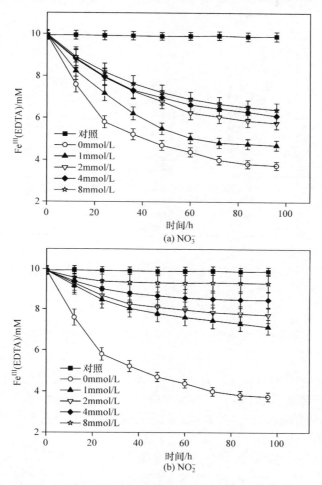

图 5-22   硝酸盐对 Fe^{III}(EDTA)还原的影响

烟气的主要成分除了氮氧化物,还常含有二氧化硫(SO_2),SO_2 融入水后会形成硫酸盐(SO_4^{2-})或亚硫酸盐(SO_3^{2-})。硫酸盐由于毒性低,并且不会和 Fe^{III} 竞争电子[39],所以不考察 SO_4^{2-} 对 Fe^{III}(EDTA)生物还原的影响,而是考察 SO_3^{2-} 对 Fe^{III}(EDTA)生物还原的影响。如图 5-23 所示,55℃条件下,SO_3^{2-} 对生物还原 Fe^{III}(EDTA)具有明显的抑制作用,并且抑制作用随着 SO_3^{2-} 添加量的增加而增强。原因可能是 SO_3^{2-} 抑制了微生物的生长繁殖,进而影响到 Fe^{III}(EDTA)的还原。van der Maas 等[40]的研究表明亚硫酸钙($CaSO_3$)对 Fe^{III}(EDTA)的微生物还原具有强烈的抑制作用,这是由于 $CaSO_3$ 对微生物的生长产生了直接的毒性。另

外一个原因可能是 SO_3^{2-}/S^{2-}（＋0.342V）的氧化还原电位和 Fe^{III}/Fe^{II}（＋0.34V）比较接近，电子同时向 SO_3^{2-} 和 Fe^{III}（EDTA）传递，从而产生抑制作用。

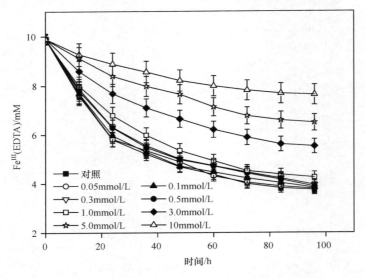

图 5-23　SO_3^{2-} 对 Fe^{III}（EDTA）还原的影响

5.5　生物过滤床处理三甲胺废气

三甲胺（trimethylamine，TMA）是具有氨和鱼腥味的恶臭气体，多产生于鱼粉加工厂、污水处理站、固废填埋场和猪粪场[41,42]。利用棕纤维复合填料（由棕纤维、碎木片和泥炭组成）和三甲胺降解菌剂开展生物过滤净化含三甲胺废气实验研究，并在某鱼粉厂进行了工程实践[9]。

鱼粉加工厂废气属高温废气，废气温度为 90～100℃，主要污染因子为三甲胺、氨和恶臭。工艺采用"水冷却降温＋生物过滤"系统，工艺流程如图 5-24 所示，由废气收集、降温、风机及生物过滤床等单元组成。

5.5.1　工艺参数对三甲胺去除效果的影响

实验考察了不同 EBRT 下，进气浓度对三甲胺去除率的影响。由图 5-25 可见，随着进气浓度的增加，三甲胺净化效率呈下降趋势。当进气浓度小于 1000mg/m³ 时，去除率始终处于 90％以上；当进气浓度大于 1200mg/m³ 时，去除率下降很明显，尤其当 EBRT 为 22.5s 时，三甲胺去除率随着浓度的增加变化剧烈，进气浓度上升到 1500mg/m³ 时，去除率仅为 64.67％。

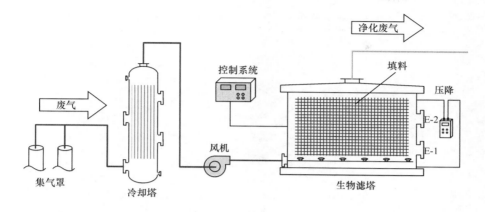

图 5-24　生物过滤处理三甲胺废气系统流程图

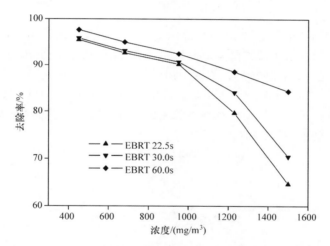

图 5-25　不同 EBRT 条件下进气浓度对三甲胺去除率的影响

　　EBRT 的增加可以缓减进气浓度对去除率的影响,当进气浓度较高时,可以通过增加 EBRT 来提高对三甲胺的去除率,但去除负荷必将受到影响。由图 5-26 可见,当 EBRT 为 60s、进气浓度为 1600mg/m³ 时,去除率仍可达到 84.38%,而此时去除负荷仅为 81.0g/(m³·h);而当 EBRT 为 22.5s、进气浓度为 1500mg/m³ 时,去除率仅为 64.67%,去除负荷则达到 155.2g/(m³·h)。

5.5.2　氨气及臭气的去除

　　NH_3 是三甲胺生物降解过程中的主要中间产物,它最终以有机氮、$NO_3^- -N$ 和 $NO_2^- -N$ 形式存在[43]。NH_3 的产生及去除情况可见图 5-27。由图可见,在出口 1

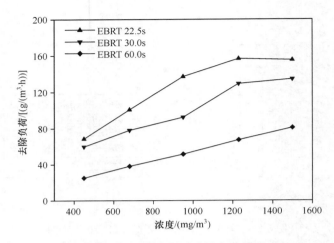

图 5-26　EBRT 对三甲胺去除负荷的影响

处检测到有较高浓度的 NH_3（118～204mg/m³，平均为 162mg/m³）产生，说明大量三甲胺主要在填料层下段被降解。随即产生的 NH_3 在通过填料层时也被附着在填料上的、对氨气具有降解能力的微生物净化。在出口 2 和出口 3 处的 NH_3 浓度分别为 10.1～14.9mg/m³ 和 3.2～6.0mg/m³，NH_3 的平均总去除率达到 97.12%，说明这个生物过滤系统在去除三甲胺的同时，对其降解的中间产物 NH_3 也能够进行有效地去除。

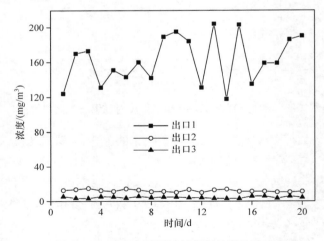

图 5-27　NH_3 在不同填料高度的排放浓度

同时对进出气中臭气浓度进行监测。由图 5-28 可见，系统对臭气去除效果良好。进气臭气浓度为 8701～13633，平均为 11275；出气臭气浓度为 57～298 时，平均为 173，系统对臭气浓度的去除率为 97.10%～99.56%，平均为 98.43%。

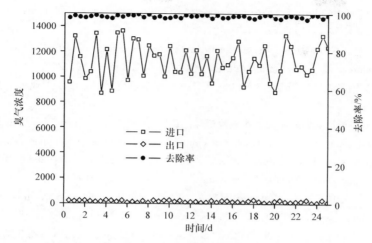

图 5-28　稳定运行阶段系统对臭气浓度的去除率

参 考 文 献

[1] 郝吉明,马广大. 大气污染控制工程. 2 版. 北京:高等教育出版社,2002.

[2] 易红宏,宁平,陈亚雄. 氮氧化物废气的治理技术. 环境科学动态,1998,4:17-20.

[3] Chien T W,Chu H. Removal of SO₂ and NOₓ from flue gas by wet scrubbing using an aqueous NaClO₂ solution. Journal of Hazardous Materials,2000,80(1-3):43-57.

[4] 丁颖. 生物滤器处理恶臭气体及其微生物生态研究. 杭州:浙江大学博士学位论文,2007.

[5] 郑平. 新型生物脱氮理论与技术. 北京:科学出版社,2004.

[6] Gracian C,Malhaimer L,Fanlo J L,et al. Biofiltration of air loaded with ammonia by granulated sludge. Environmental Progress,2002,21(4):237-245.

[7] Ding Y,Shi J Y,Wu W X,et al. Trimethylamine(TMA)biofiltration and transformation in biofilters. Journal of Hazardous Materials,2007,143(1):341-348.

[8] Chen J M,Ma J F. Abiotic and biological mechanisms of nitric oxide removal from waste air in biotrickling filters. Journal of the Air & Waste Management Association,2006,56(1):32-36.

[9] 陶佳,朱润晔,王家德,等. 棕纤维复合生物填料床净化三甲胺和臭气的研究. 中国环境科学,2008,28(2):111-115.

[10] Sherman A J,Tuffias R H,Kaplan R B. Refractory ceramic foams:A novel,new high temperature structure. American Ceramic Society Bulletin,1991,70(6):1025-1029.

[11] Delhoménie M C,Bibeau L,Heitz M,A study of the impact of particle size and adsorption phenomena in a compost-based biological filter. Chemical Engineering Science,2002,57(24),4999-5010.

[12] Bihan Y,Lessard P. Monitoring biofilter clogging:Biochemical characteristics of the biomass. Water Research,2000,34(17):4284-4294.

[13] Awad H H,Stanbury D M. Autoxidation of NO in aqueous solution. International Journal of Chemical Kinetics,1993,25(5):375-381.

[14] Pires M J,Rossi M J,Ross D S. Kinetic and mechanistic aspects of the NO oxidation by O_2 in aqueous phase. International Journal of Chemical Kinetics,1994,26(12):1207-1227.

[15] 陈浚. 生物转鼓过滤器净化 NO 废气及其微生物学研究. 杭州:浙江工业大学博士学位论文,2009.

[16] 章非娟,杨殿海,傅威. 碳源对生物反硝化的影响. 工业给排水,1996,22(7):26-28.

[17] Korner H,Zumft W G. Expression of denitrification enzymes in response to the dissolved-oxygen level and respiratory substrate in continuous culture of pseudomonas stutzeri. Applied and Environmental Microbiology,1989,55(7):1670-1676.

[18] Frette L,Gejlsbjerg B,Westermann P. Aerobic denitrifiers isolated from an alternating activated sludge system. FEMS Microbiology Ecology,1997,24(4):363-370.

[19] 章巍. EDTA 络合协同 RDB 净化 NO 及其菌群结构变化的研究. 杭州:浙江工业大学硕士学位论文,2009.

[20] van der Maas P,Harmsen L,Weelink S,et al. Denitrification in aqueous Fe-EDTA solutions. Journal of Chemical Technology and Biotechnology,2004,79(8):835-841.

[21] Manconi I,van der Maas P,Lens P N L. Effect of Sulfur Compounds on Biological Reduction of Nitric Oxide in Aqueous Fe(II)EDTA^{2-}-Solutions. Nitric Oxide, 2006, 15(1): 40-49.

[22] 付必谦,张蜂,高瑞如. 生态学实验原理与方法. 北京:科学出版社,2006.

[23] 赵翔伟,骆永明,腾应. 重金属复合污染农田土壤的微生物群落遗传多样性研究. 环境科学学报,2005,25(2):186-191.

[24] Chen J S,Toth J,Kasap M. Nitrogen-fixation genes and nitrogenase activity in *Clostridium acetobutylicum* and *Clostridium beijerinckii*. Journal of Industrial Microbiology and Biotechnology,2001,27(5):281-286.

[25] O'Sullivan L A,Weightman A J,Fry J C. New degenerate *Cytophaga-Flexibacter- Bacteroides-Specific* 16S ribosomal DNA-targeted oligonucleotide probes reveal high bacterial diversity in river Taff epilithon. Applied and Environment Microbiology, 2002, 68(1): 201-210.

[26] Zhilina T N,Appel R,Probian C,et al. *Alkaliflexus imshenetskii* gen. nov. sp. nov. ,a new alkaliphilic gliding carbohydrate-fermenting bacterium with propionate formation from a soda lake. Archives of Microbiology,2004,182(2-3):244-253.

[27] Labbé N,Juteau P,Parent S,et al. Bacterial diversity in a marine methanol-fed denitrification reactor at the montreal biodome,Canada. Microbial Ecology,2003,46(1):12-21.

[28] Yoshie S,Noda N,Miyano T,et al. Microbial community analysis in the denitrification process of saline-wastewater by denaturing gradient gel electrophoresis of PCR-amplified 16S rDNA and the cultivation method. Journal of Bioscience and Bioengineering,2001, 92(4):346-353.

[29] Mechichi T, Stackebrandt E, Gad'On N, et al. Phylogenetic and metabolic diversity of bacte-ria degrading aromatic compounds under denitrifying conditions, and description of *Thauera phenylacetica* sp. nov. , *Thauera aminoaromatica* sp. nov. and *Azoarcus buckelii* sp. nov. Archives of Microbiology, 2002, 178(1): 26-35.

[30] 朱滨欢. BioDeNO$_x$ 体系中 Fe^{III}(EDTA)和 Fe^{II}(EDTA)-NO 的生物还原及微生物群落结构研究. 杭州: 浙江工业大学硕士学位论文, 2013.

[31] van der Maas P, van den Brink P, Klapwijk B, et al. Acceleration of the Fe(III)EDTA(-)re-duction rate in BioDeNO(x) reactors by dosing electron mediating compounds. Chemo-sphere, 2009, 75(2): 243-249.

[32] Itokawa H, Hanaki K, Matsuo T. Nitrous oxide production in high-loading biological nitro-gen removal process under low COD/N ratio condition. Water Research, 2001, 35(3): 657-664.

[33] Schulthess R V, Kühni M, Gujer W. Release of nitric and nitrous oxides from denitrifying activated sludge. Water Research, 1995, 29(1): 215-226.

[34] 荆国华, 李伟, 施耀, 等. Fe^{II}(EDTA)络合吸收 NO 体系中吸收液的生物再生. 高校化学工程学报, 2004, 3: 351-356.

[35] Zhang S H, Mi X H, Cai L L. Evaluation of complexed NO reduction mechanism in a chemi-cal absorption-biological reduction integrated NO$_x$ removal system. Applied Microbiology and Biotechnology, 2008, 79(4): 537-544.

[36] Wilderer P A, Jones W L, Dau U. Competition in denitrification systems affecting reduction rate and accumulation of nitrite. Water Research, 1987, 21(2): 239-245.

[37] Fredriekson J K, Kostandarithes H M, Li S W, et al. Reduction of Fe(III), Cr(VI), U(VI), and Tc(VII) by *Deinococcus radiodurans* R1. Applied and Environmental Microbiology, 2000, 66(5): 2006-2011.

[38] DiChristina T J. Effects of nitrate and nitrite on dissimilatory iron reduction by Shewanella putrefaciens 200. Journal of Bacteriology, 1992, 174(6): 1891-1896.

[39] Li W, Liu N, Cai L L, et al. Reduction of Fe(III)chelated with citrate in an NO$_x$ scrubber so-lution *by Enterococcus* sp. FR-3. Bioresource Technology, 2011, 102(3): 3049-3054.

[40] van der Maas P, van den Brink P, Klapwijk B, et al. Acceleration of the Fe(III)EDTA(-)re-duction rate in BioDeNO(x) reactors by dosing electron mediating compounds. Chemo-sphere, 2009, 75(2): 243-249.

[41] Kim S G, Bae H S, Lee S T. A novel denitrifying bacterial isolate that degrades trimethy-lamine both aerobically and anaerobically via two different pathways. Archives of Microbio-logy, 2001, 176(4): 271-277.

[42] Chang C T, Chen B Y, Shui I S, et al. Biofiltration of trimethylamine-containing waste gas by entrapped mixed microbial cells. Chemosphere, 2004, 55(5): 751-756.

[43] Gracian C, Malhautier L, Fanlo J L, et al. Biofiltration of air loaded with ammonia by granu-lated sludge. Environmental Progress, 2002, 21(4): 237-245.

第6章 含硫化合物废气的生物净化

染料、制药、皮革、石油化工等行业排放的废水在生化处理过程中,会产生大量含硫恶臭废气,其中 H_2S 浓度可达数十至数万 ppm,且往往还伴生硫醇、硫醚类有机硫化物或者 VOCs 组分[1]。含硫化合物挥发性大,具有强烈的刺激性恶臭气味,嗅阈值很低,从而使排放企业常年被异味笼罩,严重影响周围环境及居民健康。含硫恶臭气体的治理已成为大气污染防治研究的重点,《恶臭污染物排放标准》(GB14554—93)规定 H_2S、甲硫醚(DMS)、甲硫醇(MT)、二甲二硫、二硫化碳为限制排放物质。

生物脱硫工艺近年来发展很快。目前,生物填料塔已成为日本、欧美等发达国家脱臭的主流技术之一。我国生物法处理恶臭废气的研究工作起步于 20 世纪 90 年代,主要在恶臭废气生物处理工艺与机理方面开展了一些相关的研究开发工作。

微生物在硫素循环中起着主要作用。针对 H_2S 废气,研究较多的为光合硫氧化菌和化能无机营养硫氧化菌。光合硫氧化菌如紫硫细菌(Chromatium)和绿硫细菌(Chlorobium)在厌氧光照条件下,以 H_2S 为供氢体,CO_2 为碳源,将 H_2S 氧化为硫酸,并在细胞内或细胞外形成单质硫[2,3]。光合硫氧化菌的脱硫反应可表示为[4]

$$2H_2S + CO_2 \xrightarrow{hv} (CH_2O) + 2S^0 + H_2O \qquad (6\text{-}1)$$

$$H_2S + 2CO_2 + 2H_2O \xrightarrow{hv} 2(CH_2O) + H_2SO_4 \qquad (6\text{-}2)$$

式中,hv 表示"光照条件";(CH_2O) 表示糖类等有机物质。

化能无机营养硫氧化菌主要包括硫杆菌属、硫化叶菌属、小杆菌属、大单孢菌属、卵硫菌属和硫螺菌属六个属[3,5]。目前生物脱硫中应用最为广泛的为硫杆菌属细菌,尤其是排硫硫杆菌(Thiobacillus thioparus)和氧化硫硫杆菌(Thiobacillus thiooxidans),它们以 O_2 为电子受体,氧化 H_2S 将其转变为硫酸盐或元素硫,脱硫效率较高,脱硫反应可表示为[6]

$$2H_2S + O_2 \longrightarrow 2S^0 + 2H_2O \qquad (6\text{-}3)$$

$$H_2S + 2O_2 \longrightarrow SO_4^{2-} + 2H^+ \qquad (6\text{-}4)$$

硫醚、硫醇等有机硫化物的微生物降解过程比较复杂。目前已报道的降解菌种主要有生丝微菌属(Hyphomicrobium)、甲基杆菌属(Methylobacterium)、噬甲基菌属(Methylophaga)、硫杆菌属(Thiobacillus)、罗尔斯顿菌属(Ralstonia)、假单胞菌属(Pseudomonas)、产碱杆菌属(Alcaligenes)等[7-12]。一般认为,有机硫化物经在微生物作用下脱硫,其中的硫元素被转化为亚硫酸盐进而最终氧化为硫酸盐(图 6-1)[12-15]。

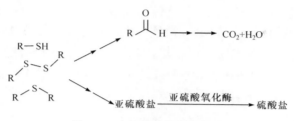

图 6-1　有机硫化物降解过程

目前,DMS 的微生物代谢途径已基本获得共识,主要有两条[16](图 6-2)。第一条途径以 DMS 的脱氢反应开始,产物为二甲基亚砜,之后的产物分别为二甲基砜、甲基磺酸、亚硫酸和硫酸。第二条从 DMS 的脱甲基反应开始,生成甲硫醇和甲醛,继而生成 H_2S、单质硫、亚硫酸盐和硫酸盐。

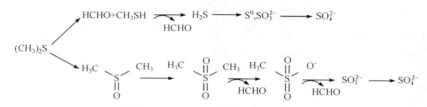

图 6-2　已报道的两条 DMS 微生物降解途径

综上,无论是 H_2S 还是硫醇、硫醚等有机硫化物,氧化为终产物硫酸盐的过程中均易产生大量酸,为维持适宜的 pH 条件,需要添加大量药剂,处理成本显著上升。而且,工业排放的恶臭废气成分复杂,有机硫化物或其他 VOCs 组分与 H_2S 共存时,降解时相互之间可能产生抑制作用,这导致实际应用中脱臭效率不高和运行稳定性差等问题。另外,迄今国内外对于硫醇、硫醚等含硫有机物的生物降解的研究报道也相对较少。因此,针对这些问题,作者研究组围绕含硫恶臭废气的生物净化开展了一系列研究[1-3],取得了较好的处理效果。

6.1　板式生物滴滤塔处理 H_2S 废气

6.1.1　实验装置

本节建立了多层生物滴滤塔(mutiply layer biotrickling filter,MLBTF)处理系统,同时以传统的生物滴滤塔(BTF)作为对照[17],其工艺流程分别如图 6-3(a)和(b)所示。MLBTF 内径为 140mm,填料层分为 3 层,总高度为 600mm(3×200mm/层),有效容积为 9.2L,每层单独设置循环喷淋装置和 pH 控制系统,上

层、中层和下层 pH 分别控制在 6.5、4.5 和 2.5。BTF 内径为 140mm,填料层 1
层,总高度为 600mm,有效容积为 9.2L,营养循环液 pH 控制在 4.5。MLBTF 和
BTF 均采用聚氨酯小球作为填料,接种污泥取自浙江省某制药公司污水站好氧
池。H_2S 由 Na_2S 溶液和稀 H_2SO_4 溶液反应生成,采用蠕动泵精确控制其生成速
率。产生的 H_2S 由空气泵吹入混合罐,与另一路空气混合后配置成不同浓度的
H_2S 废气,分别进入 BTF 和 MLBTF 处理系统。实验采用气液逆流操作,气体由
下至上流动,营养循环液自上而下喷淋。

6.1.2　运行性能

本实验以 H_2S 为微生物生长的唯一硫源及能源对 MLBTF 和 BTF 系统进行
挂膜。运行期间 H_2S 去除情况如图 6-4 所示。挂膜启动初期(进口浓度维持在
100mg/m³ 左右,EBRT 为 28s),MLBTF 系统对 H_2S 没有显著的净化效果。第
5d,H_2S 去除率逐渐升高,第 8d 的去除率达到 92.3%。此后尽管提高进口 H_2S 浓
度,而 MLBTF 系统仍能维持较高的净化性能。第 14d,当 H_2S 浓度为 188.6mg/m³
时,MLBTF 系统对 H_2S 的去除率达到 100%,挂膜启动基本完成。在启动期间,
BTF 运行性能与 MLBTF 相似,经历 17d 完成挂膜。MLBTF 系统和 BTF 系统能

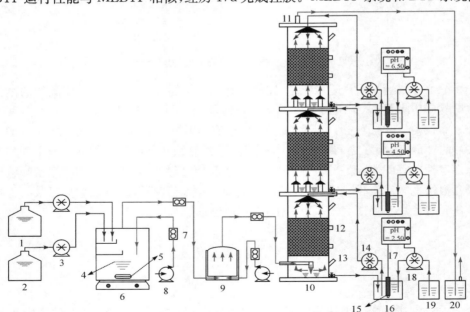

1.NaS₂储液罐; 2.稀H₂SO₄储液罐; 3.蠕动泵(1); 4.H₂S生产罐; 5.聚四氟乙烯转子;
6.磁力搅拌器; 7.转子流量计; 8.空气泵; 9.H₂S混合罐; 10.MLBTF系统主体;
11.尾气排放口; 12.填料取样口; 13.气体采样口; 14.电磁计量泵; 15.pH计;
16.营养循环液储罐; 17.pH自动控制系统; 18.蠕动泵(2); 19.NaOH储液罐; 20.NaOH尾气吸收罐

(a) MLBTF系统

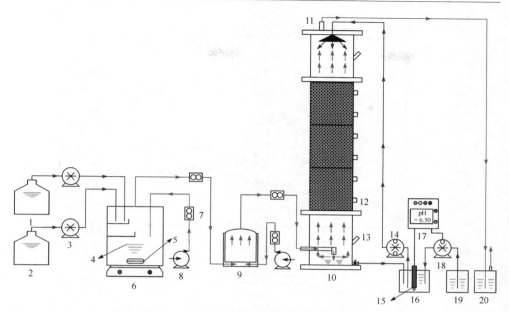

1.NaS₂储液罐; 2.稀H₂SO₄储液罐; 3.蠕动泵(1); 4.H₂S生产罐; 5.聚四氟乙烯转子;
6.磁力搅拌器; 7.转子流量计; 8.空气泵; 9.H₂S混合器; 10.BTF系统主体;
11.尾气排放口; 12.填料取样口; 13.气体采样口; 14.电磁计量泵; 15.pH计;
16.营养循环液储罐; 17.pH自动控制系统; 18.蠕动泵(2); 19.NaOH储液罐; 20.NaOH尾气吸收罐

(b) BTF系统

图 6-3　工艺流程图

在较短的时间内挂膜成功,原因可能是在液相中加入了实验前驯化的活性污泥,其在系统中迅速生长繁殖并逐渐成为优势菌,加快了生物膜的形成,使滤塔降解性能较早地达到了稳定状态。

　　MLBTF 和 BTF 系统挂膜完成后,考察进口 H_2S 浓度($400\sim1000mg/m^3$)和 EBRT 对 H_2S 去除效果的影响。当 EBRT 为 14s 时,即使 H_2S 浓度提升至 $900mg/m^3$,两个系统仍能获得较好的去除效果;从第 80d 开始 EBRT 缩短至 8s,H_2S 浓度控制在 $500mg/m^3$ 左右,两个系统仍能保持较好的去除效果;进一步缩短 EBRT 至 4s,MLBTF 对 H_2S 的去除率下降至 91.4%(第 101d),继续运行 26d 后去除率恢复至 99.3% 以上,期间最大去除负荷达到 $475.8g/(m^3\cdot h)$;而 BTF 对 H_2S 去除率下降至 71.3%(第 101d),继续运行 26d 后 H_2S 去除率恢复至 98.3% 以上,最大去除负荷为 $327.5g/(m^3\cdot h)$。上述结果表明,MLBTF 系统对 H_2S 有较好且稳定的去除效果,特别是 EBRT 较短时 MLBTF 系统对 H_2S 处理能力优于 BTF 系统。

　　多数无色硫细菌最佳生长 pH 为 6~8,且在此 pH 条件下活性较高,但 H_2S 生物氧化过程中易产生大量酸性物质,通常需要添加碱液来维持 pH。少数微生

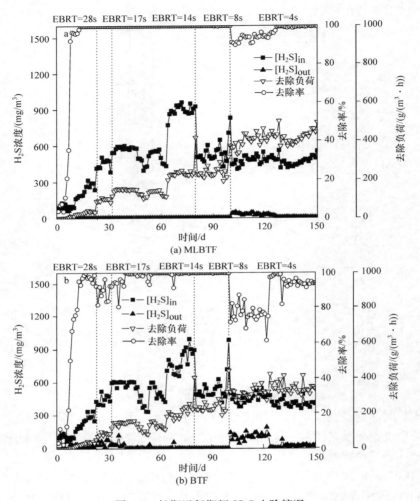

图 6-4　长期运行期间 H_2S 去除情况

物能在酸性较强的条件下也能降解 H_2S[18,19]。由图 6-5 可知,在进气负荷小于 200g/(m³·h)时,下层填料层(pH 为 2.5)的去除率达 50% 以上。与进口废气相比,进入中层填料层(pH 为 4.5)的 H_2S 浓度已大大降低,因而碱液的用量明显减少,污染物在该层得到高效甚至完全去除。然而,当进气负荷大于 300g/(m³·h)时,H_2S 经下层及中层填料层去除后,仍有 10%～30% 需要上层填料层(pH 为 6.5)予以进一步净化,由于此时 H_2S 浓度已较低,控制营养循环液 pH 为 6.5 所耗的碱液用量较少。因此,MLBTF 控制底层营养液 pH 为酸性的设计有利于减少碱液的投加量。另外,化工、制药行业恶臭性废气虽以 H_2S 为主要成分,但往往还存在甲硫醇、甲硫醚、四氢呋喃等挥发性物质(VOCs)的污染,pH 为 6.5 的上层填料层更适宜于对该类 VOCs 净化。综上所述,MLBTF 工艺不仅能确保高浓度 H_2S 得到高效且稳定的净化,而且能有效降低运行成本。

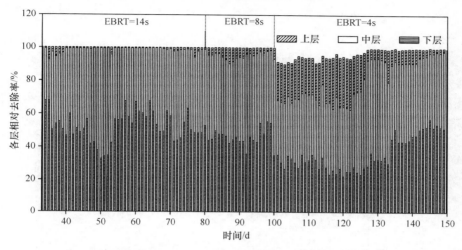

图 6-5　不同 EBRT 条件下各层对 H_2S 的去除率变化情况

6.1.3　MLBTF 系统微生物相及压降研究

填料表面的微生物量是衡量滤塔性能的一个重要参数。实验期间定期取填料,利用荧光显微镜对生物膜进行菌落计数。图 6-6 是 MLBTF 系统在运行期间填料层生物膜菌落数随时间的变化情况。在挂膜初始阶段微生物数量变化明显,

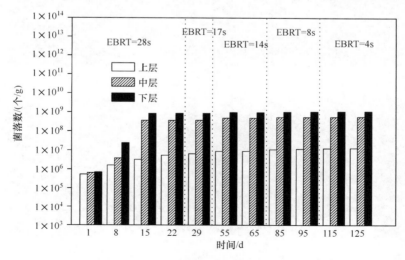

图 6-6　MLBTF 系统在运行期间生物膜菌落数变化情况

到第 8d MLBTF 系统上层、中层和下层菌落数（以干填料计，下同）由开始时的
5.38×10^5 个/g、6.46×10^5 个/g 和 6.99×10^5 个/g 分别增加到 1.61×10^6 个/g、
3.77×10^6 个/g 和 2.42×10^7 个/g，到第 15d MLBTF 系统上层、中层和下层菌落
数分别增加到 3.23×10^6 个/g、3.57×10^8 个/g 和 8.39×10^8 个/g，其后基本保持
稳中有升的趋势。第 125d MLBTF 系统上层、中层和下层菌落数分别达到 $1.29 \times$
10^7 个/g、5.47×10^8 个/g 和 1.07×10^9 个/g。

　　第 110d 时，取 MLBTF 系统填料进行 SEM 分析，结果如图 6-7 所示。填料上
附着有大量的微生物，而且不同填料层的优势菌群明显不同：上层以杆菌为主，中

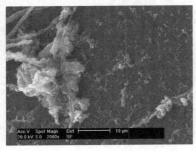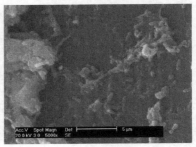

(a) MLBTF 上层

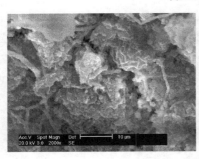

(b) MLBTF 中层

(c) MLBTF 下层

图 6-7　挂膜后 MLBTF 填料生物膜 SEM 照片（左图为 ×2000，右图为 ×5000）

层以杆菌和丝状菌为主,下层以丝状菌为主。一般认为 H_2S 在生物滴滤塔内的降解主要由自养硫杆菌完成,也有极少数降解 H_2S 的异养菌报道[20,21]。伍永钢等[22]发现若在喷淋液中不添加碳源并不影响 H_2S 的去除率,这进一步表明生物滴滤塔中 H_2S 的净化主要由自养菌完成。实验时 MLBTF 系统中营养液成分不含碳源,因此认为 H_2S 的降解主要由自养硫杆菌完成。

本节对运行期间 MLBTF 系统的压降进行监测。在挂膜完成初期时总压降维持在 10Pa/m 左右,随着系统的运行,压降不断升高。第 32d 后,将 EBRT 由 17s 缩短至 14s 时,MLBTF 系统压降由 10Pa/m 升至 20Pa/m,系统运行至 80d 压降升至 38Pa/m;第 80d 后,将 EBRT 由 14s 缩短至 8s 时,气体流速的突然增大导致总压降瞬时升至 123Pa/m,MLBTF 系统运行至 100d 压降升至 258Pa/m;第 100d 后,将 EBRT 由 8s 缩短至 4s 时,总压降已达 435Pa/m,尤其是下层填料层远高于中层与上层,且去除负荷也不稳定。故于 124d 对下层填料进行反冲,3d 后系统的净化性能又得以恢复,H_2S 去除率达到 99% 以上。运行后期,填料上微生物量基本保持稳定,所以系统压降增加可能是由于气速变大和单质硫积累共同作用的结果[23-25]。110 d 时,取上、中、下三填料层的填料,经氯仿溶解后以高效液相色谱测定硫单质含量[26],其含量(以干填料计)分别为 8.4mg/g、19.5mg/g 和 22.3mg/g。

6.1.4　长期饥饿状态对 MLBTF 的影响

本节研究 MLBTF 系统长期饥饿状态时对 H_2S 去除效果的影响。饥饿期维持 240d,期间停止通入 H_2S 废气,仅每 3d 更换一次循环营养液(pH 仍自动控制)。饥饿期结束后,MLBTF 系统重新通入 H_2S 气体,恢复后的去除性能如图 6-8 所示。

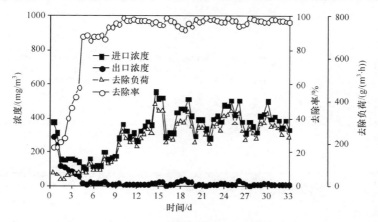

图 6-8　MLBTF 长期饥饿后恢复时的运行性能

刚通入含 H_2S 废气时,MLBTF 系统对 H_2S 没有显著的净化效果,第 3d H_2S 去除率逐渐升高,从开始时的 22.9% 升高到 46.7%,第 5d 的去除率达到 88.5%,此后逐步提高进口 H_2S 浓度,MLBTF 系统的净化性能逐渐得到恢复。第 10d,当

H_2S 浓度为 364.5mg/m³、EBRT 为 5s 时，MLBTF 系统对 H_2S 的去除率达到
98.7%，去除负荷为 257.1g/(m³·h)。这说明 MLBTF 系统对 H_2S 的去除性能
已基本恢复。这些研究结果表明，MLBTF 系统在经历较长的停运时间后仍能在
短时间内恢复性能，这为以后系统运行期间进行停运检修或者改造完善提供了
可能。

6.2　板式生物滴滤塔处理 H_2S 和 VOCs 混合废气

6.2.1　挂膜启动

以处理 H_2S 废气的 MLBTF 和 BTF 实验系统（同 6.1 节）为基础，进行挂膜
启动。装置已闲置约 30d，加入 THF 高效降解菌 *Pseudomonas* DT4 和 DCM 高效
降解菌 *M. Rhodesianum* H13，并以 H_2S、THF 和 DCM 为混合气源，进口浓度分
别为 200mg/m³、100mg/m³ 和 100mg/m³。MLBTF 中各层 pH 为：上层 pH＝
7.5，中层 pH＝6.0，下层 pH＝4.5；BTF 中 pH 为 6.0；EBRT 为 50s；温度为
30℃；喷淋量为 6L/h。MLBTF 和 BTF 在挂膜期间净化混合废气的情况分别如
图 6-9 和图 6-10 所示。

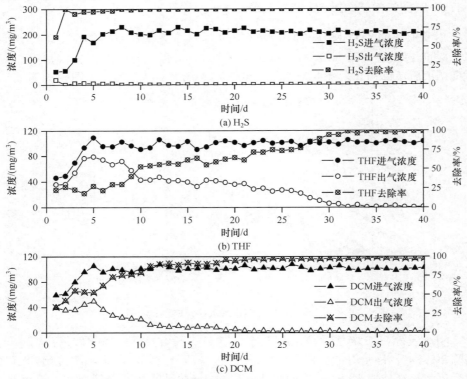

图 6-9　MLBTF 在挂膜期间净化混合废气的情况

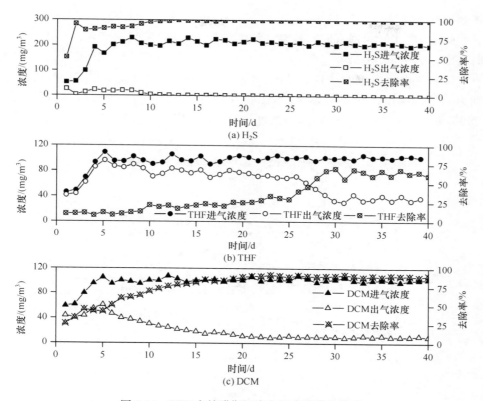

图 6-10 BTF 在挂膜期间净化混合废气的情况

在 MLBTF 工艺中,具有降解 H_2S 能力的微生物能够在 3d 内恢复活性,H_2S 去除率达到 98% 以上;降解 THF 的高效降解菌 DT4 以纯菌挂膜形式在填料层中挂膜,第 22d 时,THF 去除率逐渐达到 75% 左右并逐步升高至 95% 以上;降解 DCM 的高效降解菌 H13 采用与 DT4 相同的方法挂膜,第 12d 时 DCM 去除率升高至 90% 以上。在 BTF 中,H_2S 和 DCM 的去除率分别在第 2d 和第 20d 达到 95% 和 90% 左右并维持稳定,而 THF 的去除率在第 22d 达到 65% 并逐步升高至 70% 以上。综上所述,MLBTF 对三种污染物的有效去除需 22d,而 BTF 则需 28d。H_2S、THF 和 DCM 性质迥异,代谢它们的微生物所需的生长条件有所差异,而 MLBTF 通过分层控制创造了不同的生长环境,可能培养了适应不同组分的优势菌群,加快了生物膜的形成和成熟,使得其降解性能比 BTF 工艺更早达到稳定状态。

6.2.2 稳定运行性能

MLBTF 和 BTF 启动成功后,在维持 H_2S、THF 和 DCM 浓度 200mg/m³、100mg/m³ 和 100mg/m³ 不变的情况下,分别考察 EBRT 为 50s、35s 和 20s 条件

下的运行情况。

　　MLBTF 工艺对混合废气各组分的去除性能如图 6-11(a)所示。EBRT＝50s 时，H_2S、THF 和 DCM 的去除率分别为 100％、98％和 97％。MLBTF 对 H_2S 具有良好的去除性能，即使 EBRT 缩短为 35s 和 20s 后，其去除率在较短时间内（分别为 2d 和 4d）可达到 98％以上；THF 在 EBRT 缩短为 35s 和 20s 后分别需要经历 5d 和 11d 才能恢复到 98％以上；而 DCM 在 EBRT 缩短为 20s 后，去除率直线

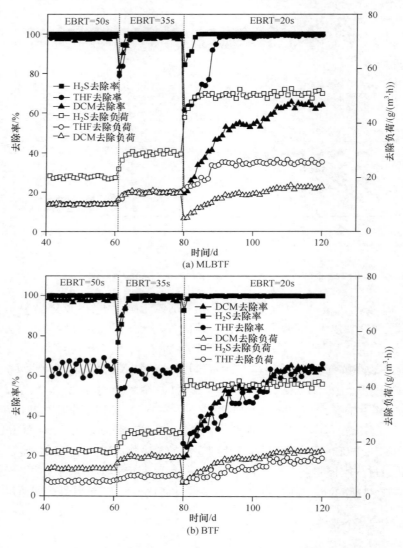

图 6-11　稳定运行期 H_2S、THF 和 DCM 的去除效果

下降为20%左右,且经过相当长的时间,去除率也只能恢复到65%。三种污染物的最大去除负荷分别为52g/(m³·h)、27g/(m³·h)和17g/(m³·h)。

BTF工艺对混合废气各组分的去除性能如图6-11(b)所示。BTF对于H_2S去除性能与MLBTF相似,但对于THF和DCM的去除性能表现差别较大。在EBRT为50s、35s和20s时THF的去除率只能保持在60%~70%。DCM在EBRT较长(50s和35s)时,能保持90%的去除率,但当EBRT缩短为20s后,其去除率直线下降至20%左右,在该条件下运行30d后去除率也只能达到38%。三种污染物的最大去除负荷分别为42g/(m³·h)、14g/(m³·h)和17g/(m³·h)。

由实验结果计算可知,MLBTF中H_2S组分主要由下层去除,THF组分主要由中层去除,DCM组分主要由中层和上层去除。因此,MLBTF比BTF具有更好的去除性能,原因可能在于分层控制的设计,其为H_2S、THF和DCM降解菌的生长提供了各自适宜的条件,从而实现各组分的高效净化。

6.2.3 微生物群落结构分析

取稳定运行期的MLBTF上、中、下三层填料和BTF中部填料,采用PCR-DGGE技术对微生物群落结构进行分析,结果如图6-12所示。从条带1~4可以看出,MLBTF上层和中层的条带十分接近,而与下层的条带有明显差异,说明上层和中层的微生物种群比较相似,而与下层的微生物种群有较大的区别。

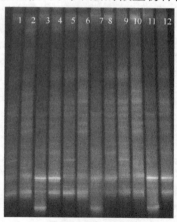

图6-12 BTF工艺稳定运行期填料生物的DGGE图谱

条带1~3. MLBTF上层、中层、下层(60d);条带4. BTF(60d);条带5~7. MLBTF上层、中层、下层(80d);条带8. BTF(80d);条带9~11. MLBTF上层、中层、下层(100d);条带12. BTF(100d)

一般情况下,戴斯系数(Dice coefficient,Cs)可以表征所测得的DGGE图谱中两条不同泳道之间的相似度,Cs值越大则说明微生物相似性越高,差异性越小[27]。如表6-1所示,稳定运行期间,不同时期MLBTF上层、中层、下层和BTF

中的微生物相关性较好,其 Cs 值均大于 80%,说明稳定运行期间各填料层中形成的优势菌种相对稳定,然而,各填料层之间的微生物相关性相对较差,Cs 值系数小于 60%,说明各填料层的优势菌种不同。

表 6-1　DGGE 图谱相似性分析(Cs 值)

条带	1	2	3	4	5	6	7	8	9	10	11	12
1	100											
2	55.8	100										
3	51.5	32.6	100									
4	66.3	62.6	31.7	100								
5	89.4	50.8	36.7	58.6	100							
6	56	93	32.5	62.2	50.9	100						
7	44.1	32.4	83.3	32.8	33.7	33.9	100					
8	65.4	67.9	46.7	86.8	58.4	67.8	47.4	100				
9	87.2	57.1	38.5	59.3	93.3	55.9	36	59	100			
10	74.2	81.8	48.7	65.1	66	81.5	41.3	74.1	67.4	100		
11	49.5	30.9	90.7	37.3	35.2	31.5	79.8	48.6	37.1	46.5	100	
12	61.1	65.6	26.5	90	57.2	66.9	27.5	84.2	59	68.2	29.5	100

为了验证接种的 THF 降解菌 DT4 和 DCM 降解菌 H13 在 MLBTF 长期运行过程中是否会被淘汰,对 DGGE 指纹图中有代表性的条带进行割胶回收并测序,所得结果通过 Blast 程序与 GenBank 中核酸数据进行对比分析,见表 6-2。

表 6-2　稳定运行期 MLBTF 内部分优势菌 16S rDNA DGGE 片段测序分析结果

来源	相似菌(登录号)	相似度/%
A-上层-中层	*Pseudomonas* DT4(GQ387664)	100
A-上层-中层	*M. rhodesianum* H13(M2010121)	100
A-中层	*Pseudomonas veronii*(AF064460)	92
A-上层	*Pseudomonas fluorescens*(EF408245.1)	99
A-下层	*Amorphus* sp. YIM D10(FJ998414.1)	100
A-下层	*Acidithiobacillus thiooxidans*(HQ902068.1)	100
A-下层	*Methylosinus* sp. LW3(AF150788.1)	98

由表 6-2 可知,MLBTF 上层主要有 *Pseudomonas* DT4、*M. rhodesianum* H13、*Pseudomonas fluorescens*;中层主要有 *Pseudomonas* DT4、*M. rhodesianum* H13、*Pseudomonas veronii*;下层主要有 *Amorphus* sp. YIM D10、*Acidithiobacillus thiooxidans*、*Methylosinus* sp. LW3。*Acidithiobacillus thiooxidans* 为嗜酸氧化硫硫杆菌,能高效降解 H_2S[28,29]。*Pseudomonas* DT4 和 *M. rhodesianum* H13

在中层和上层中逐渐发展为优势菌株,而在下层逐渐被淘汰。这也解释了 MLBTF 中 H_2S 组分主要在下层去除,THF 和 DCM 组分则主要在中层和上层去除的原因。

6.2.4　冲击负荷和饥饿状态对去除效果的影响

在实际工程应用中,混合废气中各组分的浓度会由于生产工艺改变成其他异常情况发生,产生较大波动。因此,本节首先研究冲击负荷对于 BTF 和 MLBTF 去除性能的影响。考察了混合废气各组分浓度独立变化和同时变化两种情况,结果如图 6-13 和图 6-14 所示。

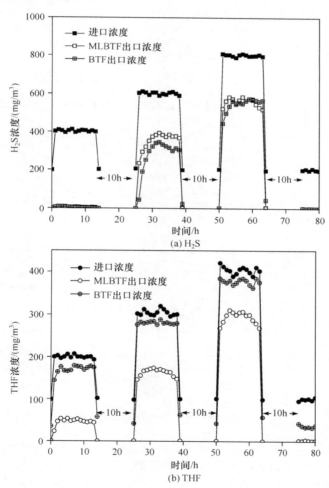

(a) H_2S

(b) THF

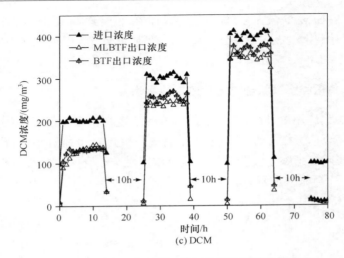

(c) DCM

图 6-13　H₂S、THF、DCM 进气负荷分别变化的影响

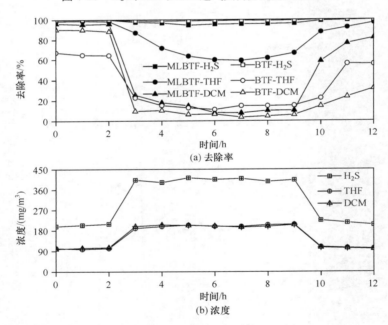

(a) 去除率

(b) 浓度

图 6-14　混合废气进气负荷变化的影响

由图 6-13 可知,当 H₂S 组分进气浓度突然增大时,MLBTF 和 BTF 均能在较短的时间内达到原有的处理效果。MLBTF 和 BTF 对于 THF 的进气冲击负荷表现不同,当 THF 组分进气浓度为 200mg/m³ 时,MLBTF 和 BTF 分别需要 2h 和 3h 恢复到原有净化效果;但当 THF 组分浓度增加至 300mg/m³ 和 400mg/m³ 时,MLBTF 对于 THF 仍有去除,而 BTF 的去除性能基本丧失。MLBTF 和 BTF 对

于 DCM 进气冲击负荷表现类似,当 DCM 进气负荷较大时,两者均无法有效去除 DCM。

由图 6-14 可知,当混合废气各组分浓度均增加 1 倍,即 H₂S、THF 和 DCM 浓度分别为 400mg/m³、200mg/m³ 和 200mg/m³ 时,MLBTF 中 H₂S 的去除率最低下降至 94.6%,THF 去除率下降至 59.2%,DCM 去除率下降至 7.8%,停止冲击后三者分别在 1h、2h 和 3h 内恢复;BTF 中 H₂S 和 THF 去除性能的恢复与 MLBTF 相似,而 DCM 的去除性能在较短时间内不能恢复到原有水平。

本节也研究了 BTF 和 MLBTF 在经历 30d 饥饿期后对混合废气的去除性能的影响,期间停止通入混合废气,仅每 4d 更换一次循环营养液(pH 仍自动控制)。饥饿期结束后,BTF 和 MLBTF 系统重新通入气体,混合废气各组分浓度分别控制在 H₂S 200mg/m³、THF 100mg/m³、DCM 100mg/m³ 左右。MLBTF 和 BTF 性能恢复情况分别如图 6-15 和图 6-16 所示。MLBTF 中,混合废气各组分的去除率恢复到原有去除性能所需时间分别为 H₂S 9d、THF 9d、DCM 15d;BTF 中所需

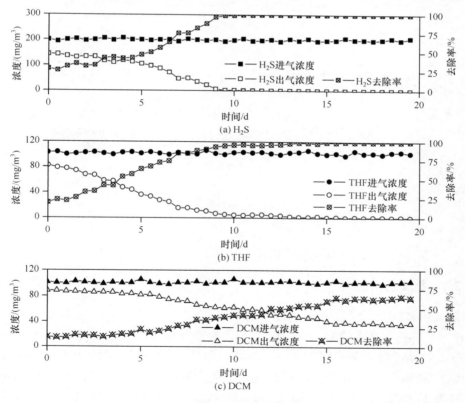

图 6-15　MLBTF 的饥饿恢复情况(30d)

时间分别为 H_2S 10d、THF 12d、DCM 11d。饥饿状态对 BTF 和 MLBTF 的影响差别不大,两个系统均能较快恢复去除性能。在三种组分中,H_2S 的去除率恢复最快,DCM 的去除率恢复较慢。

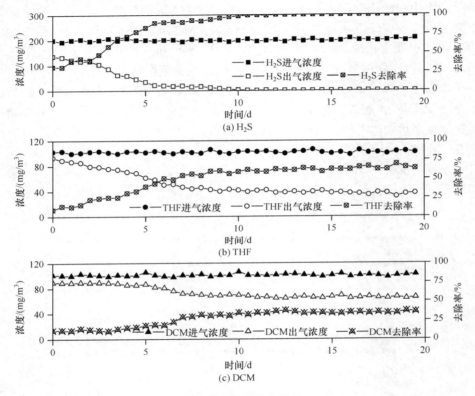

图 6-16　BTF 的饥饿恢复情况(30d)

6.3　生物滴滤塔处理有机硫混合废气

6.3.1　挂膜启动

采用 BTF 处理含甲硫醚(DMS)和丙硫醇(PT)的模拟混合废气,装置具体见6.1节。将选育获得的 DMS 和 PT 高效降解菌 SY1 和 S-1,混合活性污泥接种于BTF。启动挂膜阶段,EBRT 设为 30s,DMS、PT 浓度均为 $50mg/m^3$,营养液 pH均维持在 6.68～7.2,喷淋量为 6L/h,污染物去除效率如图 6-17 所示。其中 DMS在挂膜 11d 后去除率达 90% 以上,而 PT 则仅需 3d 可达到将近 100% 的去除率,并能持续保持此去除性能。王向前[30]利用高效菌株挂膜启动滴滤塔净化二甲苯、乙硫醇,约 10d 挂膜完成。实验结果表明,用高效降解菌复合菌剂强化 BTF 启动可在短时间内达到一个稳定的去除效率,但不同的菌株对不同的底物所需的时间会有所差异,这与其各自的降解性能和菌株生长情况有关。

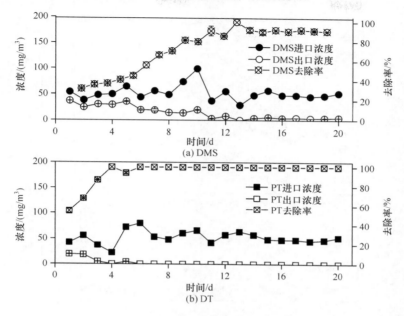

图 6-17　BTF 挂膜阶段污染物去除效果

6.3.2　运行性能

考察了停留时间为 30s、20s 以及 15s 时,进气浓度变化对去除率及去除负荷的影响(图 6-18)。控制 EBRT=30s,当 DMS 进气浓度为 38.85mg/m³ 时,去除率可达 100%,当其浓度达到 78.5mg/m³ 时,去除率下降到 80% 以下;当进一步提高 DMS 浓度到 94mg/m³ 时,去除率下降到 66%,去除负荷也开始下降。而 PT 即使浓度提高到 110mg/m³,其去除率仍可达到 91%,此时去除负荷为 11.51g/(m³·h),且还未出现抑制现象。当 EBRT 缩短至 20s 或 15s 时,PT 的去除效果仍优于 DMS。由图 6-18 还可以看出,当 EBRT=30s,DMS 进气浓度高于 78.5mg/m³ 时,DMS 去除负荷不升反降,这可能与进气浓度的升高抑制了 DMS 降解菌 SY1 的降解活性有关,而同样条件下 PT 浓度小于 100mg/m³ 时去除负荷仍是在提高的,表明在此浓度下 PT 降解菌 S-1 并未受到抑制。王家德等[31] 利用生物滴滤池处理 DCM 的研究中也显示了高浓度的 DCM 会降低生物滴滤池的去除效率。这表明,在一定进气负荷下,负荷的提高能增加底物的去除负荷,而在相对高的进气负荷下,因浓度的提高出现抑制作用时,由于受系统内有效生物量和气液传质的限制影响,单位生物量的底物转化能力接近最大值。若进一步增加进气负荷,可能会使微生物活性受到抑制,从而使底物转化能力降低。

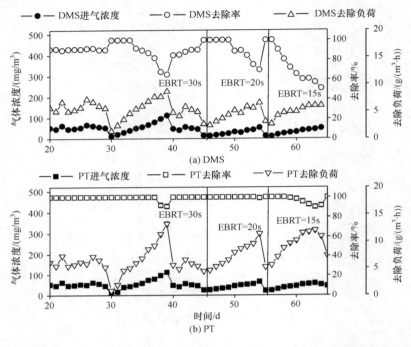

图 6-18　不同停留时间和进气浓度下 DMS 和 H_2S 的去除效果

　　EBRT 为 30s 时,DMS 和 PT 中的进气浓度分别由 $10mg/m^3$ 逐渐提高到 $110mg/m^3$,二者的去除负荷分别从 $1.39g/(m^3 \cdot h)$ 和 $0.84g/(m^3 \cdot h)$ 上升到 $8.7g/(m^3 \cdot h)$ 和 $12.1g/(m^3 \cdot h)$。通过测定 CO_2 的实际产生量,获得 CO_2 随总去除负荷的变化情况如图 6-19 所示,结果显示两者呈线性关系,$y = 1.2027x$,

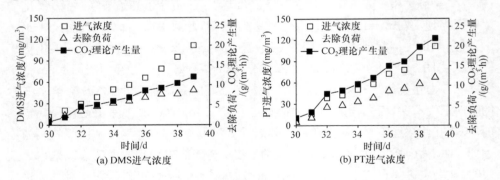

$R^2=0.9759$。理论 CO_2 生成量与混合废气总去除负荷拟合的结果可表示为 $y=1.6371x$，$R^2=0.9947$。因此，该系统对混合废气的矿化率达到了 73.5%。

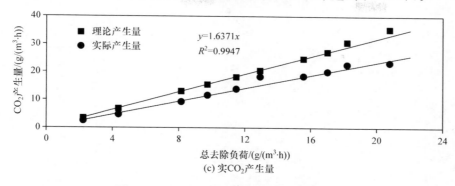

图 6-19　CO_2 生成量随去除负荷的变化关系

6.3.3　混合废气的相互作用

利用 BTF 处理多组分废气时，气体之间往往会存在相互竞争或抑制作用，所以研究混合废气的相互作用是很有必要的[32,33]。因此，控制混合废气中某一组分浓度由低到高变化，另一组分的浓度则保持稳定，分析 BTF 对 DMS 和 PT 净化效果的变化。图 6-20(a)和(b)分别代表 PT 浓度变化对 DMS 去除率和 DMS 浓度变化对 PT 去除率的影响。

如图 6-20(a)所示，维持 DMS 的浓度为 $50mg/m^3$，控制 PT 的浓度从 0 逐渐提高到 $100mg/m^3$，当 PT 浓度为 0 时，DMS 的去除率可达 93%，当 PT 浓度小于 $51mg/m^3$ 时，DMS 的去除率基本都在 90% 以上，但进一步提高 PT 的浓度，DMS 的去除效果开始受到抑制，当 PT 浓度达 $68mg/m^3$ 时，DMS 去除率下降到 83%，当 PT 浓度达 $87mg/m^3$ 时，DMS 去除率进一步下降到 74%。由此可知，在反应体系中，PT 浓度低于 $51mg/m^3$ 时，其存在不会对 DMS 的降解产生抑制效应，但高于 $51mg/m^3$ 时会对 DMS 的降解产生一定的竞争或抑制效应。

如图 6-20(b)所示，维持 PT 的浓度为 $50mg/m^3$，控制 PT 的浓度从 0 逐渐提高到 $100mg/m^3$，在此条件下 DMS 浓度的提高对 PT 的去除率并没有影响，PT 的去除效率始终维持在 100%，而 DMS 的去除率却受其自身浓度的影响，当 DMS 浓度为 $103mg/m^3$ 时，DMS 的去除率下降到 70%。

由图 6-20 可知，用 BTF 去除含 DMS 和 PT 的混合废气时，当 PT 的浓度低于 $50mg/m^3$ 时，不会对 DMS 产生竞争或抑制效应，当 PT 进气浓度高于 $50mg/m^3$ 低于 $100mg/m^3$ 时，对 DMS 有轻微的抑制效应，而在 DMS 浓度小于 $100mg/m^3$ 时，其浓度的提高对 PT 的降解无影响。

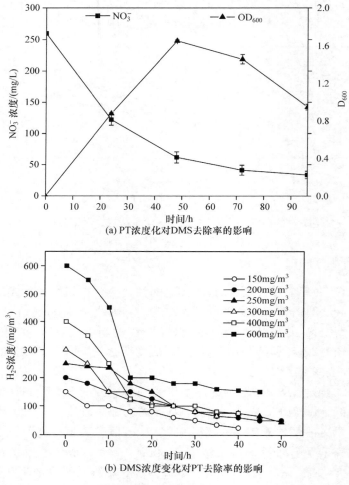

(a) PT浓度化对DMS去除率的影响

(b) DMS浓度变化对PT去除率的影响

图 6-20　DCM 和 PT 的相互作用

6.3.4　饥饿状态的影响

本节也考察了 BTF 在经历 10d 饥饿时期后,对混合废气的去除性能恢复情况 (图 6-21)。饥饿期内停止通入混合废气,营养液循环喷淋。饥饿期结束后,重新通入 DMS 和 PT,两者浓度分别为 $50mg/m^3$,由图 6-21 可知 DMS 和 PT 的初始去除效率分别为 19% 和 31%,PT 的去除率恢复比 DMS 的要快,分别为 5d 和 11d。这表明 BTF 对 PT 的耐饥饿能力要优于 DMS。恢复后 BTF 对 DMS 的去除率大于 90%,对 PT 仍有 100% 的去除效果。

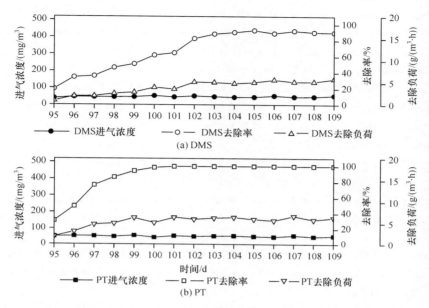

图 6-21　BTF 饥饿期恢复后对混合废气去除率恢复情况（10d）

参 考 文 献

[1] 王刚. 复合生物法处理炼化污水厂恶臭气体. 环境科技,2015,25(1):35-38.

[2] Syed M A, Henshaw P F. Effect of tube size on performance of a fixed-film tubular bioreactor for conversion of hydrogen sulfide to elemental sulfur. Water Research, 2003, 37(8): 1932-1938.

[3] 邓良伟,吴彦. 生物脱硫机理及其研究进展. 上海环境科学,1998,17(5):35-39.

[4] Syed M, Soreanu G, Falletta P, et al. Removal of hydrogen sulfide from gas streams using biological processes—A review. Canadian Biosystems Engineering,2006,48:2.

[5] 苗茂谦,宋智杰,仪慧兰,等. 生物法处理含 H_2S 气体的研究进展. 化工进展,2009,28(8): 1289-1295.

[6] Fortuny M, Baeza J A, Gamisans X, et al. Biological sweetening of energy gases mimics in biotrickling filters. Chemosphere,2008,71(1):10-17.

[7] Pol A, op den Camp H J M O, Mees S G M, et al. Isolation of a dimethylsulfide-utilizing *Hyphomicrobium* species and its application in biofiltration of polluted air. Biodegradation,1994, 5(2):105-112.

[8] Boden R, Kelly D P, Murrell J C, et al. Oxidation of dimethylsulfide to tetrathionate by *Methylophaga thiooxidans* sp. nov. : A new link in the sulfur cycle. Environmental Microbiolog, 2010,12(10):2688-2699.

[9] Chung Y C, Huang C, Tseng C P. Operation optimization of *Thiobacillus thioparus* CH11

biofilter for hydrogen sulfide removal. Journal of Biotechnology,1996,52(1):31-38.

[10] Sedighi M,Vahabzadeh F,Zamir S M,et al. Ethanethiol degradation by *Ralstonia eutropha*. Biotechnology and Bioprocess Engineering,2013,18(4):827-833.

[11] Bentley R,Chasteen T G. Environmental VOCs-formation and degradation of dimethyl sulfide,methanethiol and related materials. Chemosphere,2004,55(3):291-317.

[12] Sun Y M,Qiu J G,Chen D Z,et al. Characterization of the novel dimethyl sulfide-degrading bacterium *Alcaligenes* sp. SY1 and its biochemical degradation pathway. Journal of Hazardous Materials,2015,304:543-552.

[13] Smith N A,Kelly D P. Mechanism of oxidation of dimethyl disulfide by *Thiobacillus thioparus strain* E6. Microbiology,1988,134(11):3031-3039.

[14] Chen D Z,Sun Y M,Han L M,et al. A newly isolated *Pseudomonas putida* S-1 strain for batch-mode-propanethiol degradation and continuous treatment of propanethiol-containing waste gas. Journal of Hazardous Materials,2016,302:232-240.

[15] Wang X Q,Wu C,Liu N,et al. Degradation of ethyl mercaptan and its major intermediate diethyl disulfide by *Pseudomonas* sp. strain WL2. Applied Microbiology and Biotechnology, 2015,99(7):3211-3220.

[16] Timmis K N,McGenity T J,van der Meer J R,et al. Handbook of Hydrocarbon and Lipid Microbiology. Berlin:Springer,2010.

[17] 钱东升,房俊逸,陈东之,等. 板式生物滴滤塔高效净化硫化氢废气的研究. 环境科学, 2011,32(9):2786-2793.

[18] Duan H Q,Koe L C C,Yan R. Treatment of H_2S using a horizontal biotrickling filter based on biological activated carbon:Reactor setup and performance evaluation. Applied Microbiology and Biotechnology,2005,67(1):143-149.

[19] Jin Y M,Veiga M C,Kennes C. Effects of pH,CO_2,and flow pattern on the autotrophic degradation of hydrogen sulfide in a biotrickling filter. Biotechnology and Bioengineering, 2005,92(4):462-471.

[20] Ramirez M,Gomez J M,Aroca G,et al. Removal of hydrogen sulfide by immobilized *Thiobacillus thioparus* in a biotrickling filter packed with polyurethane foam. Bioresource Technology,2009,100(21):4989-4995.

[21] Chung Y C,Huang C P,Tseng C P. Biological elimination of H_2S and NH_3 from waste gases by biofilter packed with immobilized heterotrophic bacteria. Chemosphere,2001,43(8): 1043-1050.

[22] 伍永钢,任洪强,丁丽丽,等. 新型聚乙烯填料生物滴滤床净化硫化氢气体的启动研究. 环境科学,2006,27(12):2396-2400.

[23] Chitwood D E,Devinny J S. Treatment of mixed hydrogen sulfide and organic vapors in a rock medium biofilter. Water Environment Research,2001,73(4):426-435.

[24] Chung Y C,Huang C P,Tseng C P,et al. Biotreatment of H_2S and NH_3 containing waste gases by co-immobilized cells biofilter. Chemosphere,2000,41(3):329-336.

[25] Jin Y M,Veiga M C,Kennes C. Co-treatment of hydrogen sulfide and methanol in a single-stage biotrickling filter under acidic conditions. Chemosphere,2007,68(6):1186-1193.

[26] McGuire M M,Hamers R J. Extraction and quantitative analysis of elemental sulfur from sulfide mineral surfaces by high-performance liquid chromatography. Environmental Science & Technology,2000,34(21):4651-4655.

[27] 刘新春,吴成强,张昱,等. PCR-DGGE 法用于活性污泥系统中微生物群落结构变化的解析. 生态学报,2005,25(4):842-847.

[28] Aroca G,Urrutia H,Nunez D,et al. Comparison on the removal of hydrogen sulfide in biotrickling filters inoculated with *Thiobacillus thioparus* and *Acidithiobacillus thiooxidans*. Electronic Journal of Biotechnology,2007,10(4):514-520.

[29] Sercu B,Nunez D,van Langenhove H,et al. Operational and microbiological aspects of a bioaugmented two-stage biotrickling filter removing hydrogen sulfide and dimethyl sulfide. Biotechnology and Bioengineering,2005,90(2):259-269.

[30] 王向前. 介质阻挡放电耦合生物滴滤净化多组分 VOCs 的关键技术及工艺研究. 杭州:浙江大学博士学位论文,2015.

[31] 王家德,陈建孟,庄利. 生物滴滤池处理二氯甲烷废气研究. 中国环境科学,2002,22(3):214-217.

[32] Xia J,Rong Y,Tay J H. Simultaneous autotrophic biodegradation of H_2S and NH_3 in a biotrickling filter. Chemosphere,2009,75(10):1350-1355.

[33] Caceres M,Silva J,Morales M,et al. Kinetics of the bio-oxidation of volatile reduced sulphur compounds in a biotrickling filter. Bioresource Technology,2012,118(4):243-248.

第7章 脂肪烃及其含氧衍生物的生物净化

脂肪烃是分子中只含有碳和氢两种元素,碳原子彼此相连成链,形成链状或环状的化合物,包括脂链烃和脂环烃两大类。其含氧衍生物是一些脂肪烃分子结构中碳和氢被氧取代形成的化合物。脂肪烃及其含氧衍生物在工业生产过程中应用广泛,常作为有机化工原料和性能优良的溶剂,因此医药化工、石油炼制、木材加工等行业排放的生产废气中常含有这类物质,如四氢呋喃(THF)、α-蒎烯、正己烷等。

目前报道能够以 THF 为唯一碳源和能源物质或者能够降解 THF 的微生物种类相对较少,只发现红球菌属 Rhodococcus sp.、假诺卡氏菌属 Pseudonocardia sp.、气单胞菌属 Aeromonas sp.、假单胞菌属 Pseudomonas sp. 中少数几个菌株以及真菌 Cordyceps sinensis 能利用 THF[1-4]。尽管利用微生物降解 THF 的过程已经实现,但对其代谢机理的研究尚处于初步探索阶段。Bernhardt 和 Diekmann[1] 推测 THF 降解途径首先从杂环 C-2 位置开始,其他一些研究者[5]也发现并推测 THF 首先经氧原子邻位碳原子的羟基化而生成 2-羟基四氢呋喃,再经氧化而生成 γ-丁内酯,然后再进一步被降解利用。作者所在研究组[6-10]利用 Pseudomonas. oleovorans DT4 降解 THF 的过程中,除检测到 γ-丁内酯,还检测出琥珀酸和乙二酸,因此推测中间产物 γ-丁内酯经水解、氧化后会生成琥珀酸,琥珀酸进一步氧化生成乙二酸、乙酸,最后被矿化为 CO_2。

针对 α-蒎烯的微生物降解,国内外学者也相继开展了一些研究,苍白芽孢杆菌(Bacillus pallidus)[11]、荧光假单胞菌(Pseudomonas fluorescens)[12]、维罗纳假单胞菌(Pseudomonas veronii)[13]等均可降解 α-蒎烯。Yoo 等[14]用假单胞菌 Pseudomonas sp. PIN 对 α-蒎烯进行降解,可生成柠檬烯和 p-异丙基甲苯,柠檬烯则进一步转化为紫苏酸和 α-松油醇,p-异丙基甲苯则转化为对异丙基苯甲酸。Cheng 等[13]利用维罗纳假单胞菌 Pseudomonas veronii ZW 降解 α-蒎烯,发现可生成 p-异丙基甲苯,进一步氧化形成 4-异丙基苯甲醇和 4-异丙基苯甲醛,最终氧化成为 4-异丙基苯甲酸。

总体来说,脂肪烃的含氧衍生物水溶性较好,微生物降解活性对此类物质的去除影响较大。通过选育特征高效降解菌,构建复合功能菌剂接种生物反应器,能缩短启动时间,显著提升废气净化效果。脂肪烃分子结构中只含有碳和氢两种元素,通常属于难水溶、难生物降解的物质,因此过程强化就需要从传质和反应两方面着手。采用特征降解菌接种生物反应器,并结合紫外-生物滴滤联合工艺,保证系统长期高效稳定运行。

7.1　生物滴滤塔处理四氢呋喃废气

　　四氢呋喃(THF)具有低毒、低沸点、流动性好等优点,对许多化学物质溶解性强,有"万能溶剂"之称。由于 THF 具有环状结构,含有 C—O(360kJ/mol)的高能键,其曾一度被认为"不易生物降解的物质",多采用传统物化处理技术。随着 THF 高效降解菌的获得,利用生物降解去除也逐渐成为研究热点[5]。作者研究组在获得 THF 高效降解菌 *Pseudomonas oleovorans* DT4 的基础上[6-9],利用"综合菌＋优势菌"的混合液接种反应器,开展了生物滴滤塔净化 THF 废气的研究。

　　采用两种接种方式对 BTF 进行挂膜,分别是 *Pseudomonas* sp. DT4＋活性污泥(标记为 1# 塔)、纯活性污泥(标记为 2# 塔),填料采用聚氨酯小球,气源为 THF 废气。

7.1.1　运行性能

　　由于填料对 THF 有吸附作用,为了消除吸附作用对实验的影响,挂膜启动前,在不添加活性污泥及菌株 DT4 的情况下,通入约 200mg/m³ 的 THF 废气,并喷淋营养液。运行一周,检测发现 THF 进出口浓度不再变化,即填料对 THF 吸附饱和,开始接种。BTF 去除 THF 的变化情况如图 7-1 所示。挂膜启动初期(EBRT 39s,进口浓度维持在 150mg/m³ 左右,相应的进口负荷为 13.85g/(m³ · h)),由于 1# 塔接种了高效降解菌 *Pseudomonas* sp. DT4,所以第 2d 开始,THF 去除率逐渐升高,第 7d 时,去除率达到 100％并保持稳定。而 2# 塔的去除率明显低于 1#

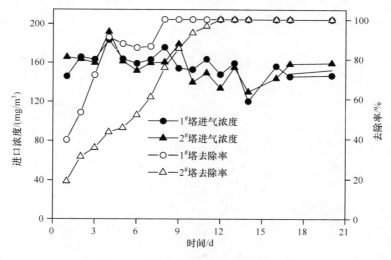

图 7-1　挂膜期浓度和去除率变化曲线

塔,第 6d 时去除率达到 50% 左右,此后才逐渐升高,直到 11d 时达到 99% 以上并维持此值,挂膜启动基本完成。这些结果表明,优势菌群的引入对缩短 BTF 启动时间具有重要的作用。Sercu 等[15]利用高效菌株 *Thiobacillus thioparus* TK-m、*Hyphomicrobium* VS 与活性污泥混合强化启动 BTF 处理二甲基硫醚,也获得了类似的效果。

挂膜完成后,在进口 THF 浓度 120～520mg/m³,EBRT 分别为 31s、22s、16s、13s 的条件下考察 BTF 的运行情况,结果如图 7-2 所示。

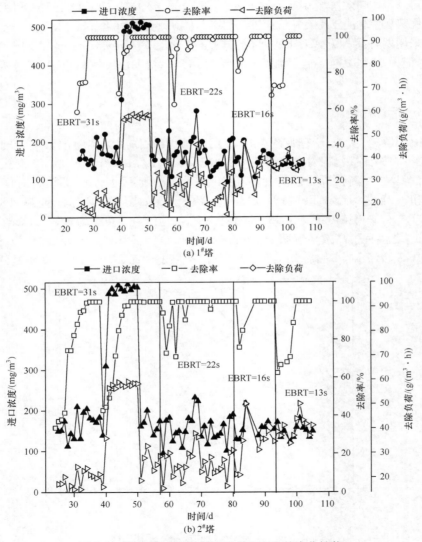

图 7-2　稳定运行期不同停留时间 BTF 的净化性能

在 EBRT＝31s、进气浓度约为 $150mg/m^3$ 的条件下,$1^\#$ 和 $2^\#$ 塔 BTF 的去除效率均大幅度降低,但 $1^\#$ 塔的缓冲能力较强,第 29d 时总去除率重新回到 100%；$2^\#$ 塔则滞后 7d。进一步提高进气负荷,两个塔最终均能恢复到原有去除水平。与 $2^\#$ 塔相比,$1^\#$ 塔能在相对较短的时间内恢复,进一步说明优势菌引入对 BTF 的稳定运行具有重要的作用。

研究发现 BTF 各填料层对于 THF 去除的相对贡献不尽相同。当 EBRT 为 31s 或 22s 时,进入 $1^\#$ 塔中的 THF 主要被下层和中层填料去除,上层填料对总去除率的贡献相对较小。当停留时间缩短至 16s 和 13s 时,上层填料对 THF 去除率的贡献逐渐增加至 20% 左右。$2^\#$ 塔内也发现了类似的规律。此外,对 BTF 内各层填料的生物量进行了测定。结果表明,BTF 中上层生物量均呈现初期增长缓慢、中后期增长较快的趋势,下层生物量始终呈快速增长的特点,这与不同层对 THF 去除率的贡献比例变化一致。因此,可考虑 BTF 中从上到下依次选用空隙率递增的填料,以避免生物量大量积累而堵塞反应器。

7.1.2　BTF 内微生物活性

比耗氧速率(SOUR)是表征微生物活性的指标之一,其含义为单位质量微生物在单位时间内消耗的氧气量。SOUR 可反映填料上好氧微生物新陈代谢的情况,也可间接衡量微生物的降解能力。比耗氧速率通过氧化电极测定分子氧的吸收率来检测。内源呼吸为不加目标碳源时混合菌株自身的呼吸速率。不同菌株降解相同底物的比耗氧速率的差异与其对底物的降解性能一致,比耗氧速率值越大,表明其对该底物的降解性能越强。反应器运行 120d 时,在 BTF 的不同层取样,测定其比耗氧速率,结果见表 7-1(已扣除内源呼吸)。从表 7-1 中可知,$1^\#$ 塔的比耗氧速率总体水平较 $2^\#$ 塔的好,表明 $1^\#$ 塔内的生物活性高,这与相应的去除率和生物量水平一致,从而在一定程度上表明接种方式对 THF 的降解效率有很大影响。

表 7-1　反应器不同位置比耗氧速率比较

样品 底物	比耗氧速率/(mg O_2 减少量/min mg 蛋白质)					
	$1^\#$			$2^\#$		
	上层	中层	下层	上层	中层	下层
THF	179.1	290.5	337.8	159.9	199.8	206.7

7.1.3　微生物群落分析

为了考察前期接入的 *Pseudomonas* sp. DT4 在 $1^\#$ 塔内的变化情况,采用 PCR-DGGE 技术对运行期间(0～120d)BTF 内的微生物菌群结构进行分析。16S rDNA PCR 产物的 DGGE 结果如图 7-3 所示,从左向右依次相邻的三个泳道为同一取样时间 BTF 上、中、下三层的填料生物膜样品,泳道 1~12 分别为 BTF 运行 5d、20d、60d、110d 的 DGGE 指纹图。1[#]塔内的条带 3 持续存在,并逐渐变亮,后续割胶回收测序结果表明,其与菌株 DT4 的相似度达到 100%。*Pseudomonas oleovorans* 在 1[#]塔内稳定存在并成为优势菌株,说明菌株 DT4 在开放环境中能较好生长,且对 THF 进行高效降解,因此具有较好的工业应用价值。

图 7-3　不同运行阶段 1[#]塔内微生物群落 DGGE 图谱

其他优势条带测序结果见表 7-2。*Pseudomonas stutzeri* 具有醛类氧化酶,能降解醛类化合物[16];*Mycobacterium* sp. 在降解烃类化合物的过程中起到了非常重要的作用[17,18];*Alcaligenes faecalis* 属粪产碱菌,能降解苯酚、联苯等多种有机化合物[19,20]。因此,THF 中间降解产物可能为这些菌株的生长提供了能源物质,从而使其在整个运行过程中逐步演化为优势菌株。复杂的微生物菌群结构也促进了污染物的降解,提高了系统的稳定性[21]。

表 7-2　1[#]塔内部分优势菌 16S rDNA DGGE 片段测序结果

条带	长度/bp	取接近的属(登录号)	相似度/%
1	193	Uncultured *Enterobacter* sp.	93
2	183	*Mycobacterium* sp. (FJ807672)	96
4	175	*Pseudomonas stutzeri*(AJ308315)	96
5	191	Uncultured *Klebsiella* sp. (GQ418083)	91
6	165	*Pseudomonas fluerescens*(EF408245)	92
7	171	*Alcaligenes faecalis*(D88008)	94

7.2　紫外光解-生物滴滤塔处理含 α-蒎烯废气

α-蒎烯具有松萜特有的气味,它易溶于乙醇、乙醚、醋酸等有机溶剂,常被用做漆、蜡等的溶剂,是制备莰烯、松油醇、合成树脂等的原料,广泛应用于木材加工业、造纸业和制药业。α-蒎烯是一种对人体有害的化学物质,长期接触会对人造成损害[22]。近年来,随着一些 α-蒎烯降解菌的发现,其微生物降解技术受到广泛关注。但由于 α-蒎烯水溶性较差,在传统生物反应器内传质效果较差,因而影响了其净化效果[23]。针对 α-蒎烯的难水溶性,采用紫外光解作为预处理工艺,利用紫外光解的强氧化性,改善目标污染物的水溶性,从而强化 BTF 对 α-蒎烯的去除效果。

本节分别建立紫外氧化-生物滴滤塔(UV-BTF)和单独 BTF 装置,工艺流程如图 7-4 所示。将三个 UV 反应器(详见第 4 章)串联,并根据气量大小控制废气

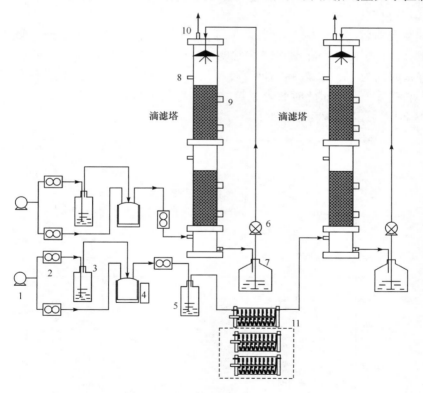

图 7-4　BTF 和 UV-BTF 工艺流程

1. 气泵;2. 转子流量计;3. α-蒎烯储液罐;4. 混合罐;5. 增湿系统;6. 蠕动泵;7. 营养循环液储罐
8. 气体采样口;9. 填料取样口;10. 尾气排放口;11. UV 反应器

在光反应器中的停留时间,同时增设湿度调节装置,湿度控制在 35%～40%。液态 α-蒎烯经空气吹脱挥发后,在气体混合瓶中按比例稀释得到不同浓度的模拟废气。一路模拟废气直接进入单独 BTF 装置,另一路模拟废气经湿度调节后进入光反应器,光解处理后再进入 BTF 装置。采用 α-蒎烯降解菌株(*Pseudomonas* sp. PT 和 *Pseudomonas* sp. ZW)混合驯化污泥的方法分别对两个 BTF 进行接种,填料采用聚氨酯小球。

7.2.1　运行性能

UV-BTF 和 BTF 挂膜期间总停留时间均为 97s,α-蒎烯的去除情况如图 7-5 所示。通过逐步提升进气负荷的方法使单独 BTF 和 UV-BTF 分别在 24d 和 16d 内完成启动挂膜,启动时间后者比前者缩短了 1/3。而且,当第 19d 提高进气浓度至 1200mg/m³ 时,采用 UV 作为预处理的联合系统对 α-蒎烯去除率稳定在 90% 以上,但单独 BTF 在相同条件下去除率仅为 66%。

挂膜成功后,反应器稳定运行两个月。当停留时间为 58s 和 41s 时,随着进气浓度提高,单独 BTF 去除率下降非常明显,而 UV-BTF 去除率仍保持在 80% 左右。停留时间为 35s 时,较高的进气负荷使单独 BTF 去除率急剧下降,只能去除 20% 左右的 α-蒎烯,而此时联合系统的去除率仍维持在 57% 以上。上述结果表明,UV-BTF 可以在高负荷条件下运行。

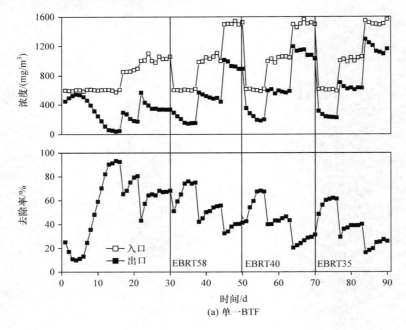

(a) 单一BTF

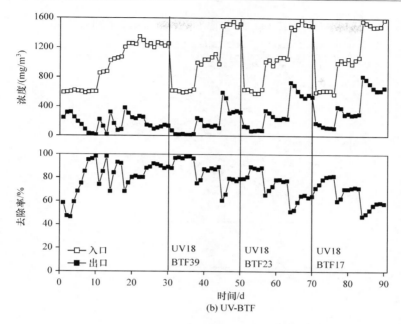

图 7-5　整个运行期进出口浓度和去除率变化曲线

　　单一 BTF 和 UV-BTF 内微生物群落多样性指数（Shannon index）分别为 0.79 和 1.39，表明前者微生物群落丰度远远低于后者。这是由于在单一 BTF 中，碳源只有 α-蒎烯，一些不能以 α-蒎烯或其代谢产物为碳源生长的微生物被逐步淘汰，因此种类相对较少。而联合系统中，由于 UV 光解会产生多种中间产物，碳源种类较为丰富，接种污泥中一些以 α-蒎烯光解产物为底物的优势菌也存活下来，从而使得滤塔内微生物群落呈现出多样性的特征。经割胶回收测序，在 UV-BTF 中微生物主要属于 α-蒎烯的降解菌属和光解产物的降解菌属：降解 α-蒎烯的优势菌属为 *Pseudomonas veronii*、*Pseudomonas fluorescens* 等；降解小分子有机酸的优势菌属为 *Ralstonia pickettii*、*Acidovorax caeni* 和 *Alcaligenes faecalis* 等[24,25]；降解醛酮类化合物的优势菌属为 *Sphingomonas paucimobilis*、*Pseudomonas stutzeri* 和 *Pseudomonas fragi* 等[26-28]。

7.2.2　去除负荷比较

　　不同停留时间条件下，UV-BTF 和 BTF 的去除负荷随进气负荷的变化曲线如图 7-6 所示，图中虚线分别代表 100%、75%、50% 和 25% 去除线。停留时间分别为 58s、41s 和 35s 时，单独 BTF 系统的最大去除负荷分别为 37.24g/(m³·h)、42.17g/(m³·h) 和 43.99g/(m³·h)，相对应的 UV-BTF 系统分别为 66.12g/(m³·h)、84.49g/(m³·h) 和 94.16g/(m³·h)。如果扣除单一光解作用引起的去除负荷，BTF 的去除负荷分别增加 11.55g/(m³·h)、8.73g/(m³·h) 和 6.68g/(m³·h)，表明

UV 光解对于后续生物净化有促进作用,即联合作用大于两者加和。

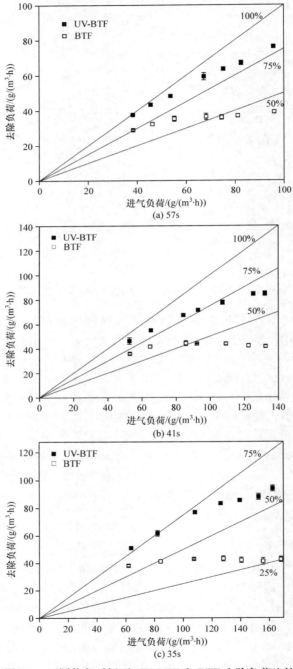

图 7-6　不同停留时间下 UV-BTF 和 BTF 去除负荷比较

本节分析了不同进气负荷条件下各功能单元对于去除负荷和 CO_2 生成负荷的贡献率(表 7-3)。在单一 BTF 中,下段生物填料的 α-蒎烯去除负荷所占的百分比较大,这可能与反应器采用气液逆流的运行方式有关;上段填料的 CO_2 生成负荷略大于下段填料,这是由于废气经过下段填料层后,α-蒎烯被降解为一些中间产物并随上升气流进入上段填料层后继续被生物降解,最终达到完全矿化,从而使得出口 CO_2 浓度大幅升高。在 UV-BTF 中,UV 光解单元对于 α-蒎烯的去除负荷贡献较大,而 CO_2 生成负荷较低,这是因为 UV 光解工艺停留时间较短,α-蒎烯主要转化为一些光解中间产物进入 BTF;在 BTF 中,矿化作用则较为明显,特别是下段填料层,CO_2 的生成负荷占到整个联合系统生成负荷的 50% 以上,从侧面表明结构较为简单的光解产物在 BTF 内更容易被矿化。因此,联合系统能在高负荷条件下稳定运行的主要原因是 UV 光解工艺能明显降低后续 BTF 的进气污染负荷。

表 7-3　各功能单元对去除负荷和 CO_2 生成负荷的贡献率

停留时间 /s	评价项目	贡献率/%				
		UV-BTF			BTF	
		UV	下段填料	上段填料	下段填料	上段填料
57	去除负荷	47.30	20.01	32.69	68.24	31.76
	CO_2 生成负荷	14.88	63.84	21.28	43.28	56.72
41	去除负荷	35.93	27.55	36.52	62.14	37.86
	CO_2 生成负荷	10.45	55.52	34.03	45.21	54.79
35	去除负荷	34.68	32.66	32.66	58.34	41.66
	CO_2 生成负荷	9.73	51.45	38.82	48.24	51.76

7.2.3　动力学分析

Ottengraf 和 van den Oever[29] 曾在 1983 年提出描述稳定运行期生物滤塔内污染物无扩散限制的零级动力学模型:

$$\frac{EC}{IL} = 1 - \left(1 - K_1\sqrt{\frac{EBRT}{IL}}\right)^2 \tag{7-1}$$

$$K_1 = \sqrt{\frac{K_0 D_e a}{2m\delta}} \tag{7-2}$$

式中,IL 为进气负荷,$g/(m^3 \cdot h)$;EC 为去除负荷,$g/(m^3 \cdot h)$;K_0 为零级动力学常数,$g/(m^3 \cdot h)$;K_1 为一级动力学常数,$g^{0.5}/(m^{1.5} \cdot h)$;$D_e$ 为化合物在生物膜中的有效扩散系数,m^2/h;m 为化合物的亨利系数,$Pa \cdot m^3/mol$;a 为单位体积的表观面积,m^{-1};δ 为生物膜厚度,μm。

式(7-3)描述了 K_1 与操作参数(C_{go},C_{gi},EBRT)之间的关系,通过它们之间的线性拟合可以求得不同停留时间下的 K_1 值:

$$\frac{C_{go}}{C_{gi}} = \left(1 - EBRT\frac{K_1}{\sqrt{C_{gi}}}\right)^2 \tag{7-3}$$

式中,C_{gi} 和 C_{go} 分别为 BTF 进口和出口浓度,mg/m³。

从拟合曲线(图 7-7)可以看出,无论是单独 BTF 还是 UV-BTF,实验数据线性相关性较好,K_1 值均随着 EBRT 的减少而增加。在相同的总停留时间下,联合系统中 BTF 的 K_1 大于单独 BTF。在生物滤塔单元气体停留时间相同的情况下(停留时间分别为 40s 和 39s,图 7-7(a)中"□"和(b)中"▲"),分别计算了理论临界进气浓度和临界进气负荷。

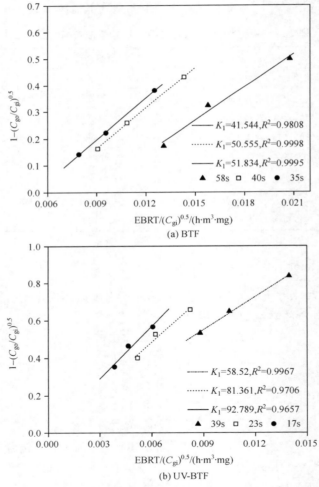

图 7-7　不同停留时间下 K_1 值拟合曲线

临界进气浓度 $C_{critical}$ 是指污染物降解的控制步骤由扩散控制转变为反应控制所对应的进气浓度[30]。气态污染物必须从气相扩散进入生物填料表面液相后才能被微生物利用,因此污染物的水溶性将很大程度上影响传质过程,进而影响临界进气浓度的大小。对于水溶性较好的物质,临界进气浓度较大,生化反应速度将是其主要控制因素;而水溶性较差的物质,由于无法在短时间内扩散进入液相,所以扩散控制将严重影响整体去除效果。临界进气浓度和临界进气负荷可以通过式(7-4)和式(7-5)计算,其中假设 K_0 值为相应停留时间下生物滤塔的最大去除负荷[29]:

$$C_{critical} = \frac{1}{4}\left(\frac{K_0}{K_1} + K_1 \cdot \text{EBRT}\right)^2 \tag{7-4}$$

$$\text{IL}_{critical} = \frac{C_{critical}XQ}{V} \tag{7-5}$$

通过分析比较临界进气浓度和临界进气负荷(表 7-4)可以看出,联合系统中 BTF 的理论计算值均大于单一 BTF 所对应的值。α-蒎烯是一种疏水性物质,极不易溶于水,在停留时间较短(40s)时,其临界进气浓度只有 497mg/m³,远远低于水溶性较好的物质[30,31],表明扩散传质影响效应非常严重。而在 UV-BTF 集成系统中,UV 仅产生了一些水溶性和可生物降解性较好的物质,这些物质不仅能促进滤塔内微生物的生长,还能在一定程度上改善 α-蒎烯的传质过程,使临界进气浓度有了较大程度的提高(662mg/m³)。一些研究也表明[32,33],添加少量有机溶剂(如醛酮类物质)可以促进疏水性物质在水相中的溶解。因此,可以推测,正是由于光解产物中含有少量的醛酮类物质,改善了 α-蒎烯的扩散传质过程,使得临界进气浓度有了较大程度的提高,相应的机理有待进一步深入研究。

表 7-4 BTF 和 UV-BTF 系统中生物去除 α-蒎烯的模型数值

单元	EBRT /s	C_{gi} /(mg /m³)	IL/(mg /(m³·h))	K_0/(mg /(m³·h))	K_1/(g^{0.5} /(m^{1.5}·h))	$C_{critical}$ /(mg/m³)	$\text{IL}_{critical}$ /(mg/(m³·h))
BTF	40	600~1600	55~134	42.91	50.56	497.38	44.76
UV-BTF	39	600~1600	35~90	58.13	58.52	662.12	60.02

7.3 生物滴滤塔处理丙烯酸乙酯、甲苯和甲醇混合废气

丙烯酸乙酯、甲醇、甲苯等是使用较多的有机化工原料,工业废气中常含有这些组分,例如,某医药厂生产车间排放的废气中含有均值为 394mg/m³ 的甲醇、433.8mg/m³ 的丙烯酸乙酯和 375.9mg/m³ 的甲苯。作者研究组将选育获得的具有高降解性能的混合菌种接种至生物滴滤塔,探讨了生物净化技术同步降解多组分混合废气的可行性[34]。

7.3.1　运行性能

采用生物滴滤塔处理含丙烯酸乙酯、甲醇、甲苯混合废气,装置具体见第6章。用驯化后的活性污泥混合高活性降解菌株对反应器进行接种挂膜,并与活性污泥接种的普通反应器进行对比。

挂膜启动阶段 EBRT 控制在90s,混合底物浓度为300~1500mg/m³(甲醇、丙烯酸乙酯、甲苯浓度维持在1∶1∶1)。如图7-8所示,反应器启动5d后,甲醇和丙烯酸乙酯的去除率开始达到70%以上,甲苯由于其较难生物降解,去除率约为60%,这可能是由于甲苯的水溶性较差,导致气液传质不好;7d后,填料表面形成肉眼可见的生物膜,三种物质的去除率稳定在90%以上,说明反应器挂膜启动成功。测定了第7~11d BTF 的生物量,发现单位填料上的生物量已趋于定值。例如,在距进气口20cm处附着在填料上的生物量稳定在28mg VSS/g 填料,在距进气口45cm处稳定在15mg VSS/g 填料,在距进气口90cm处稳定在11mg VSS/g 填料。

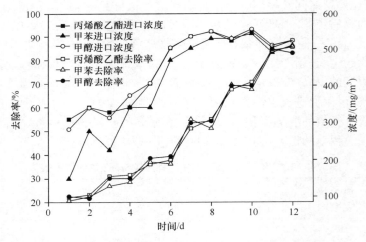

图 7-8　挂膜启动阶段三种物质进口浓度和去除率

稳定运行阶段(图7-9),当停留时间分别为90s、75s、60s、45s和30s时,随着进气浓度的不断增大,混合废气总去除率逐渐降低。当停留时间为45~90s,混合废气总进口浓度小于1200mg/m³ 时,均能获得较高的去除效率(大于80%);当停留时间缩短至30s、总去除率在混合废气浓度小于900mg/m³ 时,仍能稳定在80%~90%;但当进气浓度提高到1200mg/m³ 以上时,去除率下降至70%以下。进一步分析了各组分的去除情况:进气负荷小于70g/(m³·h)时,不同停留甲醇和丙烯酸乙酯的去除率分别稳定在90%和88%以上,甲苯的去除率相对较低,稳定在82.5%以上;进气负荷大于178.32g/(m³·h)时,反应体系对甲醇、丙烯酸乙酯、甲苯的去除率分别低于 68.35%、57.21%和 52.7%。在整个运行期间,BTF 对甲醇和丙烯酸乙酯的去除效果都要优于对甲苯的去除效果,表明苯系物相对醇类和酯类物质较难降解。Deshusses 等[35]研究了生物滴滤对不同类 VOCs 的去除能力,发现污染物的去除能力和其亨利系数及疏水性有关,大体遵循:醇类>酯类>酮类>芳香类>芳香烃类>烷烃类。这与本实验研究所得的结果相似。

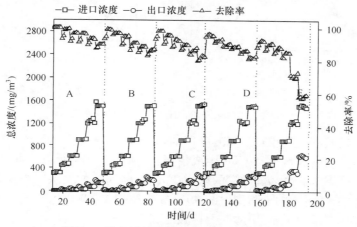

图 7-9　稳定运行阶段进出口总浓度和去除率

甲醇、甲苯、丙烯酸乙酯及混合废气去除负荷随进气负荷变化的情况如图 7-10(a)～(d)所示,图中直线代表 100%去除率。不同停留时间下进气负荷与去除负荷的变化趋势基本是一致的:当进气负荷较低时,去除负荷会随进气负荷的增加而线性增加;当进气负荷逐渐增大到某一值后,三者的去除负荷均处于稳定。例如,甲醇进气负荷大于 48g/(m³·h)时,去除负荷趋于 40g/(m³·h);甲苯进气负荷大于 40g/(m³·h)时,去除负荷趋于 30g/(m³·h);丙烯酸乙酯进气负荷大于 48g/(m³·h)时,去除负荷趋于 35g/(m³·h);当混合废气的总进气负荷大于 120g/(m³·h)时,去除负荷趋于 100g/(m³·h)。

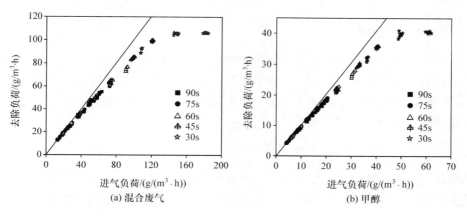

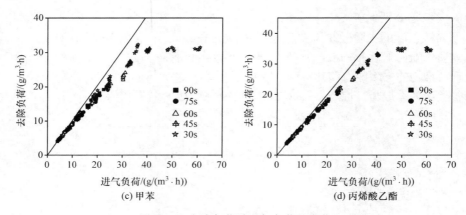

图 7-10　去除负荷随进气负荷的变化

　　为了探索共存组分相互之间的影响,本节分析了稳定运行期单一组分、二元组分和三元组分的去除负荷和 CO_2 生成情况,结果如表 7-5 所示。可以发现:①甲醇的去除不受甲苯和丙烯酸乙酯的影响;②丙烯酸乙酯的去除不受甲苯的影响但受甲醇的影响;③甲苯的去除受甲醇和丙烯酸乙酯的影响。这与三种组分的生物降解难易程度有很大关系:甲醇>丙烯酸乙酯>甲苯。

表 7-5　稳定运行期各组分的最大去除负荷和矿化率

组分	最大去除负荷/(g/(m³·h))			矿化率/%		
	甲醇	甲苯	丙烯酸乙酯	甲醇	甲苯	丙烯酸乙酯
单一组分	55.45	48.32	54.84	91.7	83.4	83.8
	27.10	20.99	—			
二元组分	—	21.23	27.31			
	27.10		25.49			
三元组分	18.56	14.05	17.69	75.1		

7.3.2　动力学分析

　　为深入分析混合废气在 BTF 内的降解行为,本节进行动力学分析。假设体系中供氧条件和传质不受限制,在稳定运行期微生物衰亡速率和生长速率保持平衡[36],体系内微生物数量维持恒定,采用 Michaelis-Menten 模型[37](式 7-6)进行拟合,拟合结果如图 7-11 所示。

$$\frac{V/Q}{C_{gi}-C_{go}}=\frac{K_s}{r_{max}}\frac{1}{C_{ln}}+\frac{1}{r_{max}} \tag{7-6}$$

式中,V 为 BTF 体积,m^3;Q 为气体流率,m^3/s;C_{gi} 为污染物进气浓度,g/m^3;C_{go} 为污染物出气浓度,g/m^3;C_{ln} 为 $(C_{gi}-C_{go})/\ln(C_{gi}/C_{go})$,$g/m^3$;$r_{max}$ 为单位体积的最大

降解速率,g/(m³ · h);K_s 为气相饱和常数,g/m³。

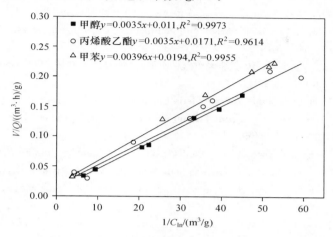

图7-11　甲醇、甲苯、丙烯酸乙酯的 Michaelis-Menten 模型拟合结果

　　甲醇、甲苯、丙烯酸乙酯拟合结果的线性相关系数(R^2)分别为 0.9973、0.9955 和 0.9614,相关性较好。从拟合结果可知,甲醇、甲苯和丙烯酸乙酯单位体积最大降解速率 r_{max} 分别为 90.9g/(m³ · h)、50.5g/(m³ · h)和 58.5g/(m³ · h),气相饱和常数 K_s 分别为 0.320g/m³、0.205g/m³ 和 0.204g/m³。气相饱和常数 K_s 可间接表征污染物在 BTF 内的传质特性。由于甲醇的水溶性较好,从气相扩散到液相的过程较容易,所以甲醇的 K_s 较其他两种组分大,单位体积最大降解速率 r_{max} 相应也较大。

参 考 文 献

[1] Bernhardt D,Diekmann H. Degradation of dioxane,tetrahydrofuran and other cyclic ethers by an environmental *Rhodococcus* strain. Applied Microbiology and Biotechnology,1991,36(1): 120-123.

[2] Parales R E,Adamus J E,White N,et al. Degradation of 1,4-dioxane by an actinomycete in pure culture. Applied and Environmental Microbiology,1994,60(12):4527-4530.

[3] 李钧敏,边才苗,陈彤. 四氢呋喃降解细菌质粒的检出及菌株的生长特性. 环境科学研究, 2003,16(3):44-46.

[4] Nakamiya K,Hashimoto S,Ito H,et al. Degradation of 1,4-dioxane and cyclic ethers by an isolated fungus. Applied and Environmental Microbiology,2005,71(3):1254-1258.

[5] Bock C,Kroppenstedt R M,Diekmann H. Degradation and bioconversion of aliphatic and aromatic hydrocarbons by *Rhodococcus ruber* 219. Applied Microbiology and Biotechnology, 1996,45(3):408-410.

[6] Zhou Y Y,Chen D Z,Zhu R Y,et al. Substrate interactions during the biodegradation of BTEX and THF mixtures by *Pseudomonas oleovorans* DT4. Bioresource Technology,2011,

102(12):6644-6649.

[7] Chen J M,Zhou Y Y,Chen D Z,et al. A newly isolated strain capable of effectively degrading tetrahydrofuran and its performance in a continuous flow system. Bioresource Technology, 2010,101(16):6461-6467.

[8] 周玉央,陈东之,金小君,等. 食油假单胞菌 DT4 菌株对四氢呋喃(THF)的降解特性. 环境科学,2011,32(1):266-271.

[9] Zhou Y Y,Chen D Z,Zhu R Y,et al. Statistical analysis for optimizing tetrahydrofuran degradation by *Pseudomonas oleovorans* DT4 in fed-batch culture. Fresenius Environmental Bulletin,2011,20(9A):2451-2459.

[10] Chen D Z,Fang J Y,Shao Q,et al. Biodegradation of tetrahydrofuran by *Pseudomonas oleovorans* DT4 immobilized in calcium alginate beads impregnated with activated carbon fiber: Mass transfer effect and continuous treatment. Bioresource Technology, 2013, 139 (7): 87-93.

[11] Savithiry N,Gage D,Fu W J,et al. Degradation of pinene by *Bacillus pallidus* BR425. Biodegradation,1998,9(5):337-341.

[12] Boontawan A,Stuckey D C. A membrane bioreactor for the biotransformation of α-pinene oxide to isonovalal by *Pseudomonas fluorescens* NCIMB 11671. Applied Microbiology and Biotechnology,2006,69(6):643-649.

[13] Cheng Z W,Sun P F,Jiang Y F,et al. Kinetic analysis and bacterium metabolization of α-pinene by a novel identified *Pseudomonas* sp. strain. Journal of Environmental Sciences,2012, 24(10):1806-1815.

[14] Yoo S K,Day D F,Cadwallader K R. Bioconversion of alpha- and beta-pinene by *Pseudomonas* sp. strain PIN. Process Biochemistry,2001,36(10):925-932.

[15] Sercu B,Boon N,Beken S V,et al. Performance and microbial analysis of defined and nondefined inocula for the removal of dimethyl sulfide in a biotrickling filter. Biotechnology and Bioengineering,2007,96(4):661-672.

[16] Uchida H,Fukuda T,Satoh Y,et al. Characterization and potential application of purified aldehyde oxidase from *Pseudomonas stutzeri* IF012695. Applied Microbiology and Biotechnology,2005,68(1):53-56.

[17] Kim Y H,Engesser K H,Cemiglia C E. Numerical and genetic analysis of polycyclic aromatic hydrocarbon-degrading mycobacteria. Microbial Ecology,2005,50(1):110-119.

[18] 任随周,郭俊,曾国驱,等. 处理印染废水的厌氧折流板反应器中的微生物种群组成及分布规律. 生态学报,2005,25(9):2297-2303.

[19] Jiang Y,Wen J P,Bai J. Biodegradation of phenol at high initial concentration by *Alcaligenes faecils*. Journal of Hazardous Materials,2007,147(1):672-676.

[20] Oda Y,Oida N,Urakami T. Polycaprolactone depolymerase produced by the bacterium *Alcaligenes* faecils. FEMS Microbiology Letters,1997,152(2):339-343.

[21] Zein M M,Suidan M T,Venosa A D. MTBE biodegradation in gravity flow,high-biomass retaining bioreactor. Environmental Science & Technology,2004,38(12):3449-3456.

[22] Tillmann R,Saathoff H,Brauers T,et al. Temperature dependence of the rate coefficient for

the α-pinene reaction with ozone in the range between 243K and 303K. Physical Chemistry Chemical Physics,2009,11(13):2323-2328.

[23] Jin Y M,Veiga M C,Kennes C. Performance optimization of the fungal biodegradation of α-pinene in gas-phase biofilter. Process Biochemistry,2006,41(8):1722-1728.

[24] Heylen K,Lebbe L,de Vos P. *Acidovorax caeni* sp nov. ,a denitrifying species with genetically diverse isolates from activated sludge. International Journal of Systematic and Evolutionary Microbiology,2008,58(1):73-77.

[25] 王宏宇,马放,杨开,等.两株异养硝化细菌的氨氮去除特性.中国环境科学,2009,29(1):47-52.

[26] 荀敏,曲媛媛,杨桦,等.鞘氨醇单胞菌:降解芳香化合物的新型微生物资源.应用与环境生物学报,2008,14(2):276-282.

[27] Ohta T,Tani A,Kimbara K,et al. A novel nicotinoprotein aldehyde dehydrogenase involved in polyethylene glycol degradation. Applied Microbiology and Biotechnology,2005,68(5):639-646.

[28] Uchida H,Fukuda T,Satoh Y,et al. Characterization and potential application of purified aldehyde oxidase from *Pseudomonas stutzeri* IF012695. Applied Microbiology and Biotechnology,2005,68(1):53-56.

[29] Ottengraf S P P,van den Oever A H C. Kinetics of organic compound removal from waste gas with a biological filter. Biotechnology and Bioengineering,1983,25(12):3089-3102.

[30] Raghuvanshi S,Babu B V. Experimental studies and kinetic modeling for the removal of methyl ethyl ketone using biofiltration. Bioresource Technology,2009,100(17):3855-3861.

[31] Alvarez-Hornos F J,Gabaldon C,Martinez-Soria V,et al. Biofiltration of ethylbenzene vapors:Influence of the packing material. Bioresource Technology,2008,99(2):269-276.

[32] Kastner J R,Thompson D N,Cherry R S. Water-soluble polymer for increasing the biodegradation of sparingly soluble vapors. Enzyme and Microbial Technology, 1999, 24 (1):104-110.

[33] Koutinas M,Martin J,Peeva L G,et al. An oil-absorber-bioscrubber system to stabilize biotreatment of pollutants present in waste gas. Fluctuating loads of 1, 2-dichloroethane. Environmental Science & Technology,2006,40(2):595-602.

[34] 郑江玲,朱润晔,於建明,等.生物滴滤塔同步降解多组分挥发性有机物的实验研究.中国环境科学,2012,32(11):1971-1978.

[35] Deshusses M A,Hamer G,Dunn I J. Behavior of biofilters for waste air biotreatment. Environmental Science & Technology,1995,29(4):1048-1058.

[36] Li C,Moe W M. Activated carbon load equalization of discontinuously generated acetone and toluene mixtures treated by biofiltration. Environmental Science & Technology, 2005, 39(7):2349-2356.

[37] Krailas S,Tongta S,Meeyoo V. Macrokinetic determination of isopropanol removal using a downward flow biofilter. Songklanakarin Journal of Science and Technology, 2004, 26:55-64.

第8章 含苯废气的生物净化

近年来,随着化工、石油、医药、油漆、制鞋等行业的迅速发展,含苯废气大量排放,由此带来的环境污染问题日益受到关注。苯系物具有特殊的芳香味,长时间接触会引起恶心、头疼、眩晕等症状,严重时还会引发癌症。我国 1997 年颁布并实施的《大气污染物综合排放标准》(GB 16297—1996)中限定了 33 种污染物的排放限值,其中就包括苯、甲苯、二甲苯等苯系物。

目前,生物技术是降解苯系物的主流技术之一。自然界存在大量降解苯系物的微生物,包括 8 个细菌属、6 个放线菌属、6 个酵母属和 6 个霉菌属[1,2],它们都可以在有氧或缺氧条件下将苯、甲苯等苯系物完全矿化为 CO_2 和 H_2O。在含苯废气的生物净化过程中,由于氧气含量较为充足,所以认为其微生物代谢过程通常在好氧条件下发生。

有了分子氧,苯系物的降解就需要单加氧酶和双加氧酶的参与。这是两个完全不同的降解过程,但它们都会生成邻苯二酚产物,并通过邻苯二酚双加氧酶的作用,在邻位或间位发生开环,形成的物质最终进入三羧酸循环(TCA),生成细胞量和 CO_2、H_2O[3,4]。

图 8-1 归纳了目前公认的微生物代谢苯系物的途径[5,6],包括两条主要途径:苯环上相邻位的羟基化和苯环上取代基的氧化。前者是在双加氧酶的作用下,苯环上与烷基相邻位被羟基化,形成带苯环的顺式二羟基二醇,然后在双加氧酶的参与下,形成邻苯二酚或烷基邻苯二酚。后者则是在单加氧酶、脱氢酶等的作用下,苯环上的取代基先被氧化,形成相应的芳香醇/醛/酸,然后经双加氧酶的作用,形成带苯环的顺式二醇酸及烷基邻苯二酚。可以发现,无论是苯环上相邻位的羟基化还是取代基的氧化,它们最终都将经历邻苯二酚或烷基邻苯二酚后进入 TCA循环。

如前所述,一些工业废水、城市污水处理设施的好氧生物处理段的活性污泥中有一些苯系物的特定降解菌,但采用这些活性污泥接种的生物反应器普遍存在启动时间长、去除效率不高等问题。为此,作者研究组成员将苯系物的高活性混合菌种接种至载体材料上,经固体发酵培养制备成复合微生物菌剂(详见第 2 章)[7,8],取代活性污泥应用于含苯废气的生物处理装置中,以达到快速启动及强化处理效果的目的;同时,发现生物处理装置在长期运行的过程中会出现填料层堵塞、去除性能恶化等问题。因此,通过微量臭氧技术定向调控生物膜生长,强化了生物膜的表面更新速率,实现了处理装置长期稳定高效的运行[9]。

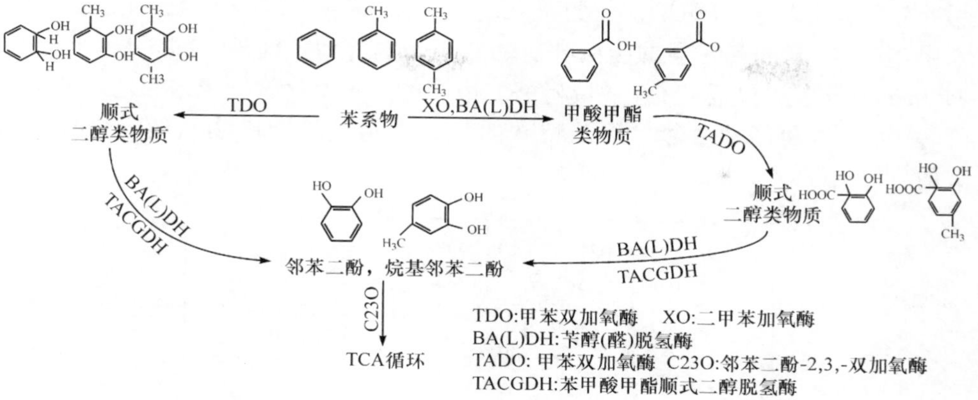
顺式
二醇类物质
TDO
苯系物
XO,BA(L)DH
甲酸甲酯
类物质
TADO
BA(L)DH
TACGDH
顺式
二醇类物质
邻苯二酚，烷基邻苯二酚
BA(L)DH
TACGDH
C23O
TCA循环
TDO:甲苯双加氧酶　XO:二甲苯加氧酶
BA(L)DH:苄醇(醛)脱氢酶
TADO: 甲苯双加氧酶 C23O:邻苯二酚-2,3,-双加氧酶
TACGDH:苯甲酸甲酯顺式二醇脱氢酶

图 8-1　微生物代谢苯系物的途径

8.1　生物滤塔处理 BTX 混合废气

采用生物滴滤塔处理含苯、甲苯、邻二甲苯混合废气，装置具体见第 6 章。用固态复合微生物菌剂 B-2(见 2.5.1 节)对反应器进行接种挂膜，并与活性污泥接种的反应器进行对比[10]。

8.1.1　运行性能

生物滴滤塔启动阶段，在 BTX 进口浓度 0.2～0.4g/m^3，EBRT＝90s 的条件下，菌剂启动的反应器和新鲜活性污泥启动的反应器分别在第 7d 和第 24d 完成挂膜。两者对苯和甲苯的去除率均大于 90%，对邻二甲苯的去除率分别大于 70%和 60%。可见，使用复合菌剂进行接种可以显著缩短反应器启动时间，并且能够获得较好的处理效果。

挂膜成功后，对用菌剂 B-2 启动的生物滴滤塔运行性能进行研究。图 8-2 反映了生物滴滤塔在不同停留时间条件下 BTX 总去除率的变化情况。可以看出，相同停留时间下，随着 BTX 进气浓度的不断提高，去除率逐渐降低。控制 EBRT＝90s，系统对 BTX 的去除效果较好，即使进气浓度升高至 1.2g/m^3，BTX 总去除率仍能大于 85%。当 EBRT 为 60s 和 45s 时，BTX 总去除率在进气浓度为 0.31～0.94g/m^3 时可维持在 80%以上。EBRT 进一步缩短至 30s 时，只有进气浓度较低时(0.31～0.45g/m^3)，BTX 总去除率才能维持在 80%～90%，而进气浓度提高至 1.20g/m^3 时，总去除率下降至 60%左右。与此同时，实验结果表明，运行期间苯和甲苯的去除率都要大于邻二甲苯的去除率，国内外也有很多类似的报道。Jorio 等[11]研究了生物过滤塔降解高浓度苯系物的情况，结果表明，体系对邻二甲苯的去除效果较甲苯差。Deeb 等[12]的研究表明,在纯菌或者混合菌降解 BTEX 的体系中,苯和甲苯的存在会抑制菌株对邻二甲苯的降解。此外,Gabaldon 等[13] 和 Mohammad 等[14]也报道了生物降解邻二甲苯的速率明显低于甲苯和乙苯的生物降解速率。这可能是由邻二甲苯特殊的化学结构及不同底物间的竞争抑制造成的。

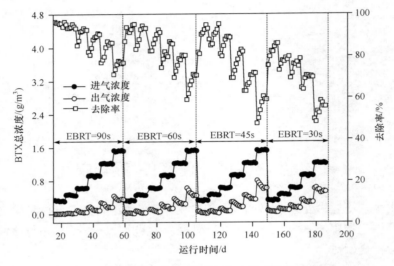

图 8-2　不同停留时间下 BTX 总去除率的变化情况

苯、甲苯、邻二甲苯及其混合物的去除负荷和去除率随进气负荷的变化情况如图 8-3 所示。不同 EBRT(60s、45s 和 30s)条件下,去除负荷与进气负荷的变化趋势基本一致,当进气负荷较低时,去除负荷随进气负荷增加呈线性增加。当 BTX 进气负荷>125g/(m³·h)时,去除负荷趋于稳定,BTX 的最大去除负荷(EC$_{max}$)约为 100g/(m³·h),表明 BTF 能高效降解 BTX 混合废气。

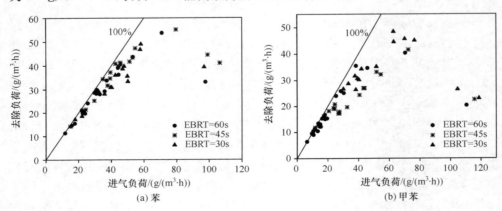

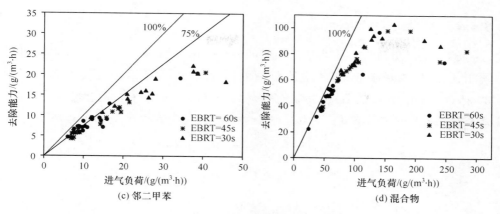

(c) 邻二甲苯　　　　　　　　　　(d) 混合物

图 8-3　BTX 去除负荷及去除率随进气负荷的变化

　　本节对反应器长期运行过程中的压降变化情况进行了监测(图 8-4)。随着运行时间的延长,压降缓慢上升;运行 160d 后,体系压降稳定在 10mmH$_2$O 左右。进气负荷的增加使微生物大量生长,填料表面孔隙率变小,从而使塔内压降增大。有研究表明,床层高度为 1.5m 的生物滤塔在压降小于 50mmH$_2$O 的范围内可获得较高的去除效率[15]。Namkoong 等[16]认为压降即使达到 60mmH$_2$O/m 也不会严重影响生物滤塔的运行。本实验中,反应器填料层总高度为 0.6m,运行过程中压降没有发生突然增大的现象,且长期运行后压降仍维持在适宜水平,表明反应器运行良好,没有发生堵塞。

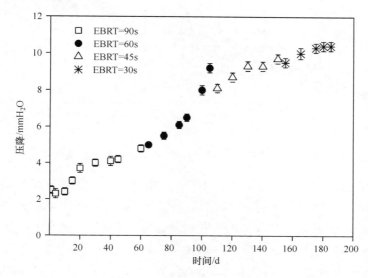

图 8-4　不同阶段反应器中的压降变化

8.1.2　CO_2 生成量分析

BTX 去除负荷与 CO_2 生成量随时间的变化情况如图 8-5 所示。从图中可以看出，CO_2 生成量随着 BTX 去除负荷的增大而增大，CO_2 的最大生成负荷为 $393g/(m^3 \cdot h)$，对应的 BTX 去除负荷为 $102g/(m^3 \cdot h)$ 左右。混合废气中苯、甲苯和邻二甲苯的质量浓度比为 5∶5∶4，因此根据化学方程式(8-1)～式(8-3)：

$$苯：2C_6H_6 + 15O_2 \!=\!=\! 12CO_2 + 6H_2O \tag{8-1}$$

$$甲苯：C_7H_8 + 9O_2 \!=\!=\! 7CO_2 + 4H_2O \tag{8-2}$$

$$邻二甲苯：2C_8H_{10} + 21O_2 \!=\!=\! 16CO_2 + 10H_2O \tag{8-3}$$

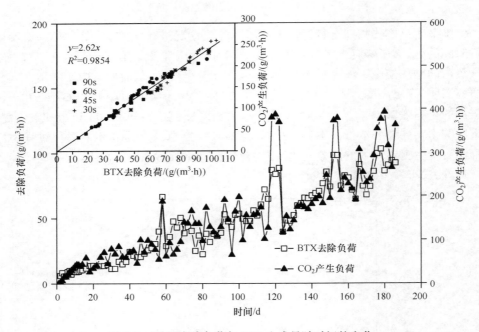

图 8-5　BTX 去除负荷与 CO_2 生成量随时间的变化

计算得到的 CO_2 生成量(y)与 BTX 去除负荷(x)之间的线性关系为 $y = 3.35x$。而在本实验条件下，拟合得出两者的线性关系为 $y = 2.62x$，与文献报道的情况一致(CO_2 生成量与 BTEX 的去除负荷的比例为 2.50～2.93[17,18])。但是，从图中可以看出，CO_2 实际的生成量与理论值仍存在一定差别，这可能是由于 BTX 部分作为能源供微生物自身生长，另一部分转化为 HCO_3^-、H_2CO_3 或者 CO_3^{2-} 存在于液相中。

　　在不同进气负荷条件下,生物滴滤塔上下层对降解有机废气的贡献不同。通过分析上、下层的 CO_2 生成量,发现进气负荷较低时,下层 CO_2 的生成量占总生成量的百分率大于上层,在 BTX 去除负荷为 13.3g/(m^3·h)时,下层 CO_2 生成量的百分率最大(78%);随着进气负荷的增大,下层 CO_2 生成量所占的百分率逐渐减小,当去除负荷为 94.7g/(m^3·h)时,上、下层 CO_2 的生成量相当。之所以造成这种现象,可能是因为停留时间较长、进气负荷较低时,下层对 BTX 的降解和矿化起了主要作用;而随着停留时间的缩短和进气负荷的增加,下层填料在降解 BTX 的同时无法及时将中间产物矿化,因此 CO_2 生成量减少。

8.1.3　动力学分析

　　为深入分析 BTX 在 BTF 内的降解行为,采用第 7 章所述的 Michaelis-Menten 模型进行动力学分析。

　　在 BTF 稳定运行阶段,微生物的生长速率和衰亡速率保持平衡[19],体系中的微生物维持稳定,因此,整个稳定运行过程动力学常数不变。用 Michaelis-Menten 动力学模型拟合结果见图 8-6。可以得出,苯、甲苯和邻二甲苯单位体积最大降解速率 r_{max} 分别为 138.89g/(m^3·h)、113.64g/(m^3·h)和 86.21g/(m^3·h),气相饱和常数 K_s 分别为 1.014g/m^3、0.955g/m^3 和 0.810g/m^3。Mathur 等[20]报道的生物滴滤塔对甲苯和邻二甲苯的最大降解速率 r_{max} 分别为 118.50g/(m^3·h)和 86.40g/(m^3·h),气相饱和常数 K_s 分别为 0.736g/m^3 和 0.679g/m^3,与本实验结果相当。

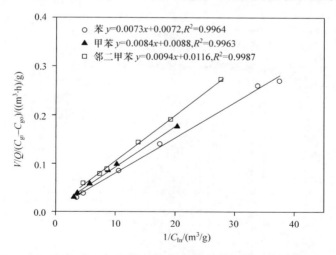

图 8-6　苯、甲苯、邻二甲苯的 Michaelis-Menten 动力学模型拟合结果

8.2　生物滤塔处理甲苯、邻二甲苯和二氯甲烷混合废气

工业生产过程中排放的废气中，除苯系物外往往还伴生二氯甲烷等污染物。针对这类废气，以甲苯、邻二甲苯及二氯甲烷为模型污染物，重点开展使用液态复合功能菌剂（详见 2.5.2 节）强化生物滤塔运行性能的研究。

8.2.1　运行性能

在挂膜启动阶段（图 8-7），控制 EBRT 为 90s、混合废气浓度从 0.3g/m³ 左右逐渐提升至 0.9g/m³ 左右，运行 26d 后挂膜启动成功，苯、邻二甲苯及二氯甲烷去除率均达到 90％以上。生物量测定结果表明，反应器内生物量逐渐增加，下层填料上的生物量多于上层，约是其 2 倍。

从图 8-7 中可以看出，在稳定运行阶段，当混合废气进口浓度低于 0.6g/m³ 时，EBRT 的变化对污染物去除率的影响不大，体系对苯、邻二甲苯及二氯甲烷的去除率始终维持在 95％以上。混合废气进口浓度升高至 0.9g/m³ 左右，EBRT 缩短至 30s 时，苯去除率仍大于 95％，而邻二甲苯及 DCM 的去除率降低到 80％左右；混合废气进口浓度进一步依次升高至 1.2g/m³ 和 1.5g/m³ 左右，EBRT 缩短至≤45s 时，苯去除率分别低于 89％和 50％，邻二甲苯去除率分别低于 80％和 50％，DCM 去除率分别低于 50％和 20％。因此，随着混合废气进气负荷的增加，体系对苯、邻二甲苯及 DCM 的降解效果下降，其中二氯甲烷的降幅最大，邻二甲苯次之，苯最小。

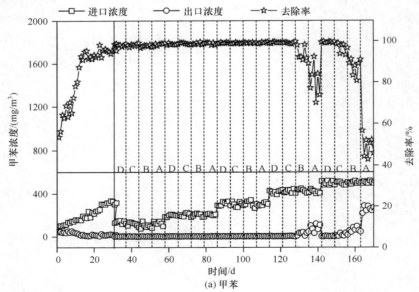

(a)甲苯

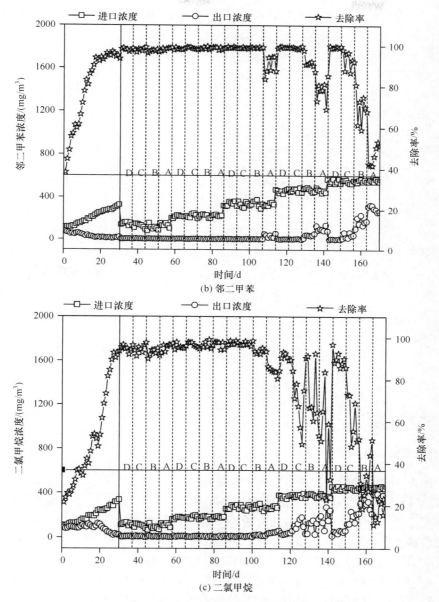

图 8-7　整个运行期各底物的进出口浓度和去除率变化曲线

A. EBRT=75s；B. EBRT=60s；C. EBRT=45s；D. EBRT=30s

CO_2 生成负荷和混合废气去除负荷之间的关系如图 8-8 所示。不同运行阶段的最大去除负荷分别为 65.3g/(m³·h)、102.71g/(m³·h)、138.53g/(m³·h)、172.13g/(m³·h)及 83.63g/(m³·h)，对应的 CO_2 生成负荷分别为 78.77g/(m³·h)、

120.43g/(m³·h)、173.31g/(m³·h)、203.2491g/(m³·h)及149.26g/(m³·h)。拟合结果表明,CO_2 生成负荷与混合废气去除负荷呈线性关系,为 $y=1.37x$。与理论值($y=2.22x$)相比可知,矿化率大于60%。

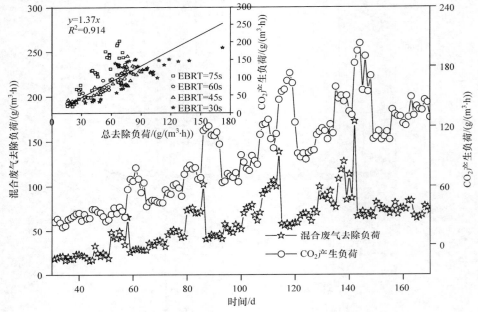

图 8-8　混合废气去除负荷和 CO_2 生成量随时间的变化

8.2.2　生物膜特性

1. 生物膜代谢指纹特征

Biolog ECO 微平板技术可以用平均吸光度(AWCD)、Shannon 指数(H)、丰富度(S)等指标来描述微生物群落的代谢指纹特征,已广泛应用于反应系统内微生物种群特性研究[21]。本节采用该技术分析生物滴滤塔内微生物代谢活性。图 8-9 是上、下层填料上生物膜的 AWCD 变化曲线。从图 8-9 中可以看出,反应器下层填料生物膜的 AWCD 值比上层生物膜的 AWCD 值大,说明下层生物膜活性更高。

AWCD 与培养时间呈非线性关系,应符合微生物种群生长的动态模型,可以利用罗切斯特(Rochester)[22]公式(8-4)描述生物群落功能动态变化:

$$y=\frac{a}{1+e^{\frac{b-t}{c}}} \tag{8-4}$$

式中,a 为最大平均吸光度;b 为达到最大平均吸光度值的一半所需的时间;$1/c$ 为吸光度值的变化指数;t 为培养时间;y 为平均吸光度。图 8-10 为填料微生物群落功能代谢剖面动态变化曲线,拟合参数与相关系数列于表 8-1 中。

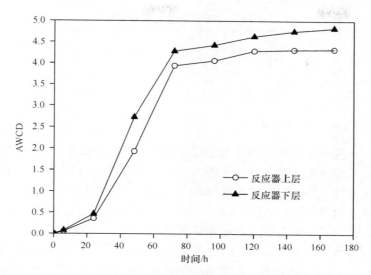

图 8-9　上、下层填料上生物膜的 AWCD 变化曲线

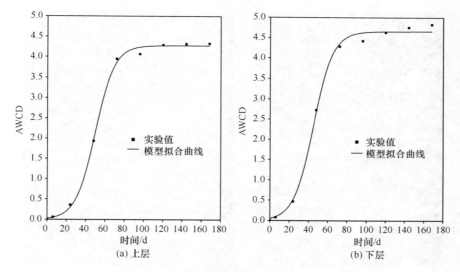

图 8-10　微生物群落功能代谢剖面动态变化

　　可以看出样品的测试结果能够较好地符合罗切斯特模型,相关系数均达到 0.99 以上。反应器下层的生物样品 b 值比上层低 9.4%,$1/c$ 值比上层低 9.3%。b 值和 $1/c$ 值可以体现微生物活性高低及种类的多少,b 值越小,说明微生物活性越高,$1/c$ 值越大说明微生物种类越多。动力学参数表明,样品的生物活性比较高,群落的生长能力比较强,微生物的群落结构比较丰富,对混合废气的去除能力也比较强。

表 8-1　拟合曲线相关参数数值

参数	a	b	c	R^2
上层	4.275	49.61	9.95	0.9981
下层	4.658	44.95	10.1	0.9966

2. 生物膜微生物群落结构

为进一步探明反应器内微生物群落结构及演替规律,采用 PCR-DGGE 技术对各运行阶段的生物膜样品进行分析。由 DGGE 指纹图(图 8-11)可以看出,运行期间生物滴滤塔上层和下层微生物种类丰富,进一步选择有代表性的条带进行切胶回收测序。通过 Blast 程序与 GenBank 中核酸数据进行比对分析,结果见表 8-2 (a)和(b)。接种至反应器的液态复合菌剂的功能菌株主要为 *Zoogloea resiniphila* HJ1 和 *Methylobacterium rhodesianum* H13,而测序结果表明属于 *Methylobacterium* sp. 以及 *Zoogloea* sp. 的微生物在运行期间稳定存在,推测菌株 HJ1 及菌株 H13 是反应体系中较为关键的功能菌株,对污染物的去除起到了主要的作用。

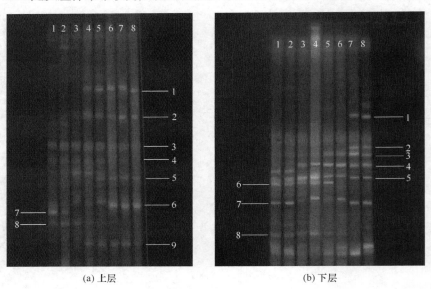

(a) 上层　　　　　　　　　　(b) 下层

图 8-11　反应器填料生物膜样品 DGGE 图谱

1~4 分别代表生物滴滤塔进气总浓度为 600mg/m³,EBRT 为 75s、60s、45s 和 30s 时的填料生物膜样品 DGGE 指纹图;5~8 分别代表进气总浓度为 1200mg/m³,EBRT 为 75s、60s、45s 和 30s 时的填料生物膜样品 DGGE 指纹图

此外,通过比对还发现体系中存在 *Pseudomonas* sp.、*Rhodococcus* sp.、*Stenotrophomonas* sp. 以及 *Burkholderia* sp.,它们是降解苯系物的菌株[23-26];发

现的 *Methylobacterium* sp. 及 *Xanthobacter* sp. 是降解二氯甲烷的菌株[27,28]。

表 8-2(a) 生物滴滤塔上层部分优势菌 16S rRNA DGGE 片段测序结果

条带	序列长度/bp	最接近属	相似度/%
1,8	182	*Pseudomonas* sp.	99
2,7	226	*Stenotrophomonas* sp.	99
3	218	*Methylobacterium* sp.	100
4	197	*Zoogloea* sp.	100
5,6	192	*Rhodococcus* sp.	95

表 8-2(b) 生物滴滤塔下层部分优势菌 16S rRNA DGGE 片段测序结果

条带	序列长度/bp	最接近属	相似度/%
1,4	182	*Burkholderia* sp.	96
2	226	*Stenotrophomonas* sp.	92
3,5	218	*Pseudomonas* sp.	93
6	169	*Methylobacterium* sp.	98
7	231	*Zoogloea* sp.	99
8	194	*Xanthobacter* sp.	97

8.3 微量臭氧强化生物滴滤处理甲苯废气

生物膜是污染物直接去除的载体,其活性和含量直接影响生物滤塔的去除性能。大量研究表明[29,30],生物膜内微生物的大量生长和非均匀性分布是导致反应体系堵塞、发生短流和沟流、压降增加和运行性能恶化等的根本原因。因此,研究调控生物滤塔内微生物的定量生长和均匀分布,可从本质上解决长期运行中出现的填料层堵塞、运行性能恶化等共性技术难题,从而确保反应体系的持续高效稳定运行。

目前,控制生物量过量生长的主要方法包括物理法(利用机械和水力剪切力)、化学法(控制碳、氮等营养源和采用含有化学试剂的水溶液进行反冲洗)[31,32]、生物法(微型动物捕食)[33,34]等。作者研究组在应用紫外-生物联合工艺处理难降解VOCs的研究中发现,紫外光氧化预处理产生的 O_3 不仅能促进 VOCs 的降解,同时剩余 O_3 还能起到调控滤塔内微生物生长的作用。基于这些研究,课题组尝试通过额外添加微量 O_3 实现控制微生物的过量生长。

在实验室建立了五套相同的 BTF(尺寸同前所述),填料采用聚氨酯小球,废气源为甲苯。接种污泥取自某制药厂污水处理站曝气池,采用甲苯作为唯一碳源进行驯化。将驯化后的活性污泥接种入 BTF,待挂膜成功后向其中四套反应器定期通入不同浓度的微量臭氧(分别标记为 B、C、D、E,添加的臭氧量为 5mg/m³、10mg/m³、20mg/m³ 和 30mg/m³),剩余一套为无臭氧空白体系(标记 A),臭氧通入方式见表 8-3。

表 8-3　B～E 塔不同运行阶段通入的臭氧时间

运行阶段	I(EBRT 45s)	II(EBRT 30s)	III(EBRT 30s)	IV(EBRT 30s)	V(EBRT 30s)
每天通 O_3 时间	24h	24h	12h	8h	4h

8.3.1　运行性能

控制甲苯浓度为 400mg/m³,A～E 塔的运行性能如图 8-12 所示。可以看出,A 塔稳定运行 150d 后,甲苯去除效率由大于 90% 下降至 70%,运行性能出现恶化。B 塔的甲苯去除率始终大于 85%,C 塔的情况和 B 塔类似,只是甲苯的去除率略微下降(大于 80%)。D 塔和 E 塔运行性能较差,甲苯的去除率始终低于 A～C 塔。从运行性能对比可以发现,臭氧虽然有强氧化性,但微量的臭氧(10mg/m³ 以下)不会对 BTF 的运行效果产生不利影响,可有效延长其稳定运行时间。长期通入较高的臭氧浓度(20mg/m³ 和 30mg/m³)会降低 BTF 对甲苯废气的处理能力,其原因可能是长时间和较高浓度的臭氧抑制了微生物的生长和代谢活性。

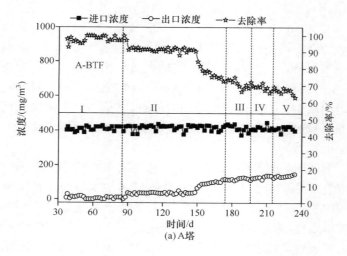

(a) A塔

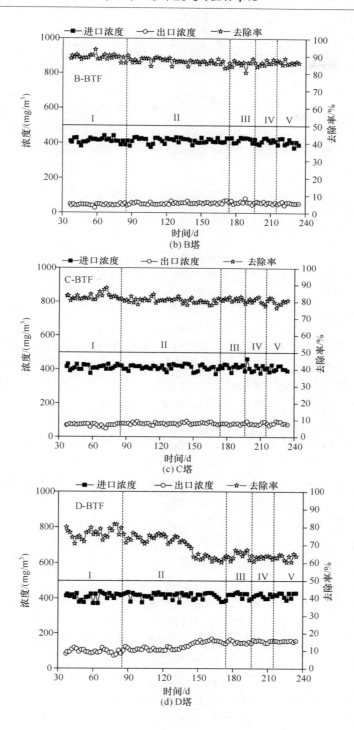

(b) B塔

(c) C塔

(d) D塔

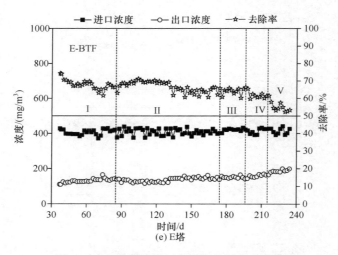

图 8-12　生物滴滤塔运行周期的甲苯去除率

8.3.2　生物膜特性

采用 VSS 作为指标,通过测定 BTF 内不同高度填料上的生物量,分析生物量在滤塔内的分布情况。A 塔中(空白体系),填料层底部生物量明显高于上部,这是因为甲苯废气在沿反应器径向上升的过程中由于生物膜的作用,浓度逐渐降低,其上段填料中微生物可利用的碳源(即甲苯)含量明显低于下段填料。随着时间的推移,沿反应器径向的生物量分布呈现出明显的差异性和不均匀性。在第 234d,下段填料层底部生物量为 28.6mg VSS/g 填料,而上段填料层上部生物量仅约为 17.3mg VSS/g 填料,压降由反应器运行初期的 4.2mmH$_2$O 左右上升到 15mmH$_2$O。B 塔和 C 塔由于微量臭氧(5~10mg/m^3)的调控作用,生物量较 A 塔分布均匀,第 234d 下段填料层底部生物量分别为 24.4mg VSS/g 填料和 22.9mg VSS/g 填料,上段填料层上部生物量分别为 20.2mg VSS/g 填料和 19.9mg VSS/g 填料,压降分别仅上升至 8mmH$_2$O 和 6.6mmH$_2$O 左右。与 B 塔和 C 塔相比,D 塔和 E 塔通入臭氧浓度相对较高,虽然生物量分布更趋于均匀,但微生物活性受到了抑制。

胞外多聚物(extracellular polymeric subtances,EPS)是一类附着于微生物细胞壁上的大分子有机物,与生物膜的结构和性能之间有密切的关系[35,36]。本节分析了 A~C 塔中 EPS 含量的变化情况,发现微量臭氧对抑制生物膜 EPS 总量增加有明显的效果。例如,第 234d A 塔下段填料中的 EPS 含量为 113.14mg/g VSS,而 B 塔和 C 塔中的 EPS 含量分别仅为 91.8 mg/g VSS 和 82.7mg/g VSS。运行后期 EPS 分泌量的进一步增加可能是导致 A 塔床层压降升高、运行性能下降的原因之一。Wang 等[37]在臭氧对生物滴滤塔降解氯苯的强化作用研究中也获得了类似的结果。

为了进一步说明微量臭氧强化与菌群稳定结构之间的对应关系,应用分子克隆技术进一步分析 A～C 塔运行至 190d 时塔内微生物菌群的多样性,结果见表 8-4。由表可知,塔内微生物种群比较丰富[26,29,38],A 塔中 *Bordetella petrii strain* 和 *Bordetella* sp. 可以降解苯系物,*Burkholderia* sp. 和 *Dyella* sp. 可降解芳烃类物质。相对于 A 塔,B 塔和 C 塔新增的 *Xylophilus* sp. 和 *Rhodanobacter* sp. 均能降解芳烃类化合物,对于甲苯的降解有协同促进作用。

表 8-4 生物滴滤塔内微生物细菌群落结构

编号	最相似菌株	基因登录号	相似度/%
A$_1$	*Bacterium* sp.	D89029.1	98
A$_2$	*Bordetella* sp.	AM902716.1	96
A$_3$	*Bordetella* sp.	HQ652590.1	97
A$_4$	*Burkholderia* sp.	AJ551104.1	96
A$_5$	*Burkholderia* sp.	CP003774.1	99
A$_6$	*Dyella* sp.	FR874237.1	99
A$_7$	*Rhodanobacter* sp.	CP003470.1	98
B$_1$	*Bacterium* sp.	GU731299.1	95
B$_2$	*Bordetella* sp.	HQ652590.1	98
B$_3$	*Burkholderia* sp.	JX010979.1	99
B$_4$	*Burkholderia* sp.	AB252073.1	99
B$_5$	*Burkholderia* sp.	JX010979.1	98
B$_6$	*Dyella* sp.	FR874237.1	99
B$_7$	*Xylophilus* sp.	AB495140.1	99
C$_1$	*Bordetella* sp.	HQ652590.1	97
C$_2$	*Brucella melitensis* sp.	EF187230.1	99
C$_3$	*Dokdonella* sp.	AJ969432.1	92
C$_4$	*Dyella* sp.	EF471222.1	97
C$_5$	*Gordonia* sp.	NR_074523.1	92
C$_6$	*Rhodanobacter* sp.	CP003470.1	97
C$_7$	*Rhodanobacter* sp.	NR_044128.1	97

综上分析,微量臭氧($5\sim10\text{mg/m}^3$)有利于实现生物滴滤塔内微生物的均匀分布,能有效地控制微生物的过量生长,为减轻填料层堵塞提供了一种有效的技术。

参 考 文 献

[1] Hutchins S R,Sewell G W,Kovacs D A,et al. Biodegradation of aromatic hydrocarbons by aquifer microorganisms under denitrifying conditions. Environmental Science & Technology,

1991,25(1):68-76.

[2] Wilson L P,Bouwer E J. Biodegradation of aromatic compounds under mixed oxygen/denitrifying conditions:A review. Journal of Industrial Microbiology and Biotechnology,1997,18(2-3):116-130.

[3] Tao Y,Fishman A,Bentley W E,et al. Oxidation of benzene to phenol,catechol,and 1,2,3-trihydroxybenzene by toluene 4-monooxygenase of *Pseudomonas mendocina* KR-1 and toluene 3-monooxygenase of *Ralstonia pickettii* PKO1. Applied and Environmental Microbiology,2004,70(7):3814-3820.

[4] Khomenkov V G,Shevelev A B,Zhukov V G,et al. Organization of metabolic pathways and molecular-genetic mechanisms of xenobiotic degradation in microorganisms:A review. Applied Biochemistry and Microbiology,2008,44(2):117-135.

[5] Lee J Y,Roh J R,Kim H S. Metabolic engineering of *Pseudomonas putida* for the simultaneous biodegradation of benzene,toluene,and p-xylene mixture. Biotechnology and Bioengineering,1993,43(11):1146-1152.

[6] Cao B,Nagarajan K,Loh K C. Biodegradation of aromatic compounds:Current status and opportunities for biomolecular approaches. Applied Microbiology and Biotechnology,2009,85(2):207-228.

[7] Zhang L L,Zhang C,Cheng Z W,et al. Biodegradation of benzene,toluene,ethylbenzene,and o-xylene by the bacterium *Mycobacterium cosmeticum* byf-4. Chemosphere,2013,90(4):1340-1347.

[8] 叶峰,张丽丽,吴石金,等. 降解三苯类复合微生物菌剂的制备及性能. 中国环境科学,2009,29(3):300-305.

[9] 张超,赵梦升,张丽丽,等. 微量臭氧强化生物滴滤降解甲苯性能研究. 环境科学,2013,34(12):4669-4674.

[10] Chen J M,Zhu R Y,Yang W B,et al. Treatment of a BTo-X-contaminated gas stream with a biotrickling filter inoculated with microbes bound to a wheat bran/red wood powder/diatomaceous earth carrier. Bioresource Technology,2010,101(21):8067-8073.

[11] Jorio H,Kiared K,Brzezinski R,et al. Treatment of air polluted with high concentrations of toluene and xylene in a pilot scale biofilter. Journal of Chemical Technology and Biotechnology,1998,73(3):183-196.

[12] Deeb R A,Alvarez C L. Temperature effects and substrate interactions during the aerobic biotransformation of BTEX mixtures by toluene-enriched consortia and *Rhodococcus rhodochrous*. Biotechnology and Bioengineering,1999,62:526-536.

[13] Gabaldon C,Martinez-Soria V,Martin M,et al. Removal of TEX vapours from air in a peat biofilter:Influence of inlet concentration and inlet load. Journal of Chemical Technology and Biotechnology,2006,81(3):322-328.

[14] Mohammad B T,Veiga M C,Kennes C. Mesophilic and thermophilic biotreatment of BTEX-polluted air in reactors. Biotechnology and Bioengineering,2007,97(6):1423-1438.

[15] Deshusses M A. Transient behavior of biofilters:Start-up,carbon balances,and interactions between pollutants. Journal of Environmental Engineering,1997,123(6):563-568.

［16］Namkoong W, Park J S, VanderGheynst J S. Biofiltration gasoline vapor by compost media. Environmental Pollution, 2003, 121(2): 181-187.

［17］Mathur A K, Majumder C B, Chatterjee S. Combined removal of BTEX in air stream by using mixture of sugar cane bagasses, compost and GAC as biofilter media. Journal of Hazardous Materials, 2007, 148(1): 64-74.

［18］Hassan A A, Sorial G. Biological treatment of benzene in a controlled trickle bed air biofilter. Chemosphere, 2009, 75(10): 1315-1321.

［19］王娟, 钟秦, 郑曼曼. 石化污泥混合菌和白腐真菌对气相苯系物的降解能力比较. 安全与环境学报, 2005, 5(2): 14-16.

［20］Mathur A K, Sundaramurthy J, Balomajumder C. Kinetics of the removal of mono-chlorobenzene vapour from waste gases using a trickle bed air biofIlter. Journal of Hazardous Materials, 2006, 137(3): 1560-1568.

［21］Preston-Mafham J, Boddy L, Randerson P F. Analysis of microbial community functional diversity using sole-carbon-source utilisation profiles-a critique. FEMS Microbiology Ecology, 2002, 42(1): 1-14.

［22］吕镇梅. 除草剂二氯喹啉酸对水稻田土壤微生态的影响及其降解特性研究. 杭州: 浙江大学博士学位论文, 2004.

［23］Arenghi F L G, Berlanda D, Galli E, et al. Organization and regulation of meta cleavage pathway genes for toluene and o-xylene derivative degradation in *Pseudomonas stutzeri* OX1. Applied and Environmental Microbiology, 2001, 67(7): 3304-3308.

［24］Kim D, Lee C H, Choi J N, et al. Aromatic hydroxylation of indan by o-xylene-degrading *Rhodococcus* sp. strain DK17. Applied and Environmental Microbiology, 2010, 76(1): 375-377.

［25］Field J A, Sierra-Alvarez R. Microbial degradation of chlorinated benzenes. Biodegradation, 2008, 19(4): 463-480.

［26］Borin S, Marzorati M, Brusetti L, et al. Microbial succession in a compost-packed biofilter treating benzene-contaminated air. Biodegradation, 2006, 17(2): 79-89.

［27］Kayser M F, Stumpp M T, Vuilleumier S. DNA Polymerase I is essential for growth of methylobacterium dichloromethanicum DM4 with dichloromethane. Journal of Bacteriology, 2000, 182(19): 5433-5439.

［28］Emanuelsson M A E, Osuna M B, Jorge R M F, et al. Isolation of a *Xanthobacter* sp. degrading dichloromethane and characterization of the gene involved in the degradation. Biodegradation, 2009, 20(2): 235-244.

［29］Wang C, Xi J Y, Hu H Y, et al. Stimulative effects of ozone on a biofilter treating gaseous chlorobenzene. Environmental Science & Technology, 2009, 43(24): 9407-9412.

［30］Ryu H W, Cho K S, Chung D J. Relationship between biomass, pressure drop, and performance in a polyurethane biofilter. Bioresource Technology, 2010, 101(6): 1745-1751.

［31］Deshusses M A, Webster T S. Construction and economics of a pilot/full-scale biological trickling filter reactor for the removal of volatile organic compounds from polluted air. Journal of the Air & Waste Management Association, 2000, 50(11): 1947-1956.

[32] 席劲瑛,胡洪营,漳县,等. 化学洗脱法去除生物过滤塔中菌体的研究. 环境科学,2007, 28(2):300-303.

[33] Wei Y S, van Houten R T, Borger A R, et al. Comparison performance of membrane bioreactor and conventional activated sludge process on sludge reduction induced by *Oligochaete*. Environmental Science & Technology,2003,37(14):3171-3180.

[34] Cox H H J, Deshusses M A. Effect of starvation on the performance and the reacclimation of biotrickling fliters for air pollution control. Environmental Science & Technology,2002, 36(14):3069-3073.

[35] Brown M J, Lester J N. Metal removal in activated sludge the role of bacterial extracellular polymers. Water Research,1979,13(9):817-837.

[36] Frølund B, Palmgren R, Keiding K, et al. Extrcation of extracellular polymers from activated sludge using a cation exchange resin. Water Research,1996,30(8):1749-1758.

[37] Wang C, Xi J Y, Hu H Y, et al. Stimulative effects of ozone on a biofilter treating gaseous chlorobenzene. Environmental Science & Technology,2009,43(24):9407-9412.

[38] Muangchinda C, Pansri R, Wongwongsee W, et al. Assessment of polycyclic aromatic hydrocarbon biodegradation potential in mangrove sediment from Don Hoi Lot, Samut Songkram Province, Thailand. Journal of Applied Microbiology,2013,114(5):1311-1324.

第9章　氯代烃废气的生物净化

氯代烃包括氯代脂肪烃和氯代芳香烃,作为一种重要的有机溶剂和产品中间体,广泛应用于医药化工、纺织化纤等领域,排放量较大。这类物质通常具有三致效应,若不处理,将对人类和生态系统产生不利影响。

氯代烃分子结构中含有氯原子,通常认为不易被微生物利用或降解。随着一些高效降解菌的获得,采用生物法处理氯代烃废气引起了研究者的广泛关注。氯代烃的生物降解过程一般可分为还原脱氯、氧化脱氯和电子供体反应三种。还原脱氯一般发生在厌氧环境中,是指其作为电子受体而不是碳源,通过微生物作用使氯原子被氢原子取代而达到降解的效果,脱除的氯原子可以是一个也可以是两个及以上,脱氯的速率随着氯原子取代基的减少而减少。在还原脱氯过程中,由于氯代烃被用做电子受体,所以为了保证这个过程的发生,还需要提供合适的碳源以供微生物生长[1,2]。氧化脱氯是指微生物通过加氧酶的作用将分子氧引入氯代烃分子中,并在环氧化作用或氧化作用下进行脱氯。和还原脱氯过程相反,微生物对氯代脂肪烃的氧化速率随单位碳原子所含氯原子数的减少而增大,高氯代化合物(如四氯乙烯)难以被氧化,氯乙烯的代谢过程比二氯乙烯要快得多。脱氯的第三种形式是电子供体反应,但只有很少的氧化性氯代烃可在微生物促成的氧化还原反应中充当电子供体,并且该过程需在好氧条件下进行,如氯乙烯、二氯乙烷等[3,4]。

二氯甲烷(DCM)和氯苯(CB)分别是氯代脂肪烃和氯代芳香烃的典型代表,关于它们的生物降解,特别是脱氯酶及脱氯机理,研究较为深入。图 9-1 分别是 DCM 和 CB 类的生物降解途径,包括氧化脱氯和还原脱氯两个过程。

DCM 的分子结构简单,目前比较公认的脱氯机制是还原脱氯,它需要二氯甲烷脱卤酶的参与,催化 DCM 转化生成甲醛和无机氯,最终甲醛被矿化为 CO_2 和 H_2O[5-7]。

CB 的氧化脱氯机制是开环内酯化脱氯,若苯环上有多个氯原子,第二个及之后的氯原子则是在还原酶的作用下离开苯环的[8]。和苯系物的开环相似,邻苯二酚也是 CB 类化合物微生物代谢的关键中间产物之一,只是其苯环上多了氯原子,因而其开环方式有两种,即邻位开环和间位开环[9,10]。邻位开环后形成氯粘康酸,直接环化成内酯脱氯或者先环化成内酯再在脱卤酶作用下脱氯,水解形成 β-酮己二酸后,进入 TCA 循环。间位开环只在极少数的细菌中发现,它是在氯邻苯二酚-2,3-双加氧酶的作用下开环,生成 2-羟基粘康酰氯,水解脱氯后形成 2-羟基粘康酸

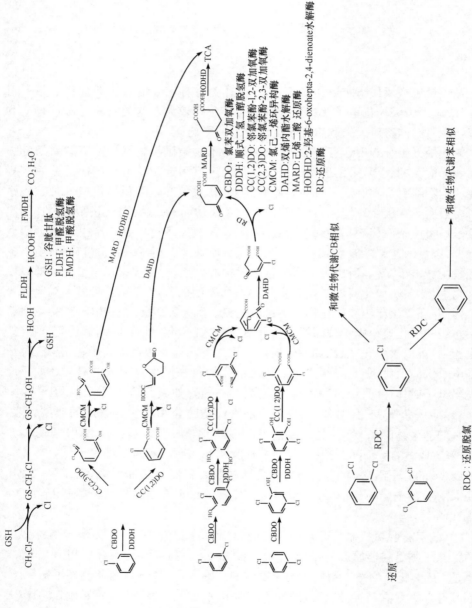

图 9-1　DCM 和 CB 类的生物降解途径

后进入 TCA 循环。还原脱氯主要发生在厌氧条件下,但在一些好氧降解过程中也可能发生[11]。苯环上有多个氯原子的物质易发生还原脱氯,这是由于苯环上低的电子云密度使其难以被加氧酶氧化,但这时还原脱氯变得容易。多氯取代苯在得到电子的同时去掉一个氯取代基,释放出一个氯离子,同时降低了多氯代化合物的毒性,从而使其更易被其他微生物降解,这个过程往往需要多种微生物共同参与[12]。还原脱氯后形成的苯系物或 CB 经历前述过程开环后进入 TCA循环。

　　氯代脂肪烃和氯代芳香烃的难水溶性也是影响它们生物降解效果的因素之一。特别是气液两相的质量传递效果对后续微生物降解过程将有着显著影响。从2002 年开始,作者带领研究组成员不仅在氯代烃的微生物代谢途径及机理方面进行了研究,还在强化氯代烃的气液传质上做了一些尝试[13-17]:研制了结构合理的复合功能菌剂,充分发挥了高效降解菌的降解活性,提高了生物处理系统的去除效率;构建了两相分配生物反应器,强化气液传质过程,提升了系统抗冲击负荷能力;采用紫外光解、低温等离子等预处理工艺,改善了污染物的可生化性和水溶性,以利于后续生物处理。

9.1　生物滴滤塔处理二氯甲烷和二氯乙烷混合废气

　　二氯甲烷(DCM)和二氯乙烷(1,2-DCA)在环境中大量存在。据不完全统计,约 90% 以上的 DCM 和 1,2-DCA 来源于工业生产、交通运输或原料使用等过程[18-20]。作者利用前期选育的 DCM 高效降解菌 *Methylobacterium rhodesianum* H13 和 1,2-DCA 高效降解菌 *Starkeya* sp. T-2,成功构建了复合功能菌剂,并采用实时荧光定量 PCR 技术跟踪监测 H13 和 T-2 在生物滴滤塔运用过程的变化情况。

9.1.1　运行性能

　　采用复合功能菌剂混合活性污泥接种生物滴滤塔,运行装置见第 6 章。启动阶段,控制停留时间为 60s,DCM 和 1,2-DCA 的浓度均为 $100mg/m^3$,14d 时两者的去除率均能达到 90% 以上,表明启动成功。稳定运行时,DCM 和 1,2-DCA 的进气浓度均从 $100mg/m^3$ 逐渐提高到 $400mg/m^3$,EBRT 分别为 75s、60s、45s 和30s,考察进气负荷对 DCM 和 1,2-DCA 去除负荷的影响。

　　DCM 和 1,2-DCA 去除负荷随进气负荷的变化如图 9-2 所示,图中直线代表100% 去除。可以看出,两者的最大去除负荷均随着停留时间的变化而变化。例如,当停留时间为 60s 时,DCM 和 1,2-DCA 的最大去除负荷分别为 $19.86g/(m^3 \cdot h)$

和 16.27g/(m³·h);30s 时分别为 29.99g/(m³·h)和 27.32g/(m³·h)。生物滴滤塔对 DCM 的净化能力更好。

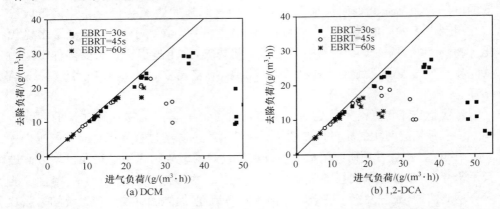

图 9-2　不同 EBRT 条件下进气负荷对 DCM 和 1,2-DCA 去除负荷的影响

实际工程中,生产检修等状况会导致废气源不稳定,因此考察了停止废气源供给对生物滴滤塔运行性能的影响。停止通入 DCM 和 1,2-DCA 混合废气 15d,其他工艺参数维持不变,恢复供气后生物滤塔运行性能变化情况如图 9-3 所示。刚恢复供气时,DCM 去除率只有 10%,第 10d 去除率达到 80% 以上,运行到 13d,去除率达到 90% 以上,并且能维持较高的去除率,说明 DCM 去除能力恢复较为完全。1,2-DCA 恢复初期的去除率也仅为 10% 左右,到第 10d 去除率只达到 30%,第 15d 去除率为 70%,20d 时去除率达到 85% 以上。实验结果表明,饥饿期后的1,2-DCA 恢复较 DCM 慢。

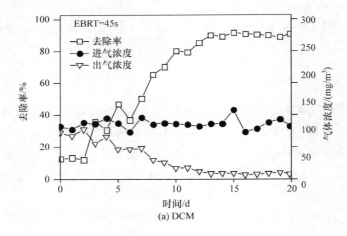

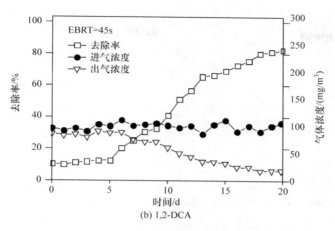

(b) 1,2-DCA

图 9-3 恢复供气后对 DCM 和 1,2-DCA 的去除情况

9.1.2 Real-time 分析

1. 基于 TaqMan 探针的 Real-time 方法建立

本节根据菌株 16S rRNA 序列,设计了菌株 H13 和 T-2 的特异性引物和探针。

H13 引物序列:F298:5'-3'GCCATGCCGCGTGAGTGAT
　　　　　　R438:5'-3'CGCCCTTTACGCCCAGTGATT
探针:5'-3'FAM-TACCGGAAGAATAAGCCCCGGCTAACTTC-Tmara
T-2 引物序列:F314:5'-3'ATGCCGCGTGAGTGATGAAGG
　　　　　　R419:5'-3'CGGCTGCTGCTGGCAGAAGTTAG
探针:5'-3'FAM-CTCTTTCGCCGACGAAGATAATG-Tamara

菌株 H13 扩增的目的片段长度为 160bp,T-2 的目的片段长度为 112bp。通过目的 DNA 片段与 PUC-T 载体连接、DNA 片段转化、蓝白斑筛选等步骤获得质粒,长度为 2000～4000bp。在此基础上建立了基于 TaqMan 荧光探针的 Real-time 方法,对目标菌的检测限为 1.0×10 级。对其特异性和重复性进行了考察。选取了二噁烷降解菌 *Xanthobacter flavus* DT8[21]、四氢呋喃降解菌 *Pseudomonas oleovorans* DT4[22]、邻二甲苯降解菌 *Zoogloea resiniphila* HJ1[23]、氯苯降解菌 *Ralstonia pickettii* L2[24]、二氯甲烷降解菌 *Methylobacterium rhodesianum* H13[25] 和二氯乙烷降解菌 *Starkeya* sp. T-2 进行 DNA 提取,按建立的 Real-time 方法进行特异性实验。如图 9-4 所示,只有 H13 和 T-2 菌株有响应,其他无荧光累积,说明基于 TaqMan 荧光探针的 Real-time 方法具有较好的特异性。

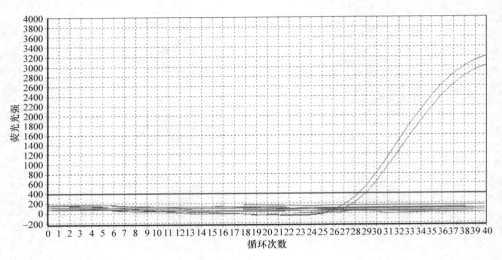

图 9-4　特异性扩增曲线

选择了同一浓度的三个样品（菌株 H13）分批进行荧光定量 PCR 扩增，结果如图 9-5 所示。根据每个样品的 C_t 值计算变异系数，其值小于 5%，说明该方法重复性好。

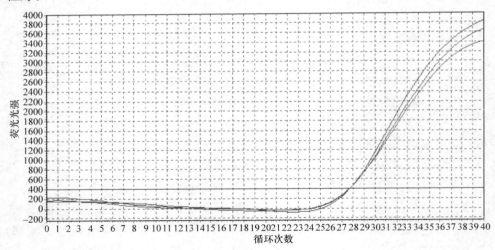

图 9-5　重复性实验扩增曲线

2. 跟踪监测菌株演变情况

采用所建立的 Real-time 方法跟踪监测了菌株 H13 和 T-2 在 BTF 内的演变情况，结果如图 9-6 所示。

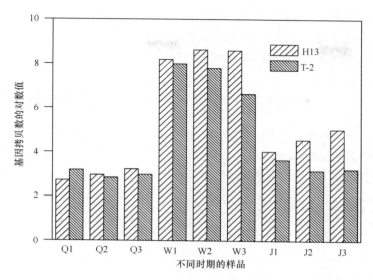

图 9-6　目标菌株基因拷贝数在运行阶段的变化

Q1. 启动初期上层；Q2. 启动初期中层；Q3. 启动初期下层；W1. 稳定期上层；

W2. 稳定期中层；W3. 稳定期下层；J1. 饥饿后上层；J2. 饥饿后中层；J3. 饥饿后下层

在启动初期，上、中、下三层填料中菌株 H13 的数量为 1.031×10^3 copy/g 干填料、1.855×10^3 copy/g 干填料、3.571×10^3 copy/g 干填料；菌株 T-2 的数量为 3.264×10^3 copy/g 干填料、1.364×10^3 copy/g 干填料、1.912×10^3 copy/g 干填料。两株高效降解菌量的数量级均为 10^3，菌株 H13 在下层为主要优势菌，菌株 T-2 在上层为主要优势菌，这可能是由于两种菌在生长上存在一定的竞争关系。

稳定运行阶段，菌株在各层的数量如图 9-6 中 W1～W3 所示，无论是菌株 H13 还是菌株 T-2，数量都明显增加。其中，菌株 H13 在上、中、下层的数量为 1.037×10^9 copy/g 干填料、3.167×10^9 copy/g 干填料、2.898×10^9 copy/g；菌株 T-2 的数量为 6.325×10^8 copy/g 干填料、3.937×10^8 copy/g 干填料、2.042×10^7 copy/g 干填料。定量结果表明，上、中、下三层中菌株 H13 的 copy 数均提高了 6 个数量级，菌株 T-2 的 copy 数提高了 4～5 个数量级。随着运行时间的延长，菌株 H13 和 T-2 的 copy 数趋于稳定，未出现数量衰退现象。Sercu 等[26] 比较了高效降解菌株 *T. thioparus*、*TK-m+Hyphomicrobium* VS 分别与活性污泥混合强化启动 BTF 处理甲硫醚的效果。采用实时荧光定量 PCR 方法检测各阶段高效菌株的数量变化，其最高 copy 数为 8 个数量级，且在反应器启动前后高效菌株的基因 copy 数有明显提高。

BTF 恢复供气后菌株 H13 和 T-2 的数量情况如图 9-6 中 J1～J3 所示，各层中菌株数量经过一段时间饥饿后，菌量有一定幅度下降。其中，菌株 H13 的 copy 数在上、中、下三层均下降了 4 个数量级，菌株 T-2 下降了 5 个数量级，表明停止供气对微生物的数量有不同程度的影响。菌株 H13 比菌株 T-2 下降的数量级要少,说明菌株 H13 表现出更强的抗饥饿性能,这也是 BTF 恢复供气后的初期 DCM 去除率高于 1,2-DCA,恢复时间较短的主要原因。

9.2　两相分配生物反应器处理二氯甲烷废气

本节以硅胶作为有机相,建立"固-液"两相分配生物搅拌器(详见 4.3.3 节),对 DCM 的最高去除负荷达到 394.1g/(m³ · h),是单相反应器的 3 倍左右;重点考察非稳态条件下 SL-STB 的运行性能,并对其动力学行为进行初步分析。

9.2.1　非稳态条件下的运行性能

停留时间控制在 60s,采用瞬时加大进口负荷、维持 2h 的方式,对 SL-STB 的抗冲击负荷性能进行了考察,并以普通连续搅拌生物反应器(continuously stirred tank bioreactor,CSTB)作为对照。

如图 9-7 所示,低冲击负荷时(由 10g/(m³ · h)升高至约 200g/(m³ · h)),SL-STB 对 DCM 的去除率一直维持在 90% 以上,CSTB 性能与之相似。冲击负荷结束后,进口负荷瞬时降低至原有水平,SL-STB 系统的去除率突然下降至 40%,1h 内恢复至约 90%。这可能是因为进口负荷降低后,积累在硅胶中的 DCM 释放,导致出气 DCM 浓度升高,去除率瞬时降低。

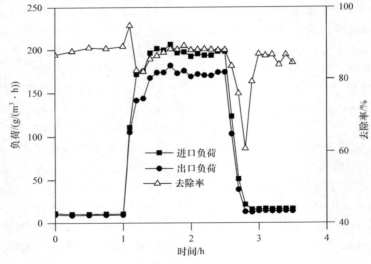

图 9-7　低负荷冲击对 SL-STB 的影响

如图 9-8 所示,高冲击负荷时(由 150g/(m³ · h)瞬时升高到 450g/(m³ · h)),SL-STB 抗冲击负荷能力明显优于 CSTB,前者对于 DCM 平均去除率下降至

50％,后者下降至 20％。结束冲击负荷后,两者的去除性能均能恢复。由于硅胶对 DCM 具有较高的亲和力,所以大大增强了 SL-STB 对高冲击负荷的抵抗能力,这对克服工业处理 VOCs 过程中遇到的突发性变化具有重要意义。

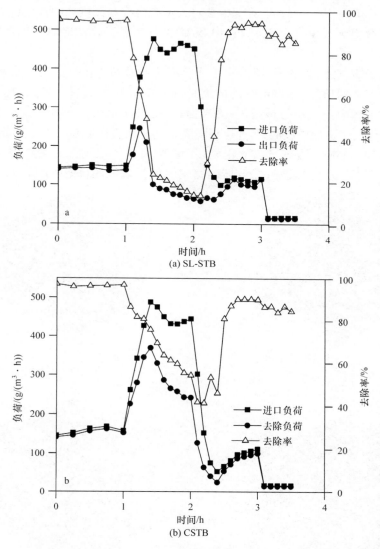

图 9-8　高负荷冲击的影响

课题组还考察了长时间停止供气对 SL-STB 和 CSTB 去除性能的影响。结果表明,由于硅胶可以逐步释放 DCM,在没有气源供给的状况下能维持微生物活性,所以恢复供气后 SL-STB 能在较短的时间内恢复到原有处理水平。

9.2.2　溶氧传质分析

　　氧是难溶气体,在 25℃ 和 1atm(1atm≈1.01×10⁵Pa)时,氧在纯水中的溶解度仅为 40.32mg/L 左右。培养基中含有大量有机物和无机盐,所以氧在培养基中的实际溶解度更低。因此 SL-STR 中 NAP 的加入及菌体浓度对溶氧传质的影响值得关注。

　　不同表观气速、固含率、搅拌速率下容积传质系数 K_{La} 的变化如图 9-9 所示。随着表观气速的增加,即停留时间的缩短,K_{La} 明显提高,这是因为表观气速的增加会增加液体中的气泡数量及气-液表面积,促进了氧气的传递。加入硅胶后测得的 K_{La} 值大于不加硅胶的 K_{La} 值,相同表观气速和搅拌速率下 K_{La} 随固含率的增加略有增加。硅胶主要通过以下几种方式影响氧气的传质行为:①增大液体的表面张力,有利于气泡的破碎;②破坏围绕气泡的静态液膜,减少了传质扩散长度;

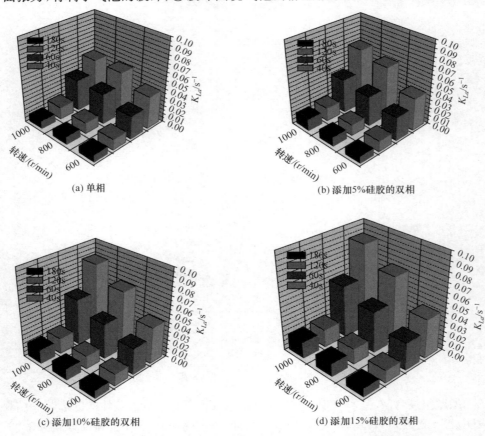

图 9-9　不同搅拌速率、停留时间、固含率条件下的 K_{La}(后附彩图)

③气、液、固体间的速度差产生了相界面的剪切应力。在相同的固含率和表观气速下,随着搅拌速率的提高,K_{La}会增大。这是因为:①搅拌可以将通入反应器的空气分散成细小的气泡,并防止小气泡聚并,从而增大气液相间的接触面积;②搅拌使液体产生涡流,延长气泡在液相中的停留时间;③搅拌造成液体的湍流,减少了气泡外侧液膜的厚度,从而减少了气液传质的阻力。Quijano 等[27]研究发现,与不加硅油的反应器对比,加入 10％硅油的气升式两相分配反应器和两相分配生物搅拌器的 K_{La}分别提高了 65％和 84％。

在固含率 10％、停留时间 60s、搅拌速率 600r/min 的条件下,考察了菌体浓度对 K_{La} 的影响,结果如图 9-10 所示。由图可知,菌体浓度对 K_{La}影响不大,这是因为尽管菌体浓度的升高会导致反应液中的溶氧浓度保持在较低水平,增加传质的推动力,但是菌体浓度过高会改变流体的物性,且随浓度的增大,K_{La} 值呈下降趋势。

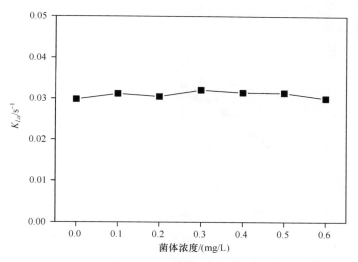

图 9-10　固含率 10％、停留时间 60s、搅拌速率 600r/min 前提下,菌体浓度对 K_{La} 的影响

采用动力学模型对 K_{La} 值进行预测和验证,方程见式(9-1):

$$K_{La}=\alpha\left(\frac{S}{V}\right)^{\beta} T^{c}M^{\gamma} \tag{9-1}$$

式中,S 为搅拌速率;V 为反应器的工作体积;T 为气体的停留时间;M 为固含率。

对式(9-1)进行简化,得

$$Y=\alpha (X_1)^{\beta} (X_2)^{c} (X_3)^{\gamma} \tag{9-2}$$

$$\ln Y=\ln\alpha+\beta\ln X_1+c\ln X_2+\gamma\ln X_3 \tag{9-3}$$

式中,$\ln Y$ 为因变量;$\ln X_1$、$\ln X_2$ 和 $\ln X_3$ 为自变量;α、β、c 和 γ 为参数。

利用图 9-10 得出的 K_{La} 值及方程(9-3)计算参数 α、β、c 和 γ，结果如表 9-1 所示。在此基础上，对 K_{La} 值进行预测，并与实测值进行比较。由图 9-11 可知，两者具有良好的线性关系，因此该模型适用于 ST-STB 中 K_{La} 值的预测。

表 9-1　计算所得的溶氧参数

固含率/%	α	β	c	γ
0	0.36	0.62	0.52	0.58
5	0.48	0.57	0.47	0.54
10	1.67	0.52	0.42	0.56
15	0.42	0.44	0.51	0.51

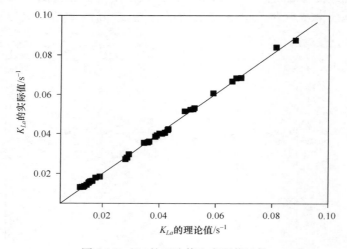

图 9-11　K_{La} 的理论值和实际值比较

9.3　紫外光解-生物滴滤联合处理二氯甲烷废气

本节建立紫外-生物滴滤联合工艺，以单独生物滴滤塔作为对照，比较两者对 DCM 废气的净化效果[28]。实验装置见第 7 章。接种物为 DCM 高效降解菌 *Pandoraea pnomenusa* LX-1 和经 DCM 驯化的活性污泥混合物。

9.3.1　运行性能

图 9-12 是紫外-生物滴滤联合工艺在整个运行阶段(约 4 个月)对 DCM 的去除情况。单一 BTF 第 21d 完成挂膜，去除率为 49.3%，而 UV-BTF 第 18d 就能完成挂膜，DCM 去除率达到 85.2%。联合系统不仅缩短了 BTF 内生物膜形成的时间，而且去除率显著提升，表明 UV 预处理工艺能加快 BTF 的启动。

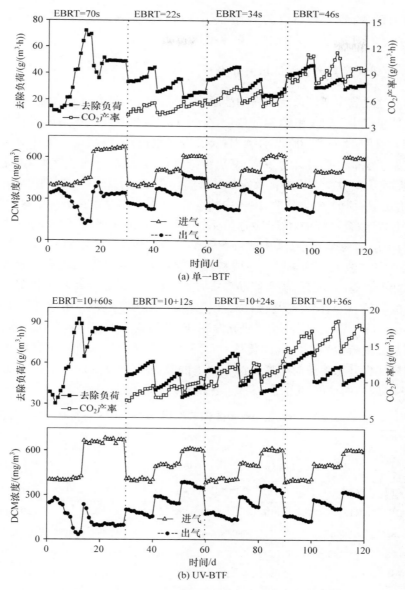

图 9-12　紫外-生物滴滤联合工艺对 DCM 的去除效果

稳定运行阶段,DCM 的浓度始终维持在 $400\sim600\text{mg/m}^3$,总停留时间分别为 22s、34s 和 46s。从图 9-12 中可知,单独 BTF 对 DCM 的去除率维持在 $21\%\sim46\%$,而联合系统中 DCM 的去除率则保持在 $35\%\sim68\%$。联合系统在对应的停留时间下最大去除负荷分别为 60.9g/(m^3 · h)、66.5g/(m^3 · h)和 68.5g/(m^3 · h),

比单独 BTF 的最大去除负荷提升 37%～47%。此外,联合系统能产生更多的 CO_2(为单一 BTF 的 1.5～2 倍),矿化率达到了 81.5%。

9.3.2　污染物及其产物沿床层分布特征

本节通过测定不同床层填料间液膜中氯离子浓度和有机碳含量,结合不同填料高度处出气中 DCM 和 CO_2 的浓度,分析了污染物及其产物沿床层的分布情况(表 9-2)。UV 预处理能降低后续 BTF 的进气负荷,使得高进气负荷对微生物毒害效应显著削弱。通过计算发现,UV 预处理能降低 22% 的进气负荷,这对于消除高 DCM 负荷对微生物毒害效应是显著的。在单一 BTF 中,进气中约 58.4% 的 DCM 是在下层填料中去除的,出气中约有 61.5% 的 CO_2 是在上层填料中产生的。在 UV-BTF 联合系统中,情形刚好相反。扣除 UV 预处理对于 DCM 的去除和矿化作用,上层填料对于 DCM 的去除量占到了 68.2%,下层填料对于 CO_2 的产生占到了 80%。造成生物滴滤塔各填料层功能发生变化的原因主要是紫外光解产生的中间产物是一些醛酮类和脂肪酸类,这类物质通常是一些易生物降解和水溶性较好的物质,它们很容易直接进入液相并被其中的微生物利用,使得下层填料产生更多的 CO_2[29,30]。此外,一些研究发现,BTF 填料层液相中若存在亲水性物质,则有利于强化疏水性 VOCs 的传质和后续生物降解[31,32]。如一些文献报道的醛酮类物质能提升水溶液对于疏水性 VOCs 的吸收[33]。可以认为,UV 预处理改变了 BTF 各床层的功能,更好地发挥了各填料段的作用。

表 9-2　不同碳的形式在 BTF 和 UV-BTF 内的分布情况　　(单位:mg)

停留时间/s	UV-BTF 系统										
	系统进气口	BTF 下层进气口			BTF 上层进气口				BTF 上层出口		
	C-DCM	C-DCM	Cl⁻	TOC	C-DCM	C-CO₂	Cl⁻	TOC	C-DCM	C-CO₂	TOC
22	0.0547	0.0416	0.0775	0.0109	0.0298	0.0150	0.0685	0.0208	0.0214	0.0034	0.0176
	0.0688	0.0511	0.1021	0.0116	0.0387	0.0147	0.0728	0.0269	0.0332	0.0026	0.0197
	0.0826	0.0672	0.0914	0.0108	0.0548	0.0168	0.0740	0.0248	0.0476	0.0025	0.0168
34	0.0551	0.0423	0.0742	0.0114	0.0273	0.0197	0.0875	0.0189	0.0185	0.0069	0.0158
	0.0687	0.0523	0.0962	0.0147	0.0369	0.0200	0.0904	0.0254	0.0314	0.0057	0.0184
	0.0818	0.0669	0.0876	0.0142	0.0523	0.0205	0.0849	0.0245	0.0429	0.0051	0.0176
46	0.0555	0.0434	0.0710	0.0118	0.0243	0.0272	0.1022	0.0207	0.0174	0.0101	0.0098
	0.0667	0.0519	0.0855	0.0144	0.0334	0.0292	0.1094	0.0221	0.0284	0.0097	0.0087
	0.0822	0.0670	0.0875	0.0149	0.0474	0.0287	0.1148	0.0254	0.0403	0.0087	0.0124

| 停留时间/s | BTF 系统 | | | | | | | |
| | 系统进气口 | BTF 上层进气口 | | | | BTF 上层出口 | | |
	C-DCM	C-DCM	C-CO$_2$	Cl$^-$	TOC	C-DCM	C-CO$_2$	TOC
	0.0559	0.0418	0.0054	0.0829	0.0082	0.0311	0.0090	0.0142
22	0.0681	0.0539	0.0061	0.0828	0.0072	0.0439	0.0084	0.0141
	0.0816	0.0699	0.0067	0.0678	0.0043	0.0608	0.0095	0.0104
	0.0559	0.0409	0.0087	0.0842	0.0059	0.0308	0.0120	0.0117
34	0.0673	0.0524	0.0076	0.0864	0.0065	0.0432	0.0113	0.0121
	0.0831	0.0705	0.0069	0.0724	0.0047	0.0591	0.0112	0.0123
	0.0548	0.0405	0.0101	0.0829	0.0038	0.0299	0.0180	0.0064
46	0.0675	0.0518	0.0094	0.0910	0.0054	0.0434	0.0184	0.0052
	0.0821	0.0671	0.0087	0.0864	0.0052	0.0561	0.0156	0.0098

9.3.3　高通量测序分析

高通量测序是新一代的分子生物学测序技术,测序量及测序精确度远远高于普通测序技术,可用于环境样品中微生物多样性分析。取 BTF 启动阶段的生物膜(标记为 INO)、运行 75d 时单一 BTF 内生物膜(标记为 BTF)和联合 BTF 内生物膜(标记为 UV-BTF)作为分析对象,经预处理并提取 DNA 后,送上海美吉生物医药科技有限公司进行后续测试。

三个样品共获得 31639 条序列信息(平均长度 454bp),经聚类处理,INO、BTF 和 UV-BTF 的 OTU(operational taxonomic units)个数分别是 946、847 和 1002(distance of 3%)。UV-BTF 的 Shannon 指数为 5.02,高于 BTF 和 INO 的 Shannon 指数(4.52 和 4.89)。这些数据表明,UV 预处理使得后续生物滴滤塔中的微生物多样性要优于单一 BTF。

对三个样品进行了层序聚类分析,获得了它们之间微生物群落结构的差异性。尽管两个系统在挂膜阶段微生物接种来源相同(即 INO),但 BTF 和 UV-BTF 显然属于两个不同的类(图 9-13):BTF 和 INO 属于同一类(相似度 70.83%),UV-BTF 与它们差别较大(相似度仅为 11.9%)。这主要是由于 BTF 的废气源仅含有单一的 DCM,微生物群落结构趋于单一,和来源接种物差别不大。相反,经 UV 预处理后废气中有机碳源除了 DCM,还含有一定量的 DCM 光解产物(一些醛酮类和羧酸类化合物),使得后续 BTF 内微生物群落趋于多样性。主成分分析表明,废气中的碳源决定了生物滤塔内的微生物群落及其种类,会显著影响微生物群落的演变。

本节基于高通量测序结果,对三个样品中的微生物进行了属水平上的分析。相应属的种类及其含量见表 9-3,并和文献进行了对比。DCM 高效降解菌属于

表9-3　基于属水平的微生物及其相对含量统计分析表

门	类	属	相对丰度/%[1) INO	S-BTF	C-BTF	属	相对丰度/% INO	S-BTF	C-BTF
Acidobacteria	Acidobacteria	Acidobacterium	0.91	0.90	2.34				
Actinobacteria	Actinobacteria	Mycobacterium	0.89	0.74	0.58				
Proteobacteria	α-proteobacteria	Novosphingobium	—	—	1.56				
	β-proteobacteria	Acidovorax	—	0.74	5.92	Pandoraea	46.56	44.10	35.07
		Hydrogenophaga	—	—	1.55	Methylophilus	—	0.81	1.01
		Dokdonella	1.14	1.53	0.58	Pseudomonas	—	—	2.55
	γ-proteobacteria	Rhodanobacter	—	—	0.69	Sinobacter	—	0.68	0.82
		Xanthomonas	—	—	2.27				
Bacteroidetes	Flavobacteria	Flavobacterium	—	—	1.45				
	Sphingobacteria	Flexibacter	—	—	3.20				
Gemmatimonadetes	Gemmatimonadetes	Gemmatimonas	0.54	0.60	0.85				
Others		Filimonas	—	—	0.65	Steroidobacter	—	—	0.55
		Others genera	18.80	24.51	10.19	Unclassified genera	31.16	25.33	28.17
Sum			100	100	100		100	100	100

1) 数量少于0.5%的属定义为"Others"。

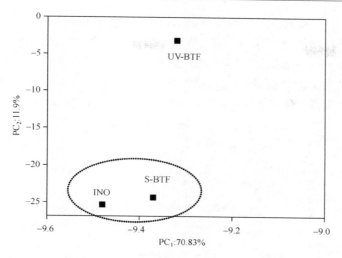

图 9-13 主成分法分析样品的相似性

Pandoraea 属,其在三个样品中的比例分别为 46.56%（INO）、44.10%（BTF）和 35.07%（UV-BTF）。此外,在 UV-BTF 中,出现了在 INO 和 BTF 中未出现的种属,分别是 *Novosphingobium*（1.56%）、*Acidovorax*（5.92%）、*Xanthomonas*（2.27%）和 *Flexibacter*（3.32%）。其中,*Acidovorax* 属于食酸菌属,据报道这个属的菌能够降解有机酸,且其在 UV-BTF 中的含量远远高于 INO 和 BTF,这可能与 DCM 光解产生的小分子有机酸有关[34]。醛酮类也是 VOCs 光解产生的一类主要产物,*Pseudomonas* 属中许多种都具有降解这类物质的能力,这也是 UV-BTF 中 *Pseudomonas* 属含量较多的原因[35,36]。通过以上分析,可以获知 UV 预处理有效增加了 BTF 内微生物的种类及其丰度,使群落结构更趋于稳定,显著维持了滤塔持续高效运行。

9.4 低温等离子-生物滴滤处理氯苯废气

本节建立 DBD 协同催化-生物滴滤耦合工艺,其中协同催化单元以 CuO/MnO$_2$ 作为催化剂,反应条件见 4.3.4 节部分。以单独生物滴滤塔（BTF）作为对照,比较了耦合工艺和单一 BTF 工艺对 CB 废气的净化效果。BTF 接种物为 CB 高效降解菌 *Ralstonia pickettii* H2 和经 CB 驯化的活性污泥混合物。

9.4.1 运行性能

挂膜启动初期（EBRT 为 90s,进口 CB 浓度维持在 300mg/m^3）,耦合体系在第 8d 总去除率达到 80%,13d 后总去除率维持在 100%,说明挂膜启动完成。单一 BTF 启动时间比耦合系统稍慢,第 9d CB 去除率达到 80%,第 15d 去除率稳定在 97% 左右。

　　启动完成后,在 EBRT 为 90s 和 45s,CB 进气浓度为 $300\sim1200mg/m^3$ 的条件下,考察其运行性能,结果如图 9-14 所示。耦合系统中,随着 CB 进气浓度的增大,去除率逐渐降低,但降低幅度不大,CB 最大去除负荷可以达到 $80g/(m\cdot h)$,约为单一 BTF 最大去除负荷的 2 倍。操作条件的突然改变(如 EBRT 缩短、CB 进气浓度提高)对两者的影响不同,耦合系统较单一 BTF 适应的时间更短。

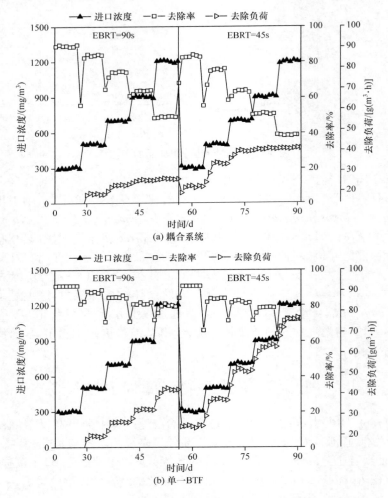

图 9-14　不同进气浓度对 CB 去除效果的影响

9.4.2　微生物多样性分析

　　分别取接种污泥(混合了 CB 降解菌 *Ralstonia pickettii* H2 的活性污泥),运行了 85d 的单一 BTF 的上、下层填料和 DBD 协同 CuO/MnO₂ 的 BTF 上、下层填料等五个生物膜样品用于高通量测序分析。五个样品共获得 191880 条序列信息（平均长度 442bp）。通过对这些序列进行归类操作（cluster），将序列按照彼此的相似性（通常为 97％以上）归为同一个 OTU（operational taxonomic units）。五个样品的 OTU 分别为 108、154、164、220 和 214。

　　计算了五个样品的多样性 Shannon 指数[37]。Shannon 指数越大，说明样品的多样性越高。接种污泥、单一 BTF 下层填料及上层填料、耦合 BTF 下层填料及上层填料的 Shannon 指数分别为 2.22、3.13、3.11、3.89 和 3.38。很显然，反应器中生物膜样品的多样性均大于接种污泥，说明微生物都能在其中较好地生长，从而使生物膜群落结构趋于多样性，这与两反应器较好的运行性能是相对应的。此外，耦合了 DBD 的 BTF 下层填料的 Shannon 指数最高，说明该生物膜样品多样性最高，这和实际情况也是相符的。CB 废气经 DBD 协同 CuO/MnO_2 催化过程后转化的中间产物首先进入与其耦合的 BTF 下层，多种组分（如醇、酸等）使其中的微生物呈现多样性的特点，经过下层填料的出气中多种组分含量变少，使得上层填料的生物多样性指数变小。单一 BTF 的上、下层填料的 Shannon 指数几乎相同，这与单一成分的进气相关。

　　采用主成分分析（principal component analysis，PCA）对五个样品进行层序聚类分析，获得了它们之间微生物群落结构的差异性。若样品值在主成分分析图中的距离越近，则表示样品越相似[38]。五个样品的主成分分析如图 9-15 所示。影响五个样品的因素主要包括：①采样时间（0d 和 85d）；②样品的位置（上层或下层）；③废气成分（单一含 CB 废气或混合了中间产物的含 CB 废气）。根据五个样

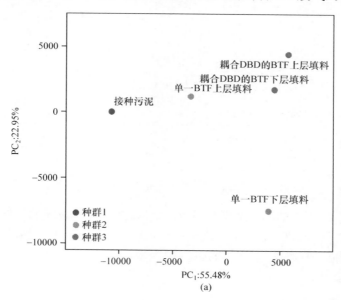

(a)

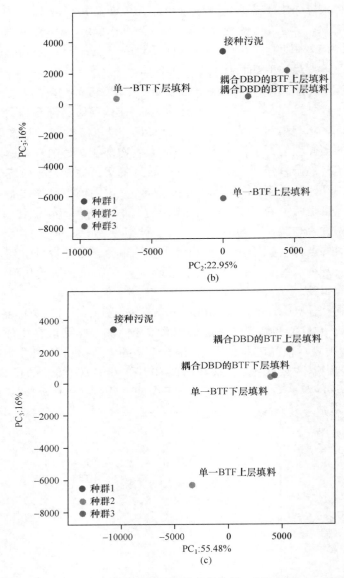

图 9-15　主成分法分析样品的相似性(后附彩图)

品在主成分分析图中的相对距离及相似值,可以推断 PC_1 表征的是样品位置,PC_2 表征的是采样时间,PC_3 表征的是废气成分。由图 9-15 可知,虽然单一 BTF 和耦合 BTF 采用同一接种物进行挂膜接种,但随着反应器运行时间的延长,两者的差异性逐渐明显。

参 考 文 献

［1］Bouwer E J，Norris R D，Hinchee R E，et al. Bioremediation of chlorinated solvents using alternate electron acceptors. Handbook of Bioremediation,1994:149-175.

［2］Vogel T M，McCarty P L. Biotransformation of tetrachloroethylene to trichloroethylene, dichloroethylene,vinyl chloride,and carbon dioxide under methanogenic conditions. Applied and Environmental Microbiology,1985,49(5):1080-1083.

［3］Murray W D，Richardson M. Progress toward the biological treatment of C_1 and C_2 halogenated hydrocarbons. Environmental Science & Technology,1993,23(3):195-217.

［4］McCarty P L，Semprini L，Norris R D，et al. Ground-water treatment for chlorinated solvents. Handbook of Bioremediation,1994:87-116.

［5］Ikatsu H，Kawata H，Nakayama C，et al. Dichloromethane-degrading properties of bacteria isolated from environmental water. Biocontrol Science,2000,5(2):117-120.

［6］Krausova V I，Robb F T，Gonzalez J M. Biodegradation of dichloromethane in an estuarine environment. Hydrobiologia,2006,559(1):77-83.

［7］傅凌霄,於建明,成卓韦,等.潘多拉菌 LX-1 菌株对二氯甲烷的降解特性研究.环境科学学报,2012,32(7):1563-1571.

［8］Moiseeva O V，Solyanikova I P，Kaschabek S R，et al. A new modified ortho cleavage pathway of 3-chlorocatechol degradation by *Rhodococcus opacus* 1CP: Genetic and biochemical evidence. Journal of Bacteriology,2002,184(19):5282-5292.

［9］van der Meer J R. Evolution of novel metabolic pathways for the degradation of chloroaromatic compounds. Antonie Van Leeuwenhoek,1997,71(1-2):159-178.

［10］Goebel M，Kranz O H，Kaschabek S R，et al. Microorganisms degrading chlorobenzene via a meta-cleavage pathway harbor highly similar chlorocatechol-2,3-dioxygenase-encoding gene clusters. Archives of Microbiology,2004,182(2-3):147-156.

［11］Koenig J，Lee M，Manefield M. Aliphatic organochlorine degradation in subsurface environments. Reviews in Environmental Science and Bio/Technology,2015,14(1):49-71.

［12］Adrian L，Gorisch H. Microbial transformation of chlorinated benzenes under anaerobic conditions. Research in Microbiology,2002,153(3):131-137.

［13］陈建孟,王家德,庄利,等.生物滴滤池净化二氯甲烷废气的实验研究.环境科学,2002,23(4):8-12.

［14］王家德,陈建孟,於建明.二氯甲烷降解菌的分离及其特性.浙江工业大学学报,2002,30(1):50-54.

［15］王家德,陈建孟,於建明.二氯甲烷降解菌的研究.中国环境科学,2001,21(6):24-27.

［16］於建明,沙昊雷,王家德,等.代谢产物积累对二氯甲烷生物降解的影响.环境科学与技术,2008,31(3):84-87.

［17］Wang J D，Chen J M. Removal of dichloromethane from waste gases with a bio-contact oxidation reactor. Chemical Engineering Journal,2006,123(3):103-107.

[18] Hage J C, Hartmans S. Monooxygenase-mediated 1,2-dichloroethane degradation by *Pseudomonas sp. strain* DCA1. Applied and Environmental Microbiology,1999,65(6):2466-2470.

[19] 赵新建,邵红霞,李敏. 万能胶中 1,2-二氯乙烷的挥发性能及风险研究. 中国胶粘剂,2009,18(6):1-4.

[20] 吴石金,俞翔,吴尔苗,等. 二氯甲烷和二氯乙烷对蛋白核小球藻的毒性影响研究. 环境科学,2010,31(6):1655-1661.

[21] 金小君,陈东之,朱润晔,等. *Xanthobacter flavus* DT8 降解二噁烷的特性研究. 环境科学,2012,33(5):1657-1662.

[22] Chen J M, Zhou Y Y, Chen D Z, et al. A newly isolated strain capable of effectively degrading tetrahydrofuran and its performance in a continuous flow system. Bioresource Technology,2010,101(16):6461-6467.

[23] 於建明,成卓韦,蒋轶锋,等. 一株具有邻二甲苯降解能力的动胶菌 HJ1 及其应用:中国,ZL201310281412. 2. 2014.

[24] Zhang L L, Leng S Q, Zhu R Y, et al. Degradation of chlorobenzene by strain *Ralstonia pickettii* L2 isolated from a biotrickling filter treating a chlorobenzene-contaminated gas stream. Applied Microbiology and Biotechnology,2011,91(2):407-415.

[25] Chen D Z, Ouyang D J, Liu H X, et al. Effective utilization of dichloromethane by a newly isolated strain *Methylobacterium rhodesianum* H13. Environmental Science and Pollution Research,2014,21(2):1010-1019.

[26] Sercu B, Boon N, Beken S V, et al. Performance and microbial analysis of defined and nondefined inocula for the removal of dimethyl sulfide in a biotrickling filter. Biotechnology and Bioengineering,2007,96(4):661-672.

[27] Quijano G, Revah S, Gutiérrez-Rojas M, et al. Oxygen transfer in three-phase airlift and stirred tank reactors using silicone oil as transfer vector. Process Biochemistry,2009,44(6):619-624.

[28] Yu J M, Liu W, Cheng Z W, et al. Dichloromethane removal and microbial variations in a combination of UV pretreatment and biotrickling filtration. Journal of Hazardous Materials,2014,268:14-22.

[29] Raymond J W, Rogers T N, Shonnard D R, et al. A review of structure-based biodegradation estimation methods. Journal of Hazardous Materials,2001,84(2):189-215.

[30] Jin Y M, Veiga M C, Kennes C. Removal of methanol from air in a low-pH trickling monolith bioreactor. Process Biochemistry,2008,43(9):925-931.

[31] Luvsanjamba M, Sercu B, Ketesz S, et al. Thermophilic biotrickling filtration of a mixture of isobutyraldehyde and 2-pentanone. Journal of Chemical Technology and Biotechnology,2007,82(1):74-80.

[32] Rene E R, Spacková R, Veiga M C, et al. Biofiltration of mixtures of gas-phase styrene and acetone with the fungus *Sporothrix variecibatus*. Journal of Hazardous Materials,2010,184(1):204-214.

[33] Al-Rayes A W,Kinney K A,Seibert A F,et al. Load dampening system for vapor phase bio-reactors. Journal of Environmental Engineering,2001,127(3):224-232.

[34] Heylen K,Lebbe L,de Vos P. *Acidovorax caeni* sp nov. ,a denitrifying species with geneti-cally diverse isolates from activated sludge. International Journal of Systematic and Evolu-tionary Microbiology,2008,58(1):73-77.

[35] Ohta T,Tani A,Kimbara K,et al. A novel nicotinoprotein aldehyde dehydrogenase involved in polyethylene glycol degradation. Applied Microbiology and Biotechnology,2005,68(5):639-646.

[36] Mohammad B T,Bustard M T. Fed batch bioconversion of 2-propanol by a solvent tolerant strain of *Alcaligenes faecalis* entrapped in Ca-alginate gel. Journal of Industrial Microbiolo-gy and Biotechnology,2008,35(7):677-684.

[37] Schloss P D,Gevers D,Westcott S L. Reducing the effects of PCR amplification and sequen-cing artifacts on 16S rRNA-based studies. PloS One,2011,6(12):e27310.

[38] Wang Y,Sheng H F,He Y,et al. Comparison of the levels of bacterial diversity in freshwa-ter,intertidal wetland,and marine sediments by using millions of illumina tags. Applied and Environmental Microbiology,2012,78(23):8264-8271.

第 10 章　废气生物净化机理与模型建构

利用微生物净化气态污染物涉及气、液、固三相传质与生化反应过程,影响因素多而复杂。传统的量纲分析已无法反映该复杂过程的基本规律,须利用数学模拟方法进行研究。数学模型是数学模拟的基本单元,按处理问题的性质可分为动力学模型、流动模型、传递模型和宏观反应动力学模型。显然,对于废气生物净化的相间传质-反应过程,适合采用宏观反应动力学模型来进行数学描述。相间反应宏观动力学分为颗粒级和床层级两个级别。前者是指固体颗粒被液体包围而完全润湿的情况下,以固体为对象的宏观反应动力学,它包括气-液相间、液-固相间传质过程和固体颗粒内部反应-传质的总体速率。而床层宏观反应动力学(又称反应器宏观动力学)是在颗粒宏观反应动力学的基础上,考虑三相反应器内气相和液相的流动状况对颗粒宏观反应动力学的影响。

在传统的废气生物净化反应器中,负载有生物膜的填料可视为固体催化剂,其表面覆盖液膜,再外面为气膜,因此以双膜理论为基础,反应器内涉及的宏观反应过程应包括:①气相反应物从气相主体扩散到气-液界面的传质过程;②气相反应物从气-液界面扩散到液相主体的传质过程;③气相反应物从液相主体扩散到催化剂颗粒外表面的传质过程;④颗粒催化剂内同时进行反应和内扩散的宏观反应过程;⑤产物从催化剂颗粒外表面扩散到液相主体的传质过程;⑥产物从液相主体扩散到气-液界面的传质过程;⑦产物从气-液界面扩散到气相主体的传质过程。

然而,目前较为成熟、应用较多的废气生物净化模型都只涉及其中的两相而忽视了第三相的存在,如"吸收-生物膜"模型、"吸附-生物膜"模型等,但作者认为它们的应用场合具有一定的局限性。因此,关于废气生物净化技术,迄今尚无统一和完整的数学模型用于描述,与其相关的理论和应用技术目前仍处于不断改进和完善的过程中,尚有许多问题有待于研究解决。废气生物净化的相关模型发展与修正也是研究热点之一。

10.1　相关理论及动力学模型概要

生物法净化废气的动力学模型最早源于 1983 年 Ottengraf[1] 等推导的关于生物滤床的数学模型,它是在 1976 年 Jennings 提出非吸附理论模型的基础上加以修正完成的。与此同时,Ottengraf[1] 等还提出了基于该模型的气-液生物膜理论,又称"吸收-生物膜"理论。随着计算机科学的迅速发展,关于废气生物净化过程的一些复杂的数学模型也相继被提出,如 Deshusses[2] 模型、Shareefdeen 和 Baltzis[3] 模型等。在我国,有关废气生物净化过程的理论与模型也有了较快的发展。刘强等[4]从"扩散-生物降解"的角度描述了生物滴滤池处理 VOCs 的动力学过程;李国文等[5]提出了气态污染物的吸附传质-生物降解机理;而孙佩石等[6]则认为生物膜表面不存在连续稳定分布的液膜,在此基础上提出了"吸附-生物膜"理论及相关模型。

10.1.1 "吸收-生物膜"理论

"吸收-生物膜"理论是依据传统的双膜理论提出的(图 10-1)。按照该理论,污染物和氧气一般从气膜经液膜后进入生物膜被降解,代谢产物(如 CO_2 和 H_2O 等)的传质过程则刚好相反。依据"吸收-生物膜"理论,针对图 10-2 所示的生物膜填料塔的数学模拟系统作以下假设:①循环液体中的污染物浓度为一常数 $C_{lin} = C_{lout} = C_l$;②整个系统处于稳态,污染物扩散通过气、液扩散层及生物膜层的扩散通量是相等的,即 $N_g = N_l = N_{boiflim}$。由吸收-生物膜理论可知,气相污染物通过扩散进入液膜,而后在生物膜内被微生物降解的。因此,可基于液膜和生物膜中传质-反应过程,推导并建立动力学模型。图 10-2 中,Q 为气体流量,m^3/s;L 为液体喷淋量;H 为填料层高度;C_{gin} 为入口气体污染物浓度;C_{gout} 为出口气体污染物浓度;C_{lin} 为入口液体污染物浓度;C_{lout} 为出口液体污染物浓度。

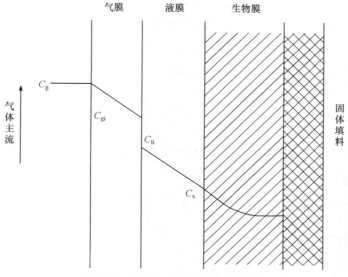

图 10-1　"吸收-生物膜"理论示意图

假设系统内微生物反应处于一级生化反应区,出口污染物气体浓度可由以下计算式表示:

$$C_{\text{gout}} = C_l H_c + (C_{\text{gin}} - C_l H_c)(1 - W) \tag{10-1}$$

$$C_{\text{gout}} = C_{\text{gin}} - k_{\text{la}} C_l a \frac{V}{Q} \tag{10-2}$$

式中,循环液体中污染物浓度 C_l 的计算公式为

$$C_l = \frac{C_{\text{gin}} W}{k_{\text{la}} a T_n + H_c W} \tag{10-3}$$

其中

$$W = 1 - \exp\left(-\frac{K_L T_n}{H_c}\right) \tag{10-4}$$

H_c 为亨利系数,$H_c = C_g / C_l$;k_{la} 为一级生化反应速率常数,m/h;K_L 为物理吸收的液膜传质系数,m/s;a 为填料的比表面积,m^2/m^3;T_n 为气体在填料层中的停留时间,s;V 为填料层体积,m^3。

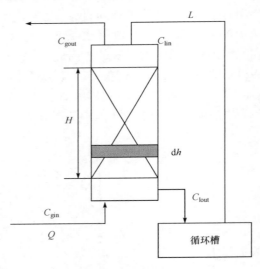

图 10-2　生物膜填料塔的数学模拟系统

虽然"吸收-生物膜"理论是目前国际上常用于描述生物法净化废气的基础理论,但也存在许多问题和不足。例如,对于低浓度、不易溶于水的气体组分,由于它们几乎不溶于水或仅仅微溶于水,但反应器内都是用水来润湿生物膜的,所以仅用"吸收-生物膜"理论来解释它们依靠扩散通过液(水)膜而后到达生物膜并被其中的微生物捕获的净化过程,就显得有些不尽合理。

10.1.2　"吸附-生物膜"理论

由于"吸收-生物膜"理论存在一些不足,因此孙佩石等依据气体吸附理论和生

化反应动力学原理对该理论进行了修正,提出了全新的"吸附-生物膜"理论。该理论描述了利用生物膜净化难溶或微溶气体组分的过程,将三相传质过程精简为气膜和生物膜的两相传质,并且用一个吸附过程来描述这个传质过程,并不涉及液膜扩散及过渡区等复杂问题,简化了计算过程,提高了模型计算的准确性。

　　按照该理论(图 10-3),微生物净化废气一般要经历以下几个过程:①气体组分扩散通过气膜并被吸附在湿润的生物膜表面;②吸附在生物膜表面的有机污染物成分被其中的微生物捕获并吸收;③进入微生物细胞的有机污染物在微生物体内的代谢过程中作为能源营养物质被分解,经生化反应最终转化为无害的化合物,如 CO_2 和 H_2O;④生化反应产物 CO_2 从生物膜表面脱附并反扩散进入气相主体,而 H_2O 则被保持在生物膜中。

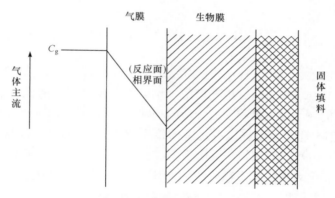

图 10-3　"吸附-生物膜"理论示意图

　　同样可作以下假设:①在净化低浓度废气时,循环液体中的污染物浓度为一常数 $C_{lin} = C_{lout} = C_l$;②系统处于稳定而平衡的状态,构成生物膜的微生物对污染物的生化降解反应速度足够快,使得污染物在生物膜表面的吸附速率等于其在生物膜内的生化降解反应速率,即单位时间内单位体积的生物膜填料对污染物的吸附量 q 与其生物膜内的生化去除量 B 是相等的;③吸附过程是可逆的。

　　根据以上假设条件,由污染物去除量定义以及朗格缪尔(Langmuir)吸附等温公式,对图 10-2 所示的塔内微单元,建立污染物在塔内降解去除的微分方程:

$$-\left(\frac{Q \cdot dC_g}{A \cdot dh} - \frac{L \cdot dC_l}{A \cdot dh}\right) = b\left(\frac{\lambda C_g}{1 + \lambda C_g}\right) \qquad (10\text{-}5)$$

式中,Q 为气体流量;L 为液体流量;A 为填料塔的横截面积;dh 为填料塔微单元高度;C_g 为气相污染物浓度;C_l 为液相污染物浓度;b 为生物膜填料塔的生化降解反应速率常数;λ 为吸附系数。

　　将亨利定律式 $H_c = C_g/C_l$ 代入式(10-5)可得

$$\frac{Q \cdot dC_g}{A \cdot dh} - \frac{L \cdot dC_g}{A \cdot H_c \cdot dh} = -b\left(\frac{\lambda C_g}{1+\lambda C_g}\right) \tag{10-6}$$

对式(10-6)进行积分，经整理后可得

$$C_{gout} + \frac{1}{\lambda}\ln C_{gout} = \frac{1}{\lambda}\ln C_{gin} + C_{gin} - \frac{bAH_cH}{QH_c - L} \tag{10-7}$$

式(10-7)即依据"吸附-生物膜"理论建立的动力学模型。可以发现，"吸附-生物膜"有许多假设前提条件，因此只适合描述低浓度不溶或微溶于水的气态污染物的净化过程。而在现实情况中，填料表面没有"水膜"的情况几乎是不存在的，即便是在生物过滤塔中，填料表面还是会断断续续分布着水膜。所以，"吸附-生物膜"理论及模型有着应用的局限性。

10.2 模型初探

无论是"吸收-生物膜"理论，还是"吸附-生物膜"理论，都只适合特定情形，不具有普适性。因此，作者研究组在模型理论的发展及修正方面做了一些探索性的研究工作，他们在大量实验和数据分析的基础上，探讨了生物转鼓在厌氧条件下的NO反应机理，分析了NO在该系统中的传质行为，并结合生化反应动力学，建立了转动床净化NO废气的传质-反应模型[7]。由于填料床存在能量和水分迁移现象，热湿迁移将会对填料层生物活性、生物量分布、相间传质产生影响，采用体积平均化模型和有限元法推导建立了填料层的热湿迁移模型[8]。

10.2.1 转动床净化机理与模型

1. 质量平衡

一氧化氮(NO)在生物转动床内的去除过程如图10-4所示。图中，C_G为填料径向r处气相中NO的浓度，mg/cm³；C_G^*为r处气液交界面NO的浓度，

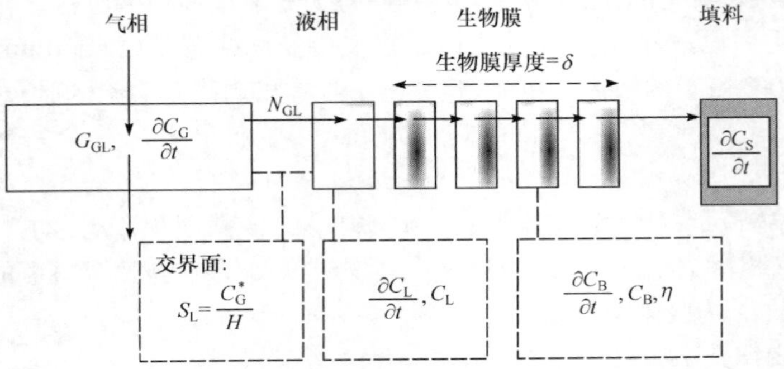

图10-4　生物转鼓中的质量传递过程

mg/cm^3；C_L 为 r 处液相中 NO 的浓度，mg/cm^3；C_B 为 r 处微生物相 NO 的浓度，mg/cm^3；C_S 为 r 处固相中 NO 的浓度，mg/cm^3；δ 为微生物膜厚度，cm；η 为孔隙率。

1) 气相质量平衡

气相中 NO 的基本传质过程包括分子扩散、对流扩散和气液相间传递，其质量平衡可由式(10-8)表示：

$$\frac{\partial C_G^*}{\partial t}=D_G\frac{\partial^2 C_G^*}{\partial r^2}-V_G\frac{\partial C_G^*}{\partial r}-\frac{a}{\varepsilon_1}N_{GL} \tag{10-8}$$

其边界条件为当 $r=R_0$ 时，$C_G^*=C_0^*$，其中，

$$N_{GL}=K_L(C_G^*-C_L)，\quad \frac{a}{\varepsilon_1}N_{GL}=\frac{K_L a}{\varepsilon_1}(C_G^*-C_L)$$

式中，a 为填料的比表面积，cm^2/cm^3；ε_1 为运行过程中填料的真实孔隙率，%；r 为径向半径，cm；C_0^* 为进口填料外表面处气液交界面 NO 的浓度；mg/cm^3；R_0 为径向外径，cm；D_G 为 NO 在气相中的扩散系数，cm^2/s；V_G 为气体流动速率，cm/s；K_L 为液相总传质系数，cm/s；t 为时间，s。

式(10-8)中，等号左边表示气相中 NO 浓度随时间的变化值，等式右边的第一项和第二项分别表示分子扩散和对流扩散项，第三项表示 NO 气相向液相的传质。

2) 液相质量平衡

液相中 NO 的传质过程包括分子扩散、对流扩散和气相向液相的传递积累，以及液相向微生物相的传递，其质量平衡可由式(10-9)表示：

$$\frac{\partial C_L}{\partial t}=D_L\frac{\partial^2 C_L}{\partial r^2}-V_L\frac{\partial C_L}{\partial r}+\frac{a}{\varepsilon_2}N_{GL}-\frac{a}{\varepsilon_2}N_{LB} \tag{10-9}$$

根据费克定律有

$$N_{LB}=-D_B\left(\frac{\partial C_B}{\partial X}\right)\Big|_{X=0}$$

式中，N_{LB} 为液相到微生物相的传质通量，$mg/(cm^2 \cdot s)$；N_{GL} 为气相到液相的传质通量，$mg/(cm^2 \cdot s)$；D_B 为 NO 在微生物相中的扩散系数，cm^2/s；D_L 为 NO 在液相中的扩散系数，cm^2/s；V_L 为填料中液体流动速率，cm/s；C_L 为 r 处液相中 NO 的浓度，mg/cm^3；a 为填料的比表面积，cm^2/cm^3；ε_2 为运行过程中液相在填料中占的比例，%；r 为径相半径，cm；C_B 为 r 处微生物相 NO 的浓度；X 表示在微生物膜中的位置，其方向矢量与 r 方向垂直。

式(10-9)等号左边的项表示液相中 NO 浓度随时间的变化值，右边的第一、二、三项分别表示分子扩散项、对流扩散项和气相向液相的传递积累项，第四项表示 NO 从液相向微生物的传质。

3）微生物相质量平衡

微生物相则不同于气相和液相，其 NO 的质量平衡不存在对流传递，因此其质量平衡可由式（10-10）表示：

$$\frac{\partial C_B}{\partial t} = D_B \frac{\partial^2 C_B}{\partial X^2} - R \tag{10-10}$$

边界条件为

$$X = 0, \quad C_B = C_L, \quad X = \delta, \quad C_B - D_B \left(\frac{\partial C_B}{\partial X} \right) \Big|_{X=\delta} = -D_B \left(\frac{\partial C_S}{\partial X} \right) \Big|_{X=\delta}$$

式（10-10）中，等号左边表示生物相中 NO 浓度随时间变化值，等号右边第一项表示 NO 在微生物项中的扩散，R 则表示 NO 被微生物利用反应的速率。

4）固相质量平衡

填料作为固相，NO 在其中的质量平衡可由式（10-11）表示：

$$\frac{\partial C_S}{\partial t} = \frac{a}{1 - \varepsilon_1 - \varepsilon_2 - \varepsilon_3} N_{BS} \tag{10-11}$$

其边界条件为

$$X = \delta, \quad N_{BS} = -D_B \left(\frac{\partial C_B}{\partial X} \right) \Big|_{X=\delta}$$

式中，N_{BS} 为微生物相到固相的传质通量，$mg/(cm^2 \cdot s)$；ε_3 为运行过程中微生物相在填料中占的比例，%；其他物理量含义同上。

2. 模型建构与实验论证

在模型推导和建立过程中，还需要以下假设：①NO 的净化过程始终是一个稳定状态，温度、pH 等环境变量不随时间的变化而变化；②转鼓是匀速转动，填料径向同一半径切面上的任何一点转动过程中的状态都是一致的；③填料尺寸均匀，生物膜厚度均一，处于稳态状态，表面覆盖的液膜厚度也均一；④气流沿着径向运动，忽略轴向方向上的质量扩散，气流在填料内部孔隙间的流动为层流，分子扩散项可以忽略不计；⑤液相中没有氮元素的积累，NO 从生物相向固相的传质为零；⑥假设转鼓内液相是静止的，则液相平衡中分子扩散项和对流扩散项可忽略不计。

基于 NO 在气-液-固三相中的质量平衡和上述假设，气相质量平衡、液相质量平衡、生物相质量平衡可分别简化为式（10-12）～式（10-14）：

$$V_G \frac{\partial C_G^*}{\partial r} = \frac{a}{\varepsilon_1} N_{GL} = \frac{K_L a}{\varepsilon_1} (C_G^* - C_L) \tag{10-12}$$

$$N_{GL} = N_{LB} \tag{10-13}$$

$$N_{GL} = N_{LB} = \delta R \tag{10-14}$$

微生物生化反应速率通常可以用 Monod 方程来表示：

$$R = \mu_{max} \rho_B \frac{C_L}{K_S + C_L} \tag{10-15}$$

式中，μ_{max} 为微生物最大比生长速率，s^{-1}；K_S 为半饱和系数，mg/m^3；ρ_B 为液相中微生物密度，mg/m^3。

在本实验研究过程中，由于气相中 NO 的浓度小于 600ppm（$8.04\times10^{-4}\,mg/cm^3$），根据亨利定律和理想气体状态方程，可以计算出转鼓内液相中 NO 的浓度，它远远小于 K_S，因此式（10-15）可简化为

$$R=\mu_{max}\rho_B\frac{C_L}{K_S} \tag{10-16}$$

令 $k_1=\dfrac{\mu_{max}\rho_B}{K_S}$，则 $R=k_1 C_B$。

在 1atm、25℃时，NO 在气液两相中的传质系数和液相中的溶解度系数分别为[9] $k_G=2\times10^{-5}\,mol/(cm^2\cdot s\cdot atm)$，$k_L=1.98\times10^{-3}\,cm/s$，NO 的溶解度系数为 $H=1.91\times10^{-5}\,kmol/(kPa\cdot m^3)$，可以计算出 $Hk_L/k_G=1/5288$，因此代入气液两相传质方程中，液相传质系数可简化为

$$k_1=\frac{\mu_{max}\beta_B}{K_S}, \quad K_L=k_L \tag{10-17}$$

由 $N_{GL}=\delta R=\delta k_1 C_L=K_L(C_G^*-C_L)=k_L(C_G^*-C_L)$ 得

$$C_L=\frac{k_L}{k_L+\delta k_1}\times C_G^* \tag{10-18}$$

式中，k_1 为一级反应速率常数，s^{-1}；C_G^* 表示半径为 r 处时气液交界面处 NO 的浓度，代入式（10-12）得

$$V_G\frac{\partial C_G^*}{\partial r}=\frac{K_La}{\varepsilon_1}\left(C_G^*-\frac{k_L C_G^*}{k_L+\delta k_1}\right)=\frac{k_L a\delta k_1}{\varepsilon_1(k_L+\delta k_1)}\times C_G^* \tag{10-19}$$

设 $C=\dfrac{k_L a\delta k_1}{\varepsilon_1(k_L+\delta k_1)V_G}$，则式（10-19）可简化为

$$\frac{1}{C_G^*}\times\frac{\partial C_G^*}{\partial r}=C$$

其边界条件为 $r=R_0$ 时，$C_G^*=C_0^*$。

解上述微分方程得

$$C_G^*=C_0^*\exp[-C(R_0-r)]$$

即

$$C_G^*=C_0^*\exp\left[-\frac{k_L a\delta k_1}{\varepsilon_1(k_L+\delta k_1)V_G}(R_0-r)\right] \tag{10-20}$$

式中，C_0^* 表示转鼓填料外表面气液交界面处 NO 的浓度，因此式（10-20）的最终表达式为

$$C_G=C_0\exp\left[-\frac{k_L a\delta k_1}{\varepsilon_1(k_L+\delta k_1)V_G}(R_0-r)\right] \tag{10-21}$$

实验中，$\rho_B = 1.0\,\text{g/cm}^3$，设 $\mu_{\max} = 0.1\,\text{h}^{-1}$，$K_S = 1.0 \times 10^{-4}\,\text{mg/cm}^3$，$\delta = 0.1\,\text{cm}^{[10,11]}$，则 $\delta k_1 = 27.8\,\text{cm/s} \gg k_L$（1atm、25℃时，$k_L = 1.98 \times 10^{-3}\,\text{cm/s}$），因此式（10-21）可简化为

$$C_G = C_0 \exp\left[-\frac{k_L a}{\varepsilon_1 V_G}(R_0 - r) \right] \tag{10-22}$$

在转动床体系中，k_L 的估算可用式（10-23）表示[12]：

$$k_L = \frac{D_L}{l} \tag{10-23}$$

式中，l 表示液膜厚度，可用填料的持液量来估算，其大小则与转鼓转速相关，cm；D_L 表示 NO 在膜中的扩散速率，cm^2/s。因此，k_L 可表示为

$$k_L = \frac{D_L a V}{W} \tag{10-24}$$

式中，W 表示填料的持液量；V 表示填料的体积。

ε_1 表示在生物转鼓运行过程中填料的真实孔隙率，是指不包括液膜和微生物膜部分体积的孔隙率，可用式（10-25）表示：

$$\varepsilon_1 = \varepsilon - \varepsilon_2 - \varepsilon_3 = \varepsilon - \frac{W}{V} - a\delta \tag{10-25}$$

最终可得

$$C_G = C_0 \exp\left[-\frac{D_L a^2 V}{\left(\varepsilon - \dfrac{W}{V} - a\delta\right) W V_G}(R_0 - r) \right] \tag{10-26}$$

式中，C_0、W、V_G 和 r 分别表示进气浓度、填料持液量、气流速度和转鼓填料半径，其物理意义分别为进气浓度、填料持液量（即转鼓转速）、气流速度（即停留时间）对净化出气的影响以及半径 r 处 NO 的浓度。

以 RDB 内去除 NO 的实验过程为对象，计算 W、V_G、C_0 三个参数的变化对 NO 去除效率的影响和半径 r 处 NO 的浓度，并用实验结果对模型计算结果进行验证。在 1atm、25℃时，模型所采用的基本参数如表 10-1 所示。

表 10-1　模型基本参数

符号	值	单位	参考来源
孔隙率 ε	0.94	—	实验实测
生物膜厚度 δ	0.1	cm	[23]
液相中的传质系数 D_L	2.32×10^{-5}	cm^2/s	[21]
气相中的传质系数 k_G	2×10^{-4}	$\text{mol}/(\text{c}^{-2} \cdot \text{s} \cdot \text{MPa})$	[22]
半饱和系数 K_S	1.0×10^{-4}	mg/cm^3	[21]
质量传递系数 k_L	1.98×10^{-3}	cm/s	[22]
亨利系数 H	1.91×10^{-5}	$\text{kmol}/(\text{kPa} \cdot \text{m}^3)$	[22]
生物膜密度 ρ_B	1.0	g/cm^3	实验实测

　　分别在 NO 进气浓度 344mg/m³、转鼓转速 0.5r/min 的情况下和转鼓转速为 0.5r/min、EBRT 为 65s 的情况下,考察了不同 EBRT 和进气浓度 C_0 下实验与模型(10-26)预测结果的相符性,结果分别如图 10-5 和图 10-6 所示。

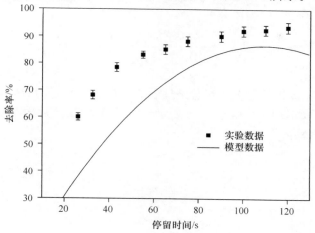

图 10-5　停留时间对 NO 去除效率的影响(模型值与实验值)

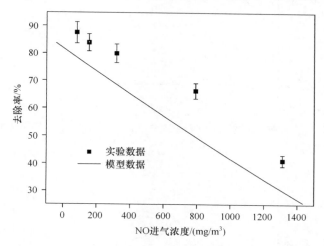

图 10-6　进气浓度对 NO 去除率的影响(模型值与实验值)

　　从图 10-5 和图 10-6 的比较和分析中可以得出,模型所预测的 NO 的净化效率要小于实验值,其原因之一是转鼓中存在营养液对 NO 的吸收,该吸收过程不宜忽略。因此,需要对式(10-26)进行修正。根据 Kharitonov 等[13]、Shenoy 及 Joshi[14] 和 Glasson 及 Tuesday[15] 的研究结果,NO 在水溶液中的溶解方程可表示为

$$C_L = \frac{k_{aq}}{k_{aq} + Sk_1} \times C_0 \tag{10-27}$$

式中,NO 在 101.325kPa 和 25℃的溶解系数为 $k_{aq}=0.043\text{mL/L}$[16]。

因此,式(10-26)可表述为

$$C_G = C_0 \exp\left[-\frac{D_L a^2 V}{\left(\varepsilon - \dfrac{W}{V} - a\delta\right)WV_G}(R_0 - r)\right] - \frac{k_{aq}C_0}{k_{aq} + Sk_1} \tag{10-28}$$

采用该修正的模型对上述实验条件下 NO 的去除率进行计算,并与实验结果进行比较,结果如图 10-7 和图 10-8 所示。由图可知,修正后模型的计算结果与实验值符合程度较好。

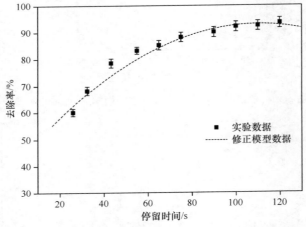

图 10-7　停留时间对 NO 去除效率的影响(实验值与修正模型值)

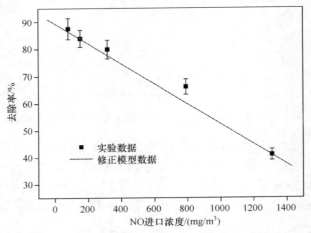

图 10-8　进气浓度对 NO 去除率的影响(实验值与修正模型值)

10.2.2　填料床的热湿迁移机理与模型

1. 热湿迁移机理

生物滤塔内的热量主要来源于两个方面:废气自身携带的热量和微生物在降解污染物过程中产生的热量。积累的热量通过液相吸收蒸发、气相和液相热交换、塔壁扩散等形式扩散。因此,滤塔内的热迁移机理可以从热传导、渗流传热和相变换热三方面进行描述。

1) 热传导

在温度梯度的作用下,填料介质、溶液和气体都会以传导方式传递热量。要准确研究填料中的导热过程,就必须确定填料介质的有效导热系数。通常,采用固、液、气三相按各自所占体积比相加的方法计算有效导热系数。在含水率较大的情况下,该计算结果较为可靠,但当含水率较小时,结果则会发生较大偏差。

2) 渗流传热

伴随着流体在填料介质间孔隙中流动,流体所带的热熔也在孔隙中迁移。孔隙通道中紧靠固体表面的流体以相对填料静止或层流运动存在,固体-流体表面热量输运的形式主要还是导热。而当流体到达一新区域后,新旧流体将发生混合,当两者温度不等时,也将发生热量交换。由于填料介质结构相当复杂,所以其内的渗流换热过程很难用类似于简单通道内的对流换热来计算。

3) 相变换热

相变迁移的结果,使得蒸发区的能量转移到凝结区,从而引起多孔介质内部温度的重新分布。填料中总热通量包括反应器内三相的导热热通量及随液态水质流和水蒸气质流带入的热通量。

同样,滤塔内的湿度来源及发散形式同热量传递过程相似,因此湿迁移机理可以从扩散、对流传质、温度梯度、相变等四个方面进行描述。

(1) 扩散。多孔介质内部的扩散可分三种类型:分子扩散、努森扩散和表面扩散[2]。如果多孔介质的孔隙大于气体分子的平均自由程,气体在其内部的扩散过程一般为分子扩散。如果多孔介质的孔隙与气体分子平均自由程处于相同数量级或更小,这种扩散称为努森扩散。当被壁面所吸附的分子由于浓度梯度的作用而沿表面进行迁移时,就产生了表面扩散,但由于该吸附力不是很大,这种表面扩散效应甚微,可忽略不计。

(2) 对流传质。土壤中水分形态通常为重力水、毛管水和吸附水。生物滤塔内填料介质性质与土壤相似,但是填料介质常处于含湿非饱和状态,其水分介于毛管水与重力水之间,因此发生的主要是毛细对流和重力对流。上述流体宏观运动会引起湿分的质量传递。

（3）温度梯度。由于流体密度随温度而变，所以不同温度下的流体密度也不相同，当两者的密度差 $\Delta\rho$ 达到一定值后，系统中将发生流体的宏观迁移。

（4）相变。温度的改变会影响水的饱和蒸气压，从而引起相变，引起多孔介质内部湿含量的变化。温度改变量越大，其所引起的含湿量变化也越大。通常，在多孔介质内部存在产热或吸收反应时，即存在内热源时，由于相变而引起的含湿量变化将成为湿迁移的主要形式之一。

2. 模型建构与实验论证

体积平均化模型综合了流体在多孔介质中流动的微观过程和宏观现象[17]。鉴于生物填料本身是一类非饱和多孔介质，故可采用体积平均法来描述生物滤塔内物质和热湿迁移过程。

图 10-9 为填料层内一微体积单元，假设其维数和方向不变[18]，固相、气相和液相体积分别记为 V_S、V_G、V_L。

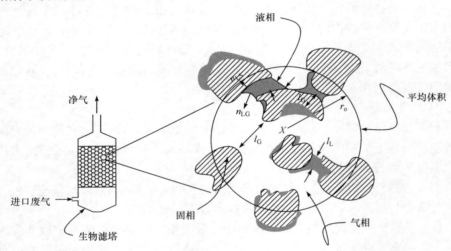

图 10-9　填料层内一微体积单元示意图

填料层孔隙率 η、气相饱和度 s_G 和液相饱和度 s_L 可分别表示为

$$\eta = \frac{V_G + V_L}{V_T} = 1 - \frac{V_S}{V_T} \tag{10-29}$$

$$s_G = \frac{V_G}{V_G + V_L} = \frac{V_G}{1 - V_S} \tag{10-30}$$

$$s_L = \frac{V_L}{V_G + V_L} = \frac{V_L}{1 - V_S} \tag{10-31}$$

表观平均量的定义为物质在整个填料体积上的平均量,是宏观方程推导的基础;本征平均量为物质在其所在相内的平均量,是宏观方程建立的微元。下面分别以加横线和不加横线区分表观平均量和本征平均量。

设任意相 β 内物质 $\hat{\rho}$ 的表观平均量和本征平均量分别为

$$\bar{\rho} = \frac{1}{V_T} \int_{V_\beta} \hat{\rho} \mathrm{d}V \tag{10-32}$$

$$\rho = \frac{1}{V_\beta} \int_{V_\beta} \hat{\rho} \mathrm{d}V \tag{10-33}$$

式中, $\hat{\rho}$ 代表相内各物质的实际密度。此外,表观平均量和本征平均量之间可通过等式 $\bar{\rho} = \eta S_\beta \rho$ 实现相互转化。

同样,在模型建立之前,需做如下假设:①变量(指各相内物质)的空间变化比微体积单元内平均变化小得多;②变量变化的积比微体积单元中变量的平均变化的积小得多;③热量通过傅里叶定律计算,填料介质满足局部热力学平衡;④微体积单元内分子扩散量为常数,物质的相间扩散是空间梯度的线性函数;⑤焓与压强无关,热容为常数;⑥填料是稳定的刚体基质,填料层均质,热传导系数为常数;⑦三相中的温度统一用一个总能量方程表示;⑧填料层内生物膜分布均匀,压缩和黏度可以忽略;⑨气相连续,满足理想气体方程。

基于以上假设,在微观孔隙结构中运用质量和热量的连续性守恒方程,得到微体积单元中的质量和热量守恒方程,然后运用有限元法可以获得整个生物滤塔系统方程并求解。

模型推导过程中,以 H_2S 作为模式污染物。生物滤塔中各相内物质的分布及变化见图 10-10。

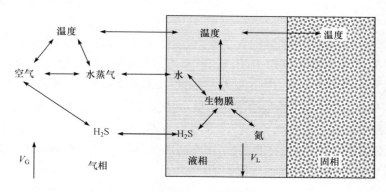

图 10-10　生物塔中各相内物质的分布及变化

以营养液中 N 元素的连续性方程推导为例,说明生物滤塔内的质量和能量(热量)的迁移过程。一般微生物能利用的 N 的形式有硝酸盐、亚硝酸盐、铵盐和有机氮，假定 N 仅以 NO_3^- 的形式存在，因此气-液边界 Γ_{LG} 和液-固边界 Γ_{LS} 上不存在 N 的传质，即从液相至固相或液相至气相的 N 质量传质通量为零。式（10-34）中 $\hat{v}_N$ 表示 N 的分子速率，由于液相中存在扩散效应，所以该值并不等于液相的表面速率 $\hat{v}_L$。

$$液相：\frac{\partial \hat{\rho}_N}{\partial t} + \nabla \cdot [\hat{\rho}_N \hat{v}_N] = \hat{r}_N; \quad 固相或气相：\hat{\rho}_N = 0 \tag{10-34}$$

采用表观平均法，并应用一般的传递法则，得到式（10-35）：

$$\frac{1}{V_T} \int_{V_L} \frac{\partial \hat{\rho}_N}{\partial t} dV = \frac{\partial}{\partial t} \left(\frac{1}{V_T} \int_{V_L} (\hat{\rho}_N) dV \right) - \frac{1}{V_T} \int_{\Gamma_{LS}} \hat{\rho}_N w_{LS} \cdot n_{LS} d\Gamma - \frac{1}{V_T} \int_{\Gamma_{LG}} \hat{\rho}_N w_{LG} \cdot n_{LG} d\Gamma$$

$$\tag{10-35}$$

式中，右边第二和第三项表示在液-固边界和液-气边界上由于液相变化，以一定的速率所产生的位移，其大小为 $w_{LS} \cdot n_{LS}$ 和 $w_{LG} \cdot n_{LG}$。这里，n_{LS} 和 n_{LG} 分别为液相至固相和液相至气相的方向向量。

引入波动量，并假设实际物质密度和液相速率均等于其本征平均量和波动量之和。一般相对于表观平均量，本征平均量值可认为常数，假定本征平均量在整个微体积单元区域内为光滑函数，本征液相速率 v_L 可以转化为表观速率 $\bar{v}_L$，因此式（10-35）可转化为

$$\frac{\partial \bar{\rho}_N}{\partial t} + \nabla \cdot (\rho_N \bar{v}_L) + \frac{1}{V_T} \int_{\Gamma_{LS}} \hat{\rho}_N (\hat{v}_N - \hat{w}_{LS}) \cdot n_{LS} dT + \frac{1}{V_T} \int_{\Gamma_{LS}} \hat{\rho}_N (\hat{v}_N - \hat{w}_{LG}) \cdot n_{LG} d\Gamma$$

$$= \nabla \cdot \left(\frac{1}{V_T} \int_{V_L} [\hat{\rho}_N \hat{u}_N] dV \right) - \nabla \cdot \left(\frac{1}{V_T} \int_{V_L} [\tilde{\rho}_N \tilde{v}_L] dV \right) + \frac{1}{V_T} \int_{V_L} \hat{r}_N dV \tag{10-36}$$

式中，左边第三项和第四项分别表示液-固、液-气边界上的 N 元素质量传质通量。根据假定 N 元素只存在液相中，因此液-气、液-固边界上的质量传质通量等于零。当推导液相水和 H_2S 时，由于这些物质在液-气边界上有传质，所以该两项的积分分别为液相水和 H_2S 在液-气边界上的质量传质通量。固体填料为稳定的刚体基质，因此液-固边界上所有物质的传质速率均为零。

为了对式（10-36）做进一步简化，把右边的两项扩散项用有效扩散系数统一表示，如式（10-37）所示：

$$\nabla \cdot [D_{eff}^N \nabla \bar{\rho}_N] = \nabla \cdot \left(\frac{1}{V_T} \int_{V_L} [\hat{\rho}_N \hat{u}_N] dV \right) - \nabla \cdot \left(\frac{1}{V_T} \int_{V_L} [\tilde{\rho}_N \tilde{v}_N] dV \right) \tag{10-37}$$

式中，D_{eff}^N 为 N 元素的有效扩散系数。

微生物降解过程中 N 元素参与的反应有三个,即生物膜的增长和腐烂引起的 N 元素消耗和释放,以及外界直接向系统添加的 N 量。因此,可建立微生物参与反应的 N 元素守恒方程,其中 K_{NperB} 为生物膜增长的化学计量质量比:

$$\frac{1}{V_T}\int_{V_L}\hat{r}_N dV = -K_{NperB}Y_{H_2S}k_{H_2S}\eta S_L\rho_{LS} + \eta_{Nrec}K_{NperB}(k_{Desc}+k_d)\bar{\rho}_B + \Phi_N$$

$$(10\text{-}38)$$

联合式(10-36)~式(10-38)可得到平均体积液相中 N 元素守恒方程的最终形式为

$$\frac{\partial}{\partial t}(\bar{\rho}_N) + \nabla\cdot[\rho_N\bar{v}_L] = \nabla\cdot[D_{eff}^N\nabla\rho_N] - K_{NperB}Y_{H_2S}k_{H_2S}\eta S_L\rho_{LS}$$
$$+ \eta_{Nrec}K_{NperB}(k_{Desc}+k_d)\bar{\rho}_B + \Phi_N \qquad (10\text{-}39)$$

同理,可以推导出液相水、水蒸气、气相 H_2S、液相 H_2S 和微孔中温度的表观平均量方程,见式(10-40)~式(10-44)。

液相水表观平均量方程为

$$\frac{\partial}{\partial t}(\bar{\rho}_w) + \nabla\cdot[\rho_w\bar{v}_L] = \nabla\cdot[D_{eff}^N\nabla\bar{\rho}_w] + (K_{WperH_2S}-Y_{H_2S}K_{WperB})k_{H_2S}\eta S_L\rho_{LS}$$
$$+ K_{WperB}(k_{Desc}+k_d)\bar{\rho}_B - q_{V_{LG}}\eta S_G(\rho_{sat}-\rho_v) + \Phi_w \quad (10\text{-}40)$$

水蒸气表观平均量方程为

$$\frac{\partial}{\partial t}(\bar{\rho}_v) + \nabla\cdot[\rho_v\bar{v}_G] = \nabla\cdot[D_{eff}^v\nabla\rho_v] + q_{V_{LG}}\eta S_G(\rho_{sat}-\rho_v) \qquad (10\text{-}41)$$

气相 H_2S 表观平均量方程为

$$\frac{\partial}{\partial t}(\eta S_G\rho_{GS}) + \nabla\cdot[\rho_{GS}\bar{v}_G] = \nabla\cdot[D_{eff}^{GS}\nabla\rho_{GS}] - q_{H_2S_{LG}}K_{LSperGS}\eta S_G(\rho_{GS}-H_{H_2S}\rho_{GS})$$

$$(10\text{-}42)$$

液相 H_2S 表观平均量方程为

$$\frac{\partial}{\partial t}(\bar{\rho}_{LS}) + \nabla\cdot[\rho_{LS}\bar{v}_L] = \nabla\cdot[D_{eff}^{LS}\nabla\rho_{LS}] + q_{H_2S_{LG}}K_{LSperGS}\eta S_L\left(\frac{\rho_{GS}}{H_{H_2S}}-\rho_{LS}\right) - k_{H_2S}\eta S_L\rho_{LS}$$

$$(10\text{-}43)$$

微体积单元内的温度表观平均量方程为

$$\rho c_p\frac{\partial T}{\partial t} + (\rho_G c_{pG}\cdot\bar{v}_G + \rho_L c_{pL}\cdot\bar{v}_L)\cdot\nabla T$$
$$= \nabla\cdot[K_{eff}^T\cdot\nabla T] + h_c k_{H_2S}\eta S_L\rho_{LS} - \Delta h_{vap}q_{V_{LG}}\eta S_G(\rho_{sat}-\rho_v) \quad (10\text{-}44)$$

对上述方程中部分项的说明见表 10-2。

表 10-2　微体积平均单元守恒方程的各项参数说明

方程	描述	反应式	备注
(10-39)	液相中 N 密度	$-K_{NperB}Y_{H_2S}k_{H_2S}\eta S_L\rho_{LS}$ $+\eta_{Nrec}K_{NperB}(k_{Desc}+k_d)\bar{\rho}_B$ $+\Phi_N$	生物膜生长消耗 N; 生物膜腐烂和干燥释放 N; 外界添加 N
(10-40)	液相水密度	$(K_{WperH_2S}-Y_{H_2S}K_{WperB})k_{H_2S}\eta S_L\rho_{LS}$ $+K_{WperB}(k_{Desc}+k_d)\bar{\rho}_B$ $-q_{V_{LG}}\eta S_G(\rho_{sat}-\rho_v)$ $+\Phi_W$	H_2S 降解和生物膜生长产生水; 生物膜腐烂和干燥释放水; 从液相传质到气相的水; 外界添加水
(10-41)	水蒸气密度	$q_{V_{LG}}\eta S_G(\rho_{sat}-\rho_v)$	蒸发进入气相的水量
(10-42)	气相 H_2S 密度	$q_{H_2S_{LG}}K_{GSperLS}\eta S_G(\rho_{GS}-H_{H_2S}\rho_{GS})$	H_2S 从气相至液相的传质通量
(10-43)	液相 H_2S 密度	$q_{H_2S_{LG}}K_{LSperGS}\eta S_L\left(\dfrac{\rho_{GS}}{H_{H_2S}}-\rho_{LS}\right)$ $-k_{H_2S}\eta S_L\rho_{LS}$	由液相传质到气相的 H_2S 量; 微生物降解的 H_2S 量
(10-44)	热量	$+h_ck_{H_2S}\eta S_L\rho_{LS}$ $-\Delta h_{vap}q_{V_{LG}}\eta S_G(\rho_{sat}-\rho_v)$	H_2S 降解产生的热量; 水蒸发吸收的热量

　　本节根据已建立的热湿迁移模型,采用 Galerkin 有限元法[19-21],对生物滤塔处理 H_2S 废气过程进行了数值模拟,并将计算得到的结果与实验实测值进行了比较。忽略滤塔壁面的热量和湿分的分子扩散,则推导过程中各参数仅仅是滤塔轴向 x 坐标和时间的函数,此时方程可简化为一维。

　　取气流相对湿度 80.0%、温度 22.0℃、污染物 H_2S 浓度 128mg/m³、气速 v_g 为 0.04m/s 时,计算填料层轴向湿度分布[22]。图 10-11 分别为第 2d 和第 12d 时各填料层轴向湿度分布曲线,计算值与实测值有较高的关联性,且实测值均略小于计算值。由图 10-11 中还可以发现,随着时间的推移,各填料层的湿分含量下降,且下层填料变化较上层填料显著。例如,第 2d 和第 12d 时,$x=0.015$m(以填料层底部为原点)处湿度计算值分别为 55% 和 33%,下降幅度为 40%;$x=0.30$m 处湿度下降幅度仅为 3.3%。

　　图 10-12 给出了第 6d 和第 12d 各填料层温度的变化情况。可以看出,实测点温度值基本与计算温度值相符,但是均略小于计算值,这主要是由于在计算过程中忽略了滤塔壁面的热传导。实际上,由于滤塔内外存在一定的温度差,部分热量通过壁面传导而散失。

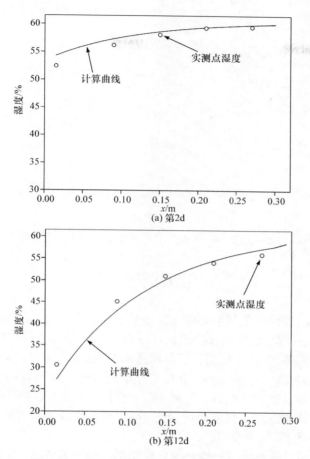

(a) 第2d

(b) 第12d

图 10-11　第 2d 和第 12d 时各填料层的湿度曲线

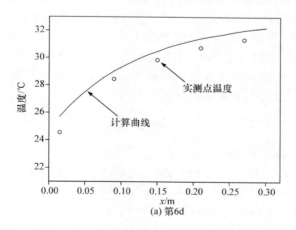

(a) 第6d

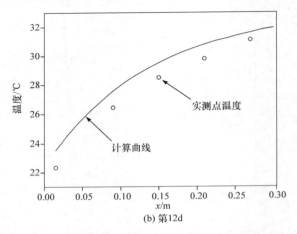

(b) 第12d

图 10-12　第 6d 和第 12d 时各填料层的温度曲线

10.3　模型优化的若干思考

　　本章所述的传统的废气生物净化模型基于质量传递-生物反应过程获得。"吸收-生物膜"模型以及"吸附-生物膜"是其在特定反应条件下(气态污染物溶解度、生物反应器类型等)的简化模型。需要注意的是,在实际生物滤塔中,由于喷淋的不均匀,一些填料表面的生物膜外覆盖着厚厚的水膜,一些填料表面则没有水膜,所以气态污染物可能同时经历"气-液-固"三相传质或者"气-固"两相传质过程,然后再被微生物代谢去除。在今后的研究中,依据生物滤塔实际运行情况,需建立"吸收-吸附-生物膜"复合模型。

　　基于质量传递获得的废气生物净化模型的主要缺点在于:未考虑生物反应器内因热量传递而导致的反应器内温度和湿度变化,温度和湿度的改变不仅会影响污染物质量传递过程而且会改变生物反应活性。为更有效地预测生物反应器废气净化效率并为反应器放大提高更可靠的基础数据,需开发涉及质量传递和热量传递过程的新型废气生物净化模型。作者所在研究组推导建立的填料床湿热迁移模型,能有效预测生物滤塔内湿度及温度分布,可将其与传统质量传递-生物反应模型结合,开发出新型废气生物净化模型。

参 考 文 献

[1] Ottengraf S P P, van den Oever A H C. Kinetics of organic compound removal from waste gases with a biological filter. Biotechnology and Bioengineering,1983,25(12):3089-3102.

[2] Deshusses M A, Hamer G, Dunn I J. Behavior of biofilters for waste air biotreatment. 1. Dynamic model development. Environmental Science & Technology,1995,29(4):1048-1058.

[3] ShareefdeenZ, Baltzis B C. Biofiltration of toluene vapor under steady-state and transient con-

ditions：Theory and experimental results. Chemical Engineering Science，1994，49（24）：4347-4360.

［4］刘强，陈荣，巴吉德，等. 生物滴滤塔净化挥发性有机废气动力学模型研究. 环境科学与技术，2007，30（5）：10-13.

［5］李国文，胡洪营，郝吉明，等. 生物滴滤塔中挥发性有机物降解模型及应用. 中国环境科学，2001，21（1）：81-84.

［6］孙珮石，杨显万，谢蕴国. 生化法净化低浓度挥发性有机废气的动力学模式研究. 上海环境科学，1997，16（8）：13-17.

［7］Chen J，Jiang Y F，Chen J M，et al. Dynamic model for nitric oxide removal by a rotating drum biofilter. Journal of Hazardous Materials，2009，168（2）：1047-1052.

［8］褚淑祎，於建明，王家德. 废气生物过滤系统填料层热迁移数值模拟. 环境科学学报，2008，28（12）：2628-2633.

［9］Cussler E L. Diffusion Mass Transfer in Fluid Systems：Mass Transfer in Fluid Systems. London：Cambridge University Press，1997.

［10］Catton K，Hershman L，Chang D P Y，et al. Aerobic removal of NO on carbon foam packings. Proceedings of the 95th Air and Waste Management Association Annual Conference，Baltimore，2002.

［11］Deshusses，M A，Hamer G，Dunn I J. Behavior of biofilters for waste air biotreatment. 2. Experimental evaluation of a dynamic model. Environmental Science & Technology，1995，29（4）：1059-1068.

［12］Cussler E L. Diffusion：Mass Transfer in Fluid Systems. 王宇新，姜忠义，译. 北京：化学工业出版社，2002.

［13］Kharitonov V G，Sundquist A R，Sharma V S. Kinetics of nitric oxide autoxidation in aqueous solution. Journal of Biological Chemistry，1994，269（8）：5881-5883.

［14］Shenoy V R，Joshi J B. Kinetics of oxidation of aqueous sulfite solution by nitric-oxide. Water Research，1992，26（7）：997-1003.

［15］Glasson W A，Tuesday C S. The atmospheric thermal oxidation of nitric oxide. Journal of the American Chemical Society，1963，85（19）：2901-2904.

［16］Dean J A. Lange's Handbook Chemistry. New York：McGraw Hill Inc，1999.

［17］Mujumdar A S. Advances in Drying. Boca Raton：CRC Press，1980.

［18］Whitaker S. Simultaneous heat，mass，and momentum transfer in a porous media：A theory of drying. Advances in Heat Transfer，1977，13：119-203.

［19］Turner I，Mujumdar A S. Mathematical Modeling and Numerical Techniques in Drying Technology. Boca Raton：CRC Press，1996.

［20］Eriksson K，Johnson C. Error estimates and automatic time step control for nonlinear parabolic problems. SIAM Journal on Numerical Analysis，1987，24（1）：12-23.

［21］Knock C，Ryrie S C. A varying time step finite-element method for the shallow water equations. Applied Mathematical Modelling，1994，18（4）：224-230.

［22］王家德. 气态污染物生物过滤系统的热湿迁移特性研究. 杭州：浙江工业大学博士学位论文，2006.

第11章 废气生物净化技术工程实践

废气生物净化是一种可行且成本低廉的处理技术,在城市污水处理厂已得到广泛应用。例如,荷兰污水处理厂建造的废气净化装置,有78%采用生物法、11%采用化学洗涤、9%采用好氧通风洗涤、2%采用活性炭吸附,新建的废水处理厂几乎不建化学洗涤装置。近年来,随着该技术的逐步成熟,其应用领域已拓展至工业VOCs废气的处理。据不完全统计,该技术在国外工业VOCs废气处理市场的占有率已经达到了29%。

我国废气生物净化技术的研究起步于20世纪90年代,经过多年的发展,一些研究机构和企业在废气生物净化的工程实践方面已获得成功,从而打破了国外公司在技术和设备上的垄断。作者研究组基于开发的具有自主知识产权的多组分废气生物净化技术,在医药化工、石油炼制、食品加工等典型行业领域建立了多个废气生物净化示范工程,获得了较好的处理效果。

11.1 医药化工行业废气

医药化工行业的废气污染主要包括含尘废气、有机溶剂废气、发酵尾气、酸碱废气和恶臭废气等。其中,含尘废气、有机溶剂废气及酸碱废气大多采用物理和化学方法处理;发酵尾气国内尚没有合理的治理方案;而来源于制药废水处理过程中的高浓度恶臭废气由于气量较大、成分复杂,所以采用生物净化技术具有一定优势。

11.1.1 案例1

浙江省某制药厂污水站因公司产品结构发生变化需要扩容,新增净化设施专门用于净化废水处理站内好氧池产生的废气,设计规模为16000m³/h。

1. 废气特征

对废气组成进行了监测分析(表11-1),发现废气中主要为二氯甲烷、三氯甲烷、四氢呋喃、甲苯、甲硫醚等VOCs。这些成分浓度虽然较低,但废气综合臭气浓度较高,这与存在有机硫有关。

表 11-1　废气中主要成分及浓度　　　　　　（单位：mg/m³）

污染物	浓度
甲硫醚	37.0
丙酮	20.3
四氢呋喃	25.2
二氯甲烷	218.8
乙酸甲基丙酯	4.8
三氯甲烷	22.3
甲苯	20.9
臭气浓度（无量纲）	8223

2. 设计工艺

由于废气所含的大部分污染物水溶性均较差、生物降解速率也较慢，简单用水或碱液吸收几乎无效。因此，设计采用"生物处理＋氧化塔"的组合工艺，具体工艺流程见图 11-1。

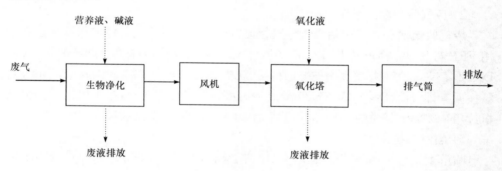

图 11-1　工艺流程

1）生物净化主体装置

主体装置采用箱式结构（图 11-2），其外形尺寸为 7.0m×2.8m×3.2m，共两套，并联使用，单套处理能力 8000m³/h，设计停留时间 20s。箱体为玻璃钢材质，床层总压降小于 800Pa。

生物填料采用自主研发的抗生物降解、耐酸碱的高效生物滴滤填料。该填料不会因自身腐烂而产生恶臭，使用寿命 10 年以上。填料空隙率 90%，比表面积 380m²/m³，堆积重度 100kg/m³（挂膜后 300～400kg/m³），工作压降≤250Pa/m。

采用自主研发的生物功能菌剂接种净化装置。该菌剂为针对二氯甲烷、甲硫醚、四氢呋喃等恶臭污染物的特效降解复合菌剂，优势菌群总活菌数可达 $1×10^7$ 个/cm² 以上。

图 11-2　生物净化箱体(后附彩图)

2) 废气收集输送系统

废气收集输送系统包括废气输送管道、排气筒、风机等。气体输送系统管路采用 FRP 材质,总管道采用 DN800(风速 8.85m/s),支管采用 DN200、DN300、DN400、DN600 等。排气筒为玻璃钢材质,规格 DN1000mm×20m(风速 12.74m/s),替换原有排气筒(DN800mm×20m)成为污水站臭气总排气筒,置于风机后。引风机选用全玻璃钢材质的 HF-301B 型 1 台,耐酸碱和有机溶剂腐蚀。

3) 喷淋系统

喷淋系统包括循环液槽、循环泵、喷淋管路、营养液储槽等。循环泵选用耐腐耐磨离心泵。冬季循环液采用蒸汽加热。

4) 氧化塔

氧化塔为增强聚丙烯(RPP)材质,外形尺寸为 2.0m×8.0m,空塔气速 3.0m/s,液气比 $1.16L/m^3$,总压降小于 600 Pa。氧化塔置于生物箱后,其作用是进一步去除废气中残余的污染物,为达标排放提供保障。采用 10% 的双氧水作为氧化吸收液。

3. 运行效果

生物处理系统使用生物功能菌剂和活性污泥接种启动。启动 30d 后,主要污染物甲苯、二氯甲烷、三氯甲烷、四氢呋喃和甲硫醚的去除率分别达到 74.4%、57.1%、50.7%、72.9% 和 64.4%。随着运行时间的延长,VOCs 去除率不断增加。如表 11-2 所示，第 55d，生物处理系统对甲苯、二氯甲烷、三氯甲烷、四氢呋喃和甲硫醚的去除率分别提高至 85.7%、70.4%、58.3%、82.9%和 73.0%。进一步经氧化塔氧化后，上述物质的最终去除率分别达到 86.0%、91.1%、84.7%、91.1%和 86.0%，出口浓度均达到排放标准。

表 11-2　第 55d VOCs 臭气处理效果

物质种类	浓度/(mg/m³)		
	废气进口	BTF 出口	氧化塔出口
甲硫醚	38.5	10.4	5.4
丙酮	28.3	—	—
四氢呋喃	12.3	2.1	1.1
二氯甲烷	144.6	42.8	12.8
乙酸-2-甲基丙酯	17.8	—	—
三氯甲烷	7.2	3.0	1.1
甲苯	49.8	7.1	3.5

调试运行结束后，进行了第三方监测。结果表明（表 11-3），该工程对臭味的总去除率达到 97.6%，效果较好。其中，生物处理系统对臭味的去除率达到57.8%，再经氧化塔处理后，排放的废气臭气浓度仅为 173，远低于《恶臭污染物排放标准》(GB 14554—1993)中规定的标准限值（排气筒高度 15m，臭气浓度为 2000（无量纲））。

表 11-3　监测结果

指标	BTF 进口	BTF 出口	氧化塔出口
臭气浓度（无量纲）	7303	3080	173

11.1.2　案例 2

浙江省某药业股份有限公司主要生产抗凝血、抗抑郁及心脑血管类药物的原料药和中间体，目前主要产品有氯吡格雷、盐酸噻氯匹啶、米氮平等。公司生产车间及污水站在正常运作过程中产生含甲苯、四氢呋喃、氯仿、H_2S 等挥发性有机废气与恶臭废气，需建设废气处理系统，设计总气量为 7000m³/h。

1. 废气特征

该公司 103 及 104 车间产生的废气气量分布及污染物浓度情况如表 11-4所示。

表 11-4　车间 103 及 104 废气气量及主要污染物浓度

车间	污染物	平均浓度/(mg/m³)	设计最高浓度/(mg/m³)	废气气量/(m³/h)	设计气量/(m³/h)
103	H₂S	400	600	600	800
	氯仿	6500	11500		
104	甲苯	7500	11000	1000	1200
	四氢呋喃	11500	15500		

2. 设计工艺

由于生产废气中含有高浓度甲苯、四氢呋喃、氯仿等组分,采用"吸附-解吸"工艺和"吸收-精馏"工艺回收大部分有机溶剂。经回收处理后的低浓度挥发性有机废气采用 UV 光解工艺作为预处理工艺,进一步削减污染物浓度,并提高废气中污染物的可生化性。UV 处理尾气与污水站含硫恶臭废气汇集,进一步采用生物法处理。工艺流程图如图 11-3 所示 。

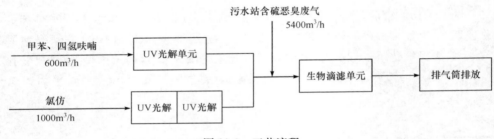

图 11-3　工艺流程

UV 光解箱的尺寸为 3.0m×0.85m×2.3m 废气停留时间为 24s。UV 处理后尾气与污水站废气汇集,采用生物滴滤工艺进行处理。生物滴滤系统由箱体、填料床、喷淋系统、自控系统等部分组成,主体设备采取一体化箱体结构材质为玻璃钢,外加钢架加固,整体尺寸为 7.5m×2.5m×3.0m 的箱体,双层叠加,单层填料层高 1.5m。生物单元废气总停留时间为 30s。UV 光解箱和生物滴滤系统的现场装置照片见图 11-4。

3. 运行效果

工程自 2014 年 9 月投入运行以来,运行情况良好。2015 年 9 月委托浙江省环境监测中心站对废气浓度进行了监测,结果表明整个处理系统对 H₂S、甲苯、四氢呋喃及氯仿等均有较高的去除率。表 11-5 是浙江省环境监测中心站出具的监测报告(浙环监[2015]监字第 041 号)中的部分监测结果。

(a) UV光解箱

(b) 生物滴滤装置

图 11-4　现场装置照片(后附彩图)

表 11-5　废气处理效果监测结果

进口			出口		
处理单元	物质	浓度/(mg/m³)	处理单元	物质	浓度/(mg/m³)
光解单元进口	四氢呋喃	193	光解单元出口	四氢呋喃	6.10
	甲苯	1520		甲苯	78.5
	氯仿	59.2		氯仿	6.44
生物滤池进口	甲苯	78.5	生物滤池出口	甲苯	7.57
	四氢呋喃	6.10		四氢呋喃	0.569
	氯仿	6.44		氯仿	2.83
	H_2S	74.1		H_2S	—

　　监测结果表明,紫外光解-生物净化耦合处理系统对 H_2S、甲苯、四氢呋喃及氯仿等的处理效率均达到 90% 以上,处理后的废气排放满足《大气污染物综合排放标准》(GB 16297—1996)、《恶臭污染物排放标准》(GB 14554—1993)及《工作场所有害因素职业接触限值》(GBZ 2.1—2007)的要求。

11.2　精细化工行业废气

　　精细化工在"十一五"期间被列为优先发展的六大领域之一。据不完全统计，目前全国有精细化工生产企业 8000 多家,生产各类精细化学产品 3 万种以上。由于产品种类繁多,生产过程中排放的废气性质复杂,并具有一定毒性和恶臭气味,因此精细化工行业废气的处理显得尤为重要。

11.2.1　案例 1

　　浙江省某化工厂是一家专门从事多种精细化学品生产的中型企业。该厂废气主要为车间有机废气和污水站臭气。其中,有机废气来源于生产过程有机组分的挥发,污水站臭气来源于废水处理设施生化池(兼氧)、调节池及电解氧化池等。设计采用生物滴滤工艺对废气进行处理,设计规模为 15000m^3/h。

　　1. 废气特征

　　车间有机废气:废气成分主要为二氯甲烷、二氯乙烷(两者比例约为 3∶1),还含有少量的乙醇、甲醇、冰乙酸、二甲基甲酰胺、乙腈等污染物。

　　污水站臭气:H_2S 浓度为 80.0～400mg/m^3,VOCs 浓度为 10.0～500mg/m^3。

　　2. 设计工艺

　　考虑到车间生产废气和污水站臭气成分差异较大,设计了三套独立的生物滴滤处理系统,具体工艺流程如图 11-5 所示。其中一套生物滴滤系统(BTF1)处理

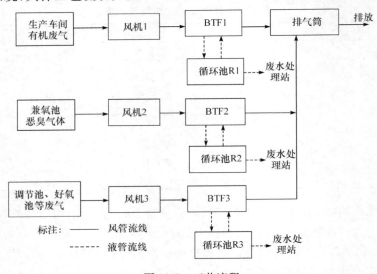

图 11-5　工艺流程

来自各生产车间收集的经预处理（冷凝、活性炭吸附）后的有机废气（6000m³/h），BTF2 处理污水站兼氧池产生的含 H_2S 恶臭废气（4500m³/h）；BTF3 处理调节池、气浮池和电解氧化池等设施逸出的有机废气（4500m³/h）。

　　BTF1 采用自行设计的板式生物滴滤塔，有效停留时间 15s，压降小于 800Pa。BTF2 和 BTF3 为普通生物滴滤池（旧池改造利用），规格均为 6.7m×3.2m×5.0m，填料层高 2.5m，有效停留时间为 20s，池体压降小于 500Pa。现场装置照片见图 11-6。

图 11-6　现场装置照片

3. 运行效果

　　生物净化系统经调试运行一段时间后达到稳定，各有机污染物去除效果见表 11-6。BTF1 进气中主要污染物为甲醇、二氯甲烷和丙酮，去除率分别为 91.7%、76.5% 和 44.7%；BTF2 进气中主要污染物为 H_2S 和二氯甲烷，去除率分别为 91.7% 和 37.9%；BTF3 进气中主要污染物为二氯甲烷、甲醇和丙酮，去除率分别为 61.4%、87.1% 和 37.9%。经第三方监测，尾气排放达到《恶臭污染物排放标准》（GB 14554—1993）标准限值及《大气污染物综合排放标准》（GB 16297—1996）二级标准。

表 11-6　BTF 净化有机废气效果

污染物	BTF1			BTF2			BTF3		
	进口浓度/(mg/m³)	出口浓度/(mg/m³)	去除率/%	进口浓度/(mg/m³)	出口浓度/(mg/m³)	去除率/%	进口浓度/(mg/m³)	出口浓度/(mg/m³)	去除率/%
二氯甲烷	212	49.8	76.5	59.1	36.7	37.9	198	76.4	61.4
甲醇	875	72.2	91.7	—	—	—	111	14.3	87.1

污染物	BTF1			BTF2			BTF3		
	进口浓度/(mg/m³)	出口浓度/(mg/m³)	去除率/%	进口浓度/(mg/m³)	出口浓度/(mg/m³)	去除率/%	进口浓度/(mg/m³)	出口浓度/(mg/m³)	去除率/%
丙酮	41.6	23.0	44.7	—	—	—	44.9	27.9	37.9
乙酸乙酯	3.70	0.75	79.7	—	—	—	—	—	—
硫化氢	—	—	—	174.5	14.42	91.7	27.6	4.42	84.0
氨	—	—	—	14.53	1.01	93.0	12.2	1.20	90.1

11.2.2　案例 2

宁夏某蛋氨酸生产公司主要生产饲料级 DL-蛋氨酸，是国内生产 DL-蛋氨酸的主要厂家。在 DL-蛋氨酸生产过程中，真空泵、废热锅炉、液相蒸馏、解析塔等单元操作均会产生恶臭气体和有机污染物，严重影响了厂区和周围环境。设计采用BTF-UV-活性炭深度处理组合工艺处理蛋氨酸生产过程中产生的臭气，设计规模为 210000m³/h。

1. 废气特征

本项目恶臭废气主要来自厂房、污水站等生产工艺段的低浓度散排气，废气主要成分为甲硫醇、甲硫醚、二硫化碳、丙烯醛及 H_2S 等，废气浓度≤100ppm。

2. 设计工艺

采用 BTF-UV 氧化-活性炭深度处理组合工艺对恶臭气体进行三级处理，拟净化率＞95％。设置 3 套处理风量 70000m³/h 系统，工艺流程如图 11-7 所示。

每套生物滴滤系统设置 4 个 BTF(箱)，通过阀门调整控制风量平衡，保证废气在填料层停留时间 15s 以上，并设置填料层压差监控，若系统发生异常，可及时发现并检修。设置 1 个循环液池，减少占地面积及设备荷载负担，循环液池设置在线液位、pH 及温度监控，实时观察循环液情况，保证微生物在适宜的环境下生长代谢。配置自动加热系统，保证微生物的生长温度。

恶臭气体经 BTF 净化后，残留部分将进入 UV 光解和活性炭吸附罐进行二级和三级处理。每套系统配套三个活性炭吸附罐，每个吸附罐处理能力 35000m³/h，正常运行两个活性炭罐吸附，另外一个处于再生或备用状态。经前两道处理后的尾气中可能还含有少量未处理组分，通过活性炭吸附保证废气完全达标排放。此外，活性炭可吸附 UV 单元产生的臭氧，废气中恶臭组分与吸附于活性炭上的臭氧发生也可进一步发生氧化反应，从而保证了去除率和矿化率。由于臭氧的作用，活性炭的再生周期大大延长，从而显著降低了运行费用。

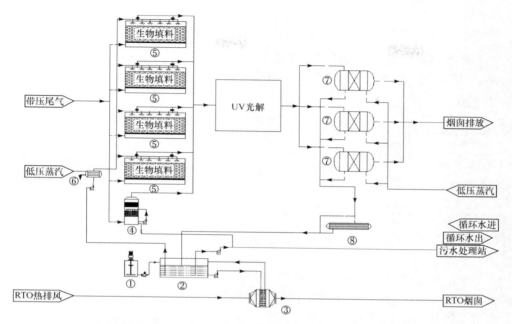

①营养液罐；②埋地循环液槽；③翅片式加热器；④备用洗涤塔；⑤生物滴滤池；
⑥循环液换热器；⑦活性炭吸附罐；⑧列管换热器

图 11-7　工艺流程图

图 11-8 为现场装置照片。

图 11-8　BTF-UV 氧化-活性炭深度处理组合装置现场照片（后附彩图）

3. 运行效果

本净化系统取得了良好的处理效果(表 11-7)。运行 3 个月后,甲硫醇、甲硫醚、二硫化碳、丙烯醛、H_2S 去除率均能达到 95% 及以上,臭气浓度的去除率为 84.3%。

表 11-7　处理系统运行效果

污染物	甲硫醇	甲硫醚	二硫化碳	丙烯醛	H_2S	臭气浓度
进口浓度/ppm	38.9	22.2	25.4	1.8	37.6	10200(无量纲)
出口浓度/ppm	1.79	0.73	0.99	—	0.1	1300(无量纲)
去除效率/%	95.6	96.7	97.6	100	99.7	87.3

11.3　食品加工行业废气

食品加工过程中,往往伴随着大量恶臭气体的产生,异味扰民问题突出。浙江省某鱼粉加工厂生产原料为经济价值较低或质量较差的鱼类以及水产品加工过程中的下脚料,加工工序包括煮、压、干燥、磨碎和包装等单元。受原料生物体腐蚀的影响,加工过程产生的废气中主要含有硫类和有机胺类污染物。本工程对蒸干工艺过程中排放的废气进行收集处理,设计规模为 8400m³/h。

1. 废气特征

该企业共有 14 只蒸干釜,每只釜的最大废气体积排放速率为 1000m³/h,漏风系数取 1.2,则废气处理系统收集风量为 16800m³/h。由于生产上存在淡旺季,从运行成本考虑,废气处理分成两个系统,每个系统针对 7 只蒸干釜,风量为 8400m³/h。由于废气中主要成分为高温水蒸气,经降温塔处理后,废气温度降至 30~35℃,因降温、水蒸气冷凝等因素风量缩减,体积缩减率约 50%,即单个系统经降温后的风量约为 4200m³/h。

经分析,蒸干废气中污染物主要为 H_2S、硫醇、硫醚、氨、三甲胺等,臭气浓度最大值约为 20500(无量纲)。

2. 工艺设计

传统的鱼粉加工废气处理技术主要是化学吸收,如"次氯酸钠氧化＋酸吸收＋碱吸收",该工艺操作复杂、运行成本高。结合企业生产设施及规模,选用"水喷淋降温＋生物过滤"处理系统,工艺流程如图 11-9 所示。

废气生物处理系统由废气收集系统、降温塔、风机、生物过滤池及排气筒等组成。考虑到废气成分具有较强的腐蚀性,所以风管、设备全部采用碳钢＋FRP 材料,以满足工程要求。

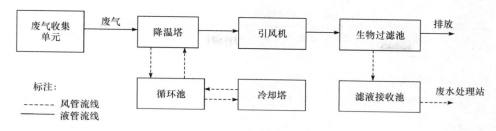

图 11-9　工艺流程

由于废气温度为 90～100℃，所以设置降温塔对高温废气进行降温，以满足后续生物处理工艺的要求。从节约水资源的角度考虑，设计采用废水处理站排放口达标的出水或工业用水进行循环喷淋降温。

生物过滤池（图 11-10）采用旧集装箱改造，以降低造价。集装箱内置自主开发的混合型填料，该填料由一定规格的棕纤维、泥炭碎木和缓释颗粒肥组成，属天然生物填料。

图 11-10　生物过滤装置（后附彩图）

风机处于降温塔与生物过滤池之间，一方面有效防止系统漏气对环境的影响，另一方面改善风机的工作环境，延长风机使用寿命。系统各个操作单元设计温度在线监测系统，以确保系统维持良好的工作状态。

3．运行效果

生物过滤池启动 30d 后，除臭效果明显。第三方监测结果见表 11-8。蒸干釜臭气经系统处理后，三甲胺的去除率达到 90.7%；甲硫醚、二甲二硫和二甲三硫的去除率均达到 80% 以上；臭气浓度降低至 182（无量纲），去除率达到 98.6%，满足 15m 排气筒高度的排放限值（GB 14554—93《恶臭污染物排放标准》）。

表 11-8　水喷淋降温-生物过滤系统处理效果

污染物	系统进口浓度/(mg/m³)	BF 出口浓度/(mg/m³)	去除率/%
三甲胺	910	84.7	90.7
甲硫醚	15.8	3.08	80.5
二甲二硫	233	33.1	85.8
二甲三硫	32.9	5.13	84.4
H_2S	<0.76	<0.76	—
臭气浓度	13032	182	98.6

11.4　石油炼制行业废气

石油化工行业是我国工业的支柱产业,但同时也是污染较重的一个行业,石油化工生产过程中以及生产废水的处理过程中均会排放大量有毒有害废气。

中国石油化工集团公司(中石化)某炼化分公司建有专门的废水处理站,站内共有两座 A/O 生物膜废水处理设施,其中,老 A/O 池和新 A/O 池的处理能力分别为300t/h 和400t/h,且各自设有废气收集系统,采用生物滴滤工艺对废气进行处理,总设计规模为 24000m³/h。

1. 废气特征

经分析,废气中主要污染物为 H_2S、硫醇、氨等恶臭物质。

2. 工艺设计

共设计四套生物滴滤处理装置,具体工艺流程图及现场照片分别见图 11-11和图 11-12。臭气收集后,进入一体化生物滴滤装置,在附着于生物填料上的硫氧化菌等微生物作用下,臭气成分被降解,最后通过厂区原有总排气筒达标排放。

生物滴滤塔采用碳钢制造,内衬玻璃钢,高 12.5m,直径 3m。塔内填料层采用废气处理专用填料,空隙大,单位体积生物量高,压降低,不易堵塞,且耐老化,堆集重度小。塔底循环槽塔设置稀碱液、营养液、新鲜水加入口,设置塑料网管壳式蒸汽加热器,配置液位、pH、电导率、温度等参数控制系统。生物滴滤塔设置喷淋系统,兼具加湿、供应营养物、洗涤的多重功效,因此老化的微生物及其代谢产物均可通过喷淋洗涤到循环液中,定期更换循环液,可以及时转移;同时根据实验结果和以往的工程经验,设计合理的喷淋密度,保证以尽可能小的喷淋量达到洗涤、加湿的效果,喷淋密度减小可使填料层压降大大降低。

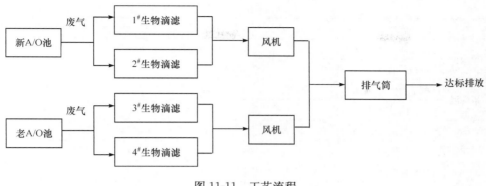

图 11-11 工艺流程

图 11-12 工程现场照片(后附彩图)

3. 运行效果

生物滴滤塔稳定运行后,委托浙江省环境监测站对废气进行监测,结果见表 11-9(浙环监(2012)监字第 293 号和浙环监(2011)分字第 008 号)。1# 与 2# 生物滴滤塔系统对 H_2S、甲硫醇、甲硫醚、二甲二硫醚和总烃的去除率分别可达 99%、90%、91%、93% 和 95%;3# 与 4# 生物滴滤塔系统对 H_2S、二甲二硫醚和总烃的去除率分别为 99%、91% 和 93%,出气中 H_2S、有机硫达到排放要求。

表 11-9 生物滴滤塔 H_2S 处理情况检测结果

监测断面		1#~2# 进气	1#~2# 出气	3#~4# 进气	3#~4# 出气
废气量/(m³/h)		12000		12000	
H_2S	浓度平均值/(mg/m³)	15.5	0.141	13.65	0.076
	去除效率/%	99		99	

续表

监测断面		1#~2#进气	1#~2#出气	3#~4#进气	3#~4#出气
甲硫醇	浓度平均值/(mg/m³)	4.5	0.45	<0.20	<0.20
	去除效率/%	90		—	
甲硫醚	浓度平均值/(mg/m³)	1.07	<0.20	<0.20	<0.20
	去除效率/%	91			
二甲二硫醚	浓度平均值/(mg/m³)	22.7	1.59	3.48	0.31
	去除效率/%	93		91	
总烃	浓度平均值/(mg/m³)	27.6	1.35	18.8	1.34
	去除效率/%	95		93	

11.5　化工园区废气

近年来,我国化工园区的基地化、规模化建设正在加速,随之带来的污染问题日益突出。

浙江省某化工园区内分布有几十家涉及医药及其中间体、生物化学、颜料染料、纺织染整、无机化工等生产企业。园区建有专门的污水处理厂,65%以上的废水为化工企业的生产废水,含有有机溶剂类、硫酸盐类等物质。废水经管网收集后,采用"混凝气浮-厌氧水解-MSBR"工艺进行处理,废气主要来自于厌氧池。采用"板式生物滴滤塔＋碱性涤气生物氧化"组合工艺对废气进行处理,设计规模24000m³/h。

1. 废气特征

经检测,废气中含有不同浓度的 H_2S、NH_3、甲硫醚等挥发性恶臭污染物,具体浓度见表 11-10。

表 11-10　废气组分和浓度

指标	H_2S/(mg/m³)	NH_3/(mg/m³)	甲硫醚/(mg/m³)	二硫化碳/(mg/m³)	臭气浓度(无量纲)
浓度	86	30	60	5	10000

2. 设计工艺

根据废气特征,设计采用"板式生物滴滤塔＋碱性涤气生物氧化"组合工艺,具体流程见图 11-13。该组合工艺既发挥了生物氧化的优势,又结合了碱性条件对酸性气体的高效洗涤作用。

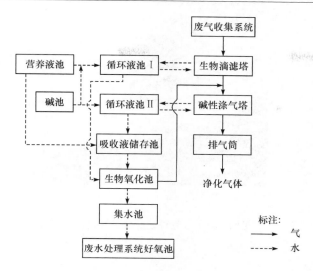

图 11-13　有机废气 BTF 处理工艺

1) 废气收集系统

选用具有抗腐蚀性强、强度高、使用寿命长的玻璃钢作为收集系统的材料,其使用年限可达到 15 年以上(图 11-14(a))。

2) 主体净化装置

板式生物滴滤塔(图 11-14(b))主要通过微生物氧化去除甲硫醚、H_2S 等挥发性恶臭污染物。板式结构的填料层可以改善气流分布,减少气流短路,并使污染负荷与生物量、养分合理匹配。碱性涤气生物氧化塔主要吸收废气中 H_2S 及残余的少量 VOCs,尾气通过引风机由排气筒排空。吸收液进行生物氧化,目的是将其中的硫化钠和 VOCs 转化为稳定的无机物,生物氧化过程产生的废气收集后送入处理系统,消除二次污染。配置 PLC 自控系统,实现对液位、pH、电导率、温度等参数的实时监控。

(a) 集气系统

(b) 板式生物滴滤塔

图 11-14　工程现场照片(后附彩图)

3. 运行效果

对净化系统进行调试,装置运行至第 6d,H_2S 净化效率大于 99.0%,甲硫醚净化效率大于 98.0%,从第 8d 开始,NH_3 去除率大于 40%。系统运行稳定后,经第三方监测,H_2S 和 NH_3 排放满足《恶臭污染物综合排放标准》(GB 14554—93)中的厂界一级标准(表 11-11)。

表 11-11　监测结果

污染物	进口		出口	
	浓度/(mg/m³)	排放速率/(kg/h)	浓度/(mg/m³)	排放速率/(kg/h)
H_2S	9.93~11.5	0.079~0.089	0.011~0.017	8.53×10^{-5} ~ 1.35×10^{-4}
NH_3	1.07~1.34	0.009~0.011	0.566~0.778	0.005~0.006

彩 图

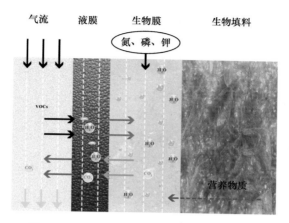

气流　　液膜　　生物膜　　生物填料

氮、磷、钾

图 1-1　Ottengraf 提出的"吸收-生物膜理论"

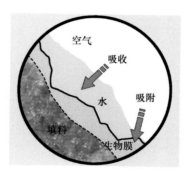

图 1-2　生物载体床层结构示意图

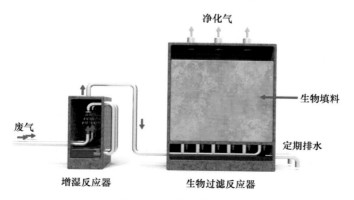

图 1-3　生物过滤工艺

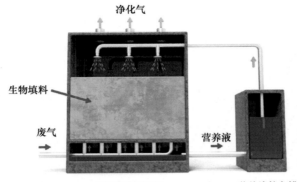

净化气

生物填料

废气

营养液

生物滴滤反应器　　营养液储存罐

图 1-4　生物滴滤工艺

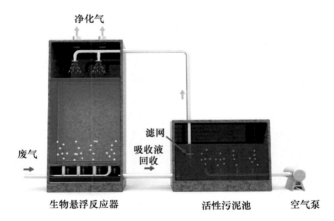

净化气

废气

滤网
吸收液
回收

生物悬浮反应器　　活性污泥池　　空气泵

图 1-5　生物洗涤工艺

(a)　　　　　　　　(b)

图 2-20　苯系物降解菌剂 B-1 成品实物图

(a)   (b)

图 3-2　自行设计的装置

图 3-3　工业化的生产线

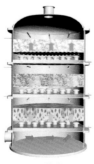 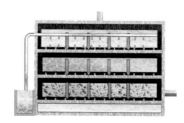

(a)塔式   (b)箱式

图 4-2　塔式和箱式净化设备

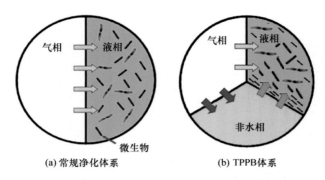

图 4-11　废气中疏水性 VOCs 的传质示意图

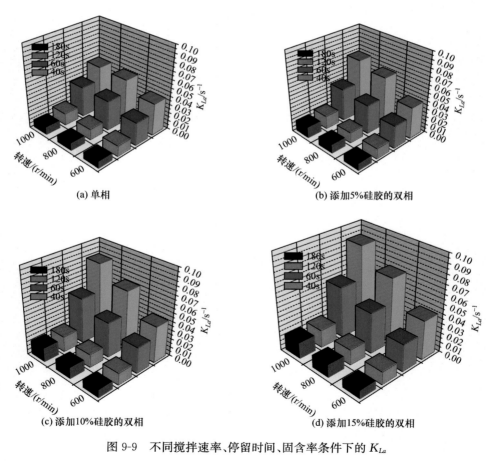

图 9-9　不同搅拌速率、停留时间、固含率条件下的 K_{La}

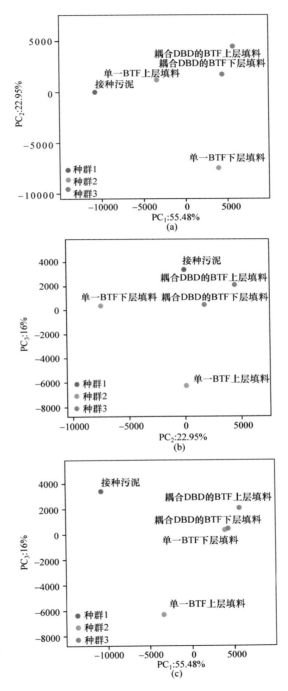

图 9-15 主成分法分析样品的相似性

图 11-2　生物净化箱体

(a) UV光解箱

(b) 生物滴滤装置

图 11-4　现场装置照片

图 11-10　生物过滤装置

图 11-12　工程现场照片

(a) 集气系统

(b) 板式生物滴滤塔

图 11-14　工程现场照片